储能科学与工程专业"十四五"高等教育系列教材

储 能 材 料

主　编　徐旭辉　鲁兵安　林　岳
副主编　于　杰　于馨智　高彩天　葛　敏
参　编　刘志超　杨秀霞　田　旭　姜志全
　　　　鲁智愚　罗文迪　杨祎晗　顾明远

科 学 出 版 社
北 京

内 容 简 介

在《中华人民共和国国民经济和社会发展第十四个五年规划和 2035 年远景目标纲要》的政策指导下,本书聚焦新型储能材料的介绍及性能表征,共 5 章,分别为储能材料概述、储电材料、储热材料、储光材料、储能材料表征与测试技术。

本书可作为高等院校储能科学与工程、电气工程、新能源科学与工程、材料科学与工程及新能源材料与器件专业的本科教材,也可作为储能专业相关的技术人员及科研工作者的参考用书。

图书在版编目(CIP)数据

储能材料 / 徐旭辉,鲁兵安,林岳主编. -- 北京:科学出版社,2024. 12.
(储能科学与工程专业"十四五"高等教育系列教材). -- ISBN 978-7-03-080605-5

Ⅰ. TB34

中国国家版本馆 CIP 数据核字第 20249CH756 号

责任编辑:陈 琪 / 责任校对:王 瑞
责任印制:师艳茹 / 封面设计:马晓敏

科学出版社 出版

北京东黄城根北街 16 号
邮政编码:100717
http://www.sciencep.com

北京华宇信诺印刷有限公司印刷
科学出版社发行 各地新华书店经销

*

2024 年 12 月第 一 版 开本:787×1092 1/16
2024 年 12 月第一次印刷 印张:13
字数:309 000

定价:59.00 元
(如有印装质量问题,我社负责调换)

储能科学与工程专业"十四五"高等教育系列教材
编 委 会

主 任

王 华

副主任

束洪春　　李法社

秘书长

祝 星

委 员（按姓名拼音排序）

蔡卫江	常玉红	陈冠益	陈 来	丁家满
董 鹏	高 明	郭鹏程	韩奎华	贺 洁
胡 觉	贾宏杰	姜海军	雷顺广	李传常
李德友	李孔斋	李舟航	梁 风	廖志荣
林 岳	刘 洪	刘圣春	鲁兵安	马隆龙
穆云飞	钱 斌	饶中浩	苏岳锋	孙尔军
孙志利	王 霜	王钊宁	吴 锋	肖志怀
徐 超	徐旭辉	尤万方	曾 云	翟玉玲
张慧聪	张英杰	郑志锋	朱 焘	

序

储能已成为能源系统中不可或缺的一部分，关系国计民生，是支撑新型电力系统的重要技术和基础装备。我国储能产业正处于黄金发展期，已成为全球最大的储能市场，随着应用场景的不断拓展，产业规模迅速扩大，对储能专业人才的需求日益迫切。2020年，经教育部批准，由西安交通大学何雅玲院士率先牵头组建了储能科学与工程专业，提出储能专业知识体系和课程设置方案。

储能科学与工程专业是一个多学科交叉的新工科专业，涉及动力工程及工程热物理、电气工程、水利水电工程、材料科学与工程、化学工程等多个学科，人才培养方案及课程体系建设大多仍处于探索阶段，教材建设滞后于产业发展需求，给储能人才培养带来了巨大挑战。面向储能专业应用型、创新性人才培养，昆明理工大学王华教授组织编写了"储能科学与工程专业'十四五'高等教育系列教材"。本系列教材汇聚了国内储能相关学科方向优势高校及知名能源企业的最新实践经验、教改成果、前沿科技及工程案例，强调产教融合和学科交叉，既注重理论基础，又突出产业应用，紧跟时代步伐，反映了最新的产业发展动态，为全国高校储能专业人才培养提供了重要支撑。归纳起来，本系列教材有以下四个鲜明的特点。

一、学科交叉，构建完备的储能知识体系。多学科交叉融合，建立了储能科学与工程本科专业知识图谱，覆盖了电化学储能、抽水蓄能、储热蓄冷、氢能及储能系统、电力系统及储能、储能专业实验等专业核心课、选修课，特别是多模块教材体系为多样化的储能人才培养奠定了基础。

二、产教融合，以应用案例强化基础理论。系列教材由高校教师和能源领域一流企业专家共同编写，紧跟产业发展趋势，依托各教材建设单位在储能产业化应用方面的优势，将最新工程案例、前沿科技成果等融入教材章节，理论联系实际更为密切，教材内容紧贴行业实践和产业发展。

三、实践创新，提出了储能实验教学方案。联合教育科技企业，组织编写了首部《储能科学与工程专业实验》，系统全面地设计了储能专业实践教学内容，融合了热工、流体、电化学、氢能、抽水蓄能等方面基础实验和综合实验，能够满足不同方向的储能专业人才培养需求，提高学生工程实践能力。

四、数字赋能，强化储能数字化资源建设。教材建设团队依托教育部虚拟教研室，构建了以理论基础为主、以实践环节为辅的储能专业知识图谱，提供了包括线上课程、教学视频、工程案例、虚拟仿真等在内的数字化资源，建成了以"纸质教材＋数字化资源"为特征的储能系列教材，方便师生使用、反馈及互动，显著提升了教材使用效果和潜在教学成效。

    储能产业属于新兴领域，储能专业属于新兴专业，本系列教材的出版十分及时。希望本系列教材的推出，能引领储能科学与工程专业的核心课程和教学团队建设，持续推动教学改革，为储能人才培养奠定基础、注入新动能，为我国储能产业的持续发展提供重要支撑。

中国工程院院士　吴锋

北京理工大学学术委员会副主任

2024 年 11 月

前　　言

　　能源是经济社会发展的重要物质基础和动力源泉，攸关国计民生和国家安全。在化石能源日渐枯竭、气候变化及环境恶化等众多压力之下，开发新型能源体系成为重中之重。中共十八大以来，中国发展进入新时代，中国的能源发展也进入新时代。习近平主席提出"四个革命、一个合作"能源安全新战略，为新时代中国能源发展指明了方向，开辟了中国特色能源发展新道路。这些年来，我们深入践行绿色发展理念，充分发挥消费侧转型牵引作用，能源消费结构持续优化，能源绿色低碳发展不断迈上新台阶。

　　新型能源体系是保障国家能源安全的必然选择。党的二十大报告提出加快规划建设新型能源体系的重大战略决策，中央经济工作会议连续两年对此作出明确的工作部署，这是新时期能源发展的总体目标和战略任务。近两年来，国家能源局深入贯彻党中央、国务院决策部署，更好统筹高质量发展和高水平安全，不断深化对新型能源体系内涵特征的认识，扎实推动各项任务举措落实，新型能源体系建设取得积极进展。

　　专业人才的培养是储能产业发展的基石，为积极响应国家号召，统筹整合高等教育资源，培养储能领域紧缺型人才，相关高校陆续开设了储能科学与工程专业。然而储能种类众多，涉及物理、化学、材料、机械、电力电气等多个领域，在教材编写、课程设置及后续的师资配备方面均存在一定的难度，使得储能专业建设面临较大的挑战。

　　储能教材的建设是储能专业建设的首要任务，本书主要对储电材料、储热材料、储光材料、储能材料表征与测试技术展开详细的阐述，侧重储能材料的表征与测试技术及其基础原理和关键技术特性，方便读者全面地了解储能材料的相关知识内容。同时，为强化学生对知识的理解，本书融入视频内容，可扫描书中二维码进行学习。

　　本书涉及内容较广，参考了国内外文献，加入了编者所在研究领域的储光材料及相关储能材料的制备与表征技术，力争将多个专业领域的知识有条理地融合到书中。若有疏漏及不足之处，敬请读者批评指正。

徐旭辉

2024 年 9 月于昆明

目　　录

第 1 章 储能材料概述

能量是一切物质运动的动力之源，是人类社会赖以生存和发展的基本物质条件之一。能源存在于自然界并随着科学技术的发展而不断被开发利用，能源发展变迁历程正是人类认识世界、改造世界及创造世界的历史进程。能源种类繁多，经过人类不断地开发与研究，更多新型能源逐渐能够满足人类的需求。发展绿色能源，实现能源转型和节能减排，已成为世界各国目前的共识。我国于 2020 年提出了"双碳"目标，建设以新能源为主体的新型电力系统和实施可再生能源替代是实现该目标的重要途径。

近年来，风能、太阳能等新能源快速发展，其间歇性和波动性对电网安全的影响逐渐凸显。储能设备就像"充电宝"，可以把风电、光伏等新能源富余的电能存储起来，在用电高峰时放电。这样既能促进大规模风电、光伏等新能源的开发消纳，也能为电力系统运行提供调峰调频等辅助服务，提高电力系统的灵活性。储能及相关技术、材料的开发具有重要的现实意义。

本章将依次介绍储能的概念、作用与分类及储能材料的制备方法。

1.1 储能的概念

储能即能量存储，具体是指将能量以某种形式存储，并在需要时释放的过程，其最重要的作用就是解决能量生产和需求在时间、空间及强度上的不匹配问题。广义的储能包括一次能源（如原煤、原油、天然气、核能、太阳能、水能和风能等）、二次能源（如电能、氢能、煤气和汽油等）及热能等各种形式能量的存储。狭义的储能是指利用机械、电气、化学等方法存储能量的一系列技术和措施。本书后续章节将对储电材料、储热材料、储光材料及储能材料的表征与测试技术进行详细介绍。

储能材料的基本特性如下。

（1）存储容量。存储容量是指储能系统所能存储的能量，主要用于描述储能系统对能量的存储能力。

（2）实际使用能量。实际使用能量是指储能系统在应用过程中所能释放的有效能量，主要用于描述储能系统对能量的释放能力。

（3）能量转换效率。能量转换效率是指储能系统在完成某次充放电循环后，所能释放的有效能量与所能存储的有效能量的比值。由于能量在存储过程中会产生损耗，能量转换效率小于 1。

（4）能量密度。从质量或体积的角度，能量密度可分为质量能量密度和体积能量密度，分别对应单位质量和体积的储能系统所能存储的有效能量。

（5）功率密度。与能量密度类似，功率密度可分为质量功率密度和体积功率密度，分别对应单位质量和体积的储能系统所能输出的最大功率。由于受储能材料限制，储能系统通常难以兼具较高的能量密度和功率密度。

（6）自放电率。自放电率是指储能系统在单位时间内的自放电量，主要用以反映储能系统对所存储能量的保持能力。

（7）循环寿命。储能系统每经历一个完整的能量存储和释放过程，便称为一个循环。储能系统在寿命周期内所能实现的最大循环次数称为循环寿命。

（8）存储时间。存储时间是指能量在存储系统中稳定存储的时间，主要取决于存储系统本身的性能（如储光材料中陷阱的深度及浓度）。

（9）其他指标。除上述指标外，常用的储能技术指标还包括技术成熟度、兼容性、可移植性、安全性、可靠性和环保性等。

1.2 储能的作用与分类

1.2.1 储能的作用

随着传统化石能源的日益枯竭及生态环境的不断恶化，可持续发展已经成为全球共识。建立以清洁能源为核心的现代能源体系，从根本上解决高碳能源结构问题将成为未来能源发展的主要方向。储能可以为新型电力系统提供调节和发电并网服务，有效解决新能源出力与用电负荷时空不匹配问题，也能显著增强新型电力系统的灵活性，对于促进新能源高比例消纳、保障电力安全供应和提升新型电力系统运行效率具有积极的作用。

1.2.2 储能的分类

新型储能技术具有建设周期短、选址灵活、调节能力强、响应快速等特点。涉及的新型储能材料主要包括储电（如电化学储能、机械储能、电磁储能）材料、储氢材料、储热材料、储光材料。以下对部分新型储能材料进行简单介绍。

1. 电化学储能材料的分类

电化学储能设备通常称为电池，其工作原理是通过氧化还原反应将化学能和电能相互转换。这些反应发生在两个电极（正极和负极）上，正、负极通过外部电路连接并由离子导电介质（即电解质）进行物理分离。电化学储能设备目前主要包括铅酸电池、锂离子电池、液流电池、水系电池四类。

（1）铅酸电池。传统的铅酸电池的电极由铅（Pb）及其氧化物制成，电解液为硫酸（H_2SO_4）溶液。在充电状态下，正极的硫酸铅（$PbSO_4$）转化为二氧化铅（PbO_2），负极的 $PbSO_4$ 转化为 Pb。放电过程与之相反，正极的 PbO_2 与硫酸反应之后转化为 $PbSO_4$ 和水，负极的 Pb 与硫酸反应之后转化为 $PbSO_4$。目前发展的铅碳电池是一种电容型铅酸电池，由传统的铅酸电池演进而来，主要根据铅在不同价态之间的固相反应实现充放电。

（2）锂离子电池。锂离子电池是一种二次电池（充电电池），主要依靠锂离子在正极和负极之间的移动进行能量存储和释放。锂离子电池一般以钴酸锂、锰酸锂和磷酸铁锂等锂的化合物为正极材料，以石墨、软碳、硬碳和钛酸锂等构成的锂-碳层间化合物为负极材料，电解液为含有锂盐的有机碳酸盐。充电时，正极的锂原子变为锂离子，通过电解液向负极移动，在负极与外部电子结合后还原回锂原子进行能量存储。其放电过程正好与此相反。锂离子电池的能量密度高，自放电率低，循环寿命长，无记忆效应，易于快充快放，但目前成本偏高。随着技术的发展及成本的下降，锂离子电池的应用规模将越来越大，其前景被广泛看好。

（3）液流电池。液流电池的全称为氧化还原液流电池，其工作原理是先将活性物质溶解于正、负储液罐的溶液中，利用送液泵使电解液不断循环，并在正、负极发生氧化还原反应，从而实现电池的充电与放电。与一般电池不同，液流电池以电池氧化还原反应堆（简称电池堆）为活性物质，这些活性物质以离子状态存在于电解液中。液流电池的功率主要由电池堆决定，容量则主要取决于电解液，因此一般采用增加电解液量或提高电解液浓度的方式增大液流电池容量。液流电池具有循环寿命长、自放电率低、环境友好和安全性高等优点，缺点是能量转换效率和能量密度均不高。目前，全钒液流电池（vanadium redox battery，VRB）、锌溴液流电池等已初步实现了商业化应用。

（4）水系电池。水系电池是指以水为电解液的二次电池。相较于有机物电解液电池，水系电池具有安全性高、环境友好、离子电导率高等优点，因此在未来的大规模电能存储领域，水系电池具有更广阔的应用前景。目前水系电池主要受到电化学窗口窄、电极发生副反应、循环稳定性差等缺点的限制。为了突破这些瓶颈，近年来研究人员开发出了水系混合金属电池、单金属电池（钠、锂、锌电池等），并对它们的正极材料、负极材料、电解液、储能机制进行了大量研究。

2. 机械储能技术的分类

机械储能是将电能转换为机械能存储起来，在需要时再以电能形式释放出来加以利用的储能方式，主要包括抽水蓄能、压缩空气储能和飞轮储能。

（1）抽水蓄能。抽水蓄能是以水为能量载体，实现能量存储和利用的储能技术。在电力系统处于负荷低谷时，通过电动机机械做功，把下游水库的水抽到上游水库，从而将过剩的电能转换成水体势能存储起来。在电力系统处于负荷高峰时，通过发电机将存储在上游水库中的水体势能转换成电能以供应电力系统的尖峰电量。

（2）压缩空气储能。压缩空气储能是在用电低谷时，将电能用于压缩空气，将空气高压密封存储于储气室中，将电能转换为空气能存储起来。在用电高峰时，释放高压空气，带动发电机发电。

（3）飞轮储能。飞轮储能是在电力富余条件下，由电能驱动飞轮做高速旋转，电能转变为机械能存储起来；当系统需要时，飞轮减速，电动机作为发电机运行，将飞轮动能转换成电能，供用户使用。飞轮储能通过转子（飞轮）的加速和减速来实现电能的存入和释放。

3. 电气类储能技术的分类

电气类储能主要包括超导储能和超级电容器储能，前者将电能存储于磁场中，后者将电能存储于电场中。电气类储能在功率密度和循环寿命方面有巨大的优势，可减弱电网瞬间断电的影响，抑制电网的低频功率振荡，改善电压和频率特性。

（1）超导储能。超导储能是利用超导线圈将电能转换成磁能进行存储，在需要时再对电能进行释放。超导储能装置使用电阻为零的超导体制成，不仅可以在超导体电感线圈内无损耗地存储电能，而且可以通过电力电子换流器与外部系统快速交换有功和无功功率，用于提高电力系统稳定性，改善供电品质。

（2）超级电容器储能。超级电容器储能是将电能存储于电场中的储能形式，由于其具有功率密度高、免维护、循环寿命长等优异性能，成为学术界和产业界关注的热点。超级电容器主要由集流体、电极、电解质及隔膜等组成，其中隔膜的作用和电池中隔膜的作用相同，将两电极隔离开，防止电极间短路，允许离子通过。超级电容器储能的基本原理是通过电解质/电解液界面上电荷分离形成的双电层电容来存储电能。

4. 储热技术的分类

储热技术作为提高能源利用效率的重要技术之一，在推进新型能源体系建设、积极稳妥推进"双碳"工作以及确保"新能源＋储能"一体化调度机制顺利实现等方面具有显著意义。储热技术是一种利用储热材料作为媒介的技术，可将太阳能光热、地热、工业余热等热能或将电能转换为热能进行存储，并在需要时释放以解决由时间、空间或强度上的热能供给与需求不匹配所带来的问题。这种技术最大限度地提高了整个系统的能源利用效率。储热技术主要有三种：显热储热、潜热储热、热化学储热。

（1）显热储热。显热储热主要利用储热材料温度的变化进行热量存储与释放。按照储热材料，显热储热可以分为固体显热储热和液体显热储热两种。显热储热是发展最早、技术最成熟和应用最广的储热技术之一，但存在储热密度低、储热时间短、温度变化大及储热系统庞大等缺点。

（2）潜热储热。潜热储热利用物质在凝固/熔化、凝结/气化、凝华/升华等过程需要吸收或放出相变潜热的原理进行储热，也称相变储热。相变形式包括固-液相变、液-气相变、气-固相变及固-固相变四种，其中以固-液相变最为常见。相较于显热储热，相变储热有着更高的储热密度，而且由于充、放热过程均发生在相变材料的相变点附近，相变储热有着更高的稳定性。适用于中低温的相变材料有冰、石蜡等，典型应用场景包括废热回收、电子设备热管理、太阳能供暖和空调系统等；适用于高温的相变材料有高温熔化盐类、混合盐类、金属及合金等，典型应用场景有热机、太阳能光热电站、磁流体发电及人造卫星等。

（3）热化学储热。热化学储热通过可逆的化学吸附或化学反应存储和释放热能。热化学储热的密度远高于显热储热和相变储热，既可以对热能进行长期存储，又可以实现冷热复合存储，热量损失小，在余热/废热回收等领域得到了广泛应用。目前，国内外的热化学储热都处于研发阶段，尚未实现商业化。从长远看，热化学储热是储热技术的重要发展方向，中国、美国等国家的相关科研机构已进行了大量研究。

5. 储光技术的分类

储光技术是指利用光物理、光化学反应进行储能的技术，其工作原理是物质在光的照射下产生物理或者化学反应，由物质的分子吸收光子，随后将光能转化为电能，或者利用光照射读写数据进行存储。储光技术是新能源产业、可再生能源产业、大数据存储产业发展的核心技术，解决了日趋严峻的环境和能源问题，推动了能源领域、数据存储领域的可持续发展。储光材料主要可分为电子俘获材料、光致变色材料、超分辨储能及其他光储能技术。

（1）电子俘获材料。电子俘获材料的性能与晶格陷阱密切相关，该类材料晶格中的陷阱可以吸收高能射线、紫外线、自然光或人工可见光并将光能存储起来，在需要时可通过热刺激、光刺激或者应力刺激将存储的能量进行释放。

（2）光致变色材料。光致变色材料是指在高能射线或光辐照下具有颜色变化功能的一类材料。其变色机理可分为色心模型及电子-离子双注入模型。

（3）超分辨储能及其他光储能技术。超分辨储能及其他光储能技术包括光学系统超分辨储能技术（如近场探针扫描显微镜存储、近场固体浸没透镜存储、超分辨近场结构存储等）、介质超分辨存储技术及其他光储能技术（如双光束超分辨率光储能技术、双光子吸收光储能技术、蓝光光储能技术、多波长多阶光储能技术及全息光学储能技术等）。

1.3　储能材料的制备方法

储能材料的制备方法通常有水热法、共沉淀法、溶胶-凝胶法及高温固相法等。

（1）水热法。水热法是指将称量后的反应混合物溶解后，加热至 60～70℃，加入氨水以形成胶状沉淀；用蒸馏水洗去酸根离子，将含有沉淀的悬浮液加热浓缩，并转移至反应釜中；在 240℃ 的恒温箱中保温一段时间后取出样品，放置于蒸发皿中蒸发至干；将其放入坩埚中，在特定温度下煅烧以获得所需材料。

（2）共沉淀法。共沉淀法又称前驱体化合物法，是指以水溶性物质作为原料，通过液相化学反应生成难溶物质并从水溶液中沉淀出来的一种材料制备方法。该过程包括过滤沉淀物、洗涤、烘干，以及高温下的热分解，以获得所需的目标产物。共沉淀法能够显著提高原料离子混合的均匀性。

（3）溶胶-凝胶法。溶胶-凝胶法通常通过金属醇盐的水解反应来进行合成。在这一过程中，首先通过水解使溶液逐步转变为溶胶，然后将溶胶转化为凝胶状态，最后形成金属氧化物。溶胶-凝胶法能够在原子层面上实现反应物的均匀混合，许多材料的原料成分都可以制备成溶胶-凝胶体系。

（4）高温固相法。高温固相法是将固体原料充分混合，然后在高温下烧结的一种材料制备方法。高温固相法操作简便、成本低廉，且适合大规模生产，因此在无机荧光材料的合成中得到了广泛应用。

习　　题

1. 简要对比分析锂离子电池、液流电池及水系电池的特性。
2. 简述储热技术的分类及其特点。
3. 简述储光技术的分类及其储能机理。
4. 简述储能材料的制备方法及其特点。

第 2 章　储 电 材 料

2.1　储电技术分类

储电技术是现代能源系统中不可或缺的一部分,它在平衡供需、提高能源利用效率、促进可再生能源并网等方面发挥着关键作用。按照存储原理和方式,储电技术可以分为物理储电技术和电化学储电技术两类。物理储电技术通过物理方式存储能量,主要包括机械储电和热能储电;电化学储电技术则通过将电能转化为化学能来进行能量存储,主要包括电池和超级电容器两种。

2.1.1　物理储电技术

抽水蓄能是一种利用水力能进行能量存储和释放的物理储电技术。在能源充裕时,利用电力将水从低处抽升至高处的水库中,将电能转化为势能存储起来。在需求高峰时,通过释放水库中的水流,将势能转化为动能,再转化为电能输出,满足电网需求。抽水蓄能技术具有高效率(70%~85%)、长循环寿命、灵活性强等优点,被广泛应用于电力系统调峰和储能领域。

压缩空气储能是一种利用电力将空气压缩存储,再通过释放压缩空气来发电的物理储电技术。在电网负荷低谷期将电能用于压缩空气,然后在电网负荷高峰期释放压缩空气推动汽轮机发电。压缩空气储电技术可以分为多种类型,包括传统补燃式压缩空气储电技术、先进绝热压缩空气储能技术、等温压缩空气储能技术、液态空气储能/超临界空气储能技术及压缩空气储能 + 外部热源耦合技术等。压缩空气储电技术具有灵活性高、环保、可再生等特点,是一种重要的储电技术。

飞轮储能是一种利用旋转飞轮进行能量存储和释放的物理储电技术。在能源充裕时,利用电动机带动飞轮高速旋转,将电能转化为动能存储起来。在需求高峰时,通过减缓飞轮旋转速度,将动能转化为电能输出。飞轮本体是飞轮储能系统中的核心部件,其作用是提高转子的极限角速度,减轻转子重量,增加飞轮储能系统的存储能量。飞轮储电技术具有快速响应、高效率、长循环寿命等优点,广泛应用于电力系统的频率调节和峰谷填平场合。但飞轮储能需要特殊的地理条件和场地,建设的局限性较大,且一次性投资费用较高,不适合较小功率的离网发电系统。

热能储能是一种利用电能将热能存储起来,再通过释放热能来发电的物理储电技术。常见的热能储电技术包括蓄热式电热水器和热蓄热系统。在能源充裕时,利用电力将热能存储起来,如加热水或加热储热材料。在需求高峰时,将热能转化为电能输出。热能储电技术具有高效率、环保、可再生等优点,被广泛应用于工业、建筑等领域。

2.1.2 电化学储电技术

电化学储电技术是指利用电化学反应将电能转化为化学能进行存储，再将化学能转化为电能释放的技术。电化学储电技术主要包括电池和超级电容器两种形式。电池是一种将化学能转化为电能的装置，包括金属离子电池、铅酸电池、镍氢电池等。超级电容器是一种通过电极/电解质界面层来存储能量的装置。电化学储电技术的基本原理是利用电化学反应在正、负极之间进行氧化还原反应，将电能转化为化学能进行存储，再将化学能转化为电能释放出来。在电池中，电极和电解质之间的化学反应会在电极上产生电子，通过外部回路传递电子实现电流输出。在超级电容器中，电荷通过电解质中的离子在两极之间存储，并在需要时通过电荷移动释放能量。

金属离子电池是利用金属离子在正、负极之间进行氧化还原反应来进行能量存储和释放的电化学储电技术。金属离子电池包括锂离子电池、钠离子电池等，通过在电极材料中嵌入或释放金属离子来实现电荷的存储和释放。金属离子电池具有高能量密度、长循环寿命等优点，被广泛应用于移动电源、电动车、储能系统等领域。

铅酸电池是利用 Pb 和 PbO_2 电极之间的化学反应来进行能量存储和释放的电化学储电技术，具有低成本、可靠性高等优点，被广泛应用于汽车启动电池、不间断电源设备（uninterruptible power system，UPS）储能系统等领域。铅酸电池是一种成熟、稳定的储电技术。

超级电容器具有高功率密度、长循环寿命、快速充放电等优点，被广泛应用于电力系统峰值调节、电动车辅助动力等领域。

2.2 铅 酸 电 池

2.2.1 铅酸电池的结构及其工作原理

1. 铅酸电池的基本构造

铅酸电池是一种有代表性且广泛使用的可充电电池。自 1859 年由法国物理学家加斯顿·普朗泰发明以来，因其成本低廉、原料易得及安全性高而被广泛应用于各种场合。铅酸电池根据构造和需求，可以分为开放式电池（也称湿式电池）、阀控密封式电池、深循环电池。开放式电池为传统的铅酸电池形式，在其外壳上有一个排气孔，用户可以打开电池顶部的盖子，补充蒸发的水分，由于水会电解和蒸发，开放式电池需要定期维护。阀控密封式电池目前主要分为两大类，即电解液为凝胶状态的凝胶电池和电解液被玻璃纤维板吸附的吸收性玻璃纤维板（absorbent glass mat，AGM）型电池。阀控密封式电池配备了一个安全可靠的减压阀，用于高压气体的排放。阀控密封式电池具有不漏液、无污染、不需要补液等优点，是开放式电池的更新换代产品。

标准的铅酸电池主要由以下部分构成：①正极板（阴极），通常由 PbO_2 构成；②负极板（阳极），通常由海绵状 Pb 制成；③电解液，稀硫酸溶液，提供了电池化学反应所需的介质；④隔板，位于正、负极板之间的绝缘材料，通常由非导电的多孔材质（如

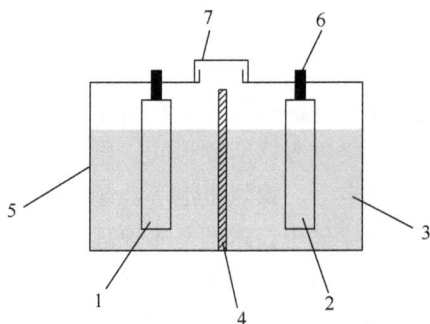

图 2-1　铅酸电池的简单结构示意图

1-正极板；2-负极板；3-电解液；4-隔板；
5-外壳；6-接线柱；7-加液孔盖

聚乙烯或玻璃纤维）制成，主要功能是防止正、负极板因直接接触而发生短路，同时允许电解液中的离子自由通过，维持电池的化学反应；⑤外壳，通常由耐酸和耐腐蚀的塑料制成，用于封装电池内部组件，不仅保护内部组件免受外界环境的侵害，而且防止电解液泄漏；⑥接线柱，是电池与外界电路连接的部分，一般位于电池顶部，通常由铅或铅合金制成；⑦加液孔盖，用来释放气体及补充电解液。如图 2-1 所示。

2. 铅酸电池的工作原理

铅酸电池的工作原理是基于 Pb 和 PbO_2 在稀硫酸溶液中的化学反应，电池可以由 $PbO_2|H_2SO_4|Pb$ 表示，其中，正极为 PbO_2，负极为 Pb。正极和负极在放电过程中发生的电化学过程如图 2-2 所示。

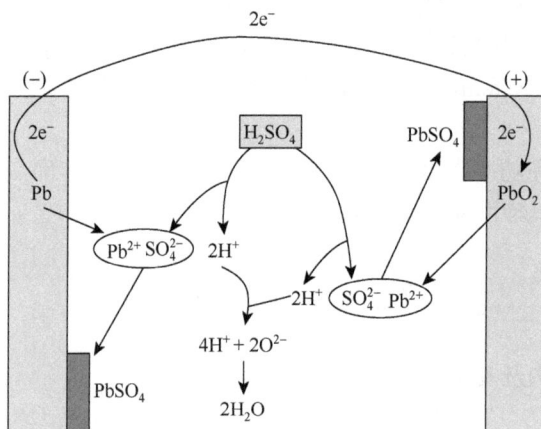

图 2-2　铅酸电池放电反应示意图

在放电过程中，Pb 电极发生氧化反应：

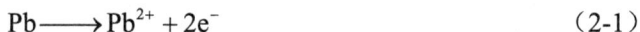

$$Pb \longrightarrow Pb^{2+} + 2e^- \tag{2-1}$$

生成的 Pb^{2+} 扩散到电解液中，与 SO_4^{2-} 发生反应：

$$Pb^{2+} + SO_4^{2-} \longrightarrow PbSO_4 \tag{2-2}$$

上述反应可以写成总化学表达式：

$$Pb + SO_4^{2-} \longrightarrow PbSO_4 + 2e^- \tag{2-3}$$

在反应（2-3）中形成的电子沿着外部电路移动到正极，为了平衡氧化还原所带来的不均衡的电荷分布，产生的 H^+ 被吸引向正极。

正极 PbO_2 与负极迁移过来的电子和 H^+ 发生还原反应：

$$PbO_2 + H_2SO_4 + 2H^+ + 2e^- \longrightarrow PbSO_4 + 2H_2O \qquad (2\text{-}4)$$

在充电过程中，铅酸电池受到外部电源施加的电压的影响，发生逆反应。正极和负极在充电过程中发生的电化学过程如图 2-3 所示。

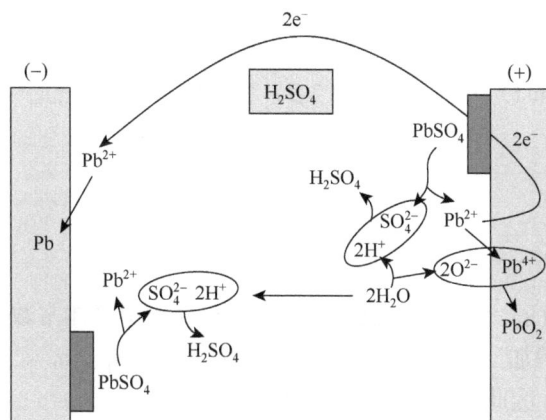

图 2-3　铅酸电池充电反应示意图

在正极侧，$PbSO_4$ 的轻微溶解维持着正极附近的 Pb^{2+} 的浓度，这些 Pb^{2+} 在电池充电期间吸附在 PbO_2 的表面。Pb^{2+} 在充电期间失去电子，发生氧化反应：

$$Pb^{2+} - 2e^- \longrightarrow Pb^{4+} \qquad (2\text{-}5)$$

生成的 Pb^{4+} 在水中不稳定，与水反应生成 $Pb(OH)_4$：

$$Pb^{4+} + 4H_2O \longrightarrow Pb(OH)_4 + 4H^+ \qquad (2\text{-}6)$$

$Pb(OH)_4$ 水解并生成 PbO_2：

$$Pb(OH)_4 \longrightarrow PbO_2 + 2H_2O \qquad (2\text{-}7)$$

上述反应可以写成总化学表达式：

$$PbSO_4 + 2H_2O \longrightarrow PbO_2 + H_2SO_4 + 2H^+ + 2e^- \qquad (2\text{-}8)$$

在负极侧，$PbSO_4$ 使得 Pb 电极表面附近的电解液中也维持一定的 Pb^{2+} 的浓度，这些 Pb^{2+} 得到从正极转移过来的电子，发生氧化反应，变为 Pb。$PbSO_4$ 产生的 SO_4^{2-} 与 H^+ 结合形成 H_2SO_4。

3. 铅酸电池的电极电势

化学电源在放电时，正极 P_1 获得电子被氧化为 P_2，负极活性物质 N_1 失去电子被还原成 N_2，电池反应的通式可表示如下。

正极：

$$P_1 + ne^- \longrightarrow P_2 \qquad (2\text{-}9)$$

负极：

$$N_1 - ne^- \longrightarrow N_2 \tag{2-10}$$

总反应：

$$N_1 + P_1 \longrightarrow N_2 + P_2 \tag{2-11}$$

根据能斯特（Nernst）方程，反应（2-9）和反应（2-10）的平衡电势分别为

$$E_+ = E_+^0 + \frac{RT}{nF} \ln \frac{a_{P_1}}{a_{P_2}} \tag{2-12}$$

$$E_- = E_-^0 + \frac{RT}{nF} \ln \frac{a_{N_1}}{a_{N_2}} \tag{2-13}$$

式中，E_+^0 和 E_-^0 分别为正、负极的标准电极电势；R 为理想气体常数，$R = 8.314\text{J}/(\text{K}\cdot\text{mol})$；$T$ 为热力学温度；n 为参加反应的电子数；F 为法拉第常数；a_{P_1}、a_{P_2}、a_{N_1} 和 a_{N_2} 分别代表 P_1、P_2、N_1 和 N_2 的活度。因此，电池的电动势为

$$E = E_+ - E_- = E_+^0 - E_-^0 + \frac{RT}{nF} \ln \frac{a_{P_1} a_{N_2}}{a_{P_2} a_{N_1}} \tag{2-14}$$

在铅酸电池体系中，$PbO_2 \,|\, PbSO_4$ 的平衡电势与 $Pb \,|\, PbSO_4$ 的平衡电势决定了电池的电势差。

1）铅电极（$Pb \,|\, PbSO_4$）的电势

负极在充放电过程中发生的化学反应为

$$Pb + SO_4^{2-} \rightleftharpoons PbSO_4 + 2e^- \tag{2-15}$$

根据能斯特方程，铅电极的平衡电势为

$$E_{Pb|PbSO_4} = E_{Pb|PbSO_4}^0 + \frac{RT}{nF} \ln \frac{a_{PbSO_4}}{a_{Pb} \cdot a_{SO_4^{2-}}} \tag{2-16}$$

式中，$E_{Pb|PbSO_4}^0$ 为 $Pb \,|\, PbSO_4$ 的标准电势，因为 Pb 与 $PbSO_4$ 是固体，所以 $a_{Pb} = a_{PbSO_4} = 1$，标准电势为 $a_{SO_4^{2-}} = 1$ 时的电极电势。

由电化学热力学可知，

$$E = -\frac{\Delta G}{nF} \tag{2-17}$$

标准电势 $E_{Pb|PbSO_4}^0$ 可写为

$$E_{Pb|PbSO_4}^0 = \frac{\Delta G^0}{nF} \tag{2-18}$$

ΔG^0 取决于反应过程，当电极发生还原反应时，ΔG^0 为负值。用吉布斯自由能代替反应（2-15）中反应物和生成物的标准电势，可得

$$E_{Pb|PbSO_4}^0 = \frac{\Delta G_{PbSO_4}^0 - (\Delta G_{SO_4^{2-}}^0 + \Delta G_{Pb}^0)}{nF} \tag{2-19}$$

表 2-1 汇总了铅酸电池系统中各化合物的热力学参数。

表 2-1 铅酸电池系统中各化合物的热力学参数 （单位：kJ/mol）

化合物	ΔG^0	ΔH^0	ΔS^0
Pb （结晶）	0	0	64.91
PbSO$_4$	−811.43	−918.61	147.31
Pb^{2+}(aq.)	−23.98	1.26	19.20
Pb^{4+}(aq.)	−302.57	—	—
α-PbO$_2$	−217.37	−264.99	—
β-PbO$_2$	−219.04	−276.71	76.58
H$_2$SO$_4$	−742.17	−907.73	17.16
HSO$_4^-$(aq.)	−753.05	−885.96	126.89
SO$_4^{2-}$(aq.)	−742.17	−907.73	17.16
H$_2$O	−273.25	−285.91	69.97
H$^+$(aq.)	0	0	0
H$_2$(gas)	0	0	130.61

注：aq.指含水的、含水溶液（aqueous）；gas 指气态。

铅酸电池系统中两个电极分别有两个电子反应，则 $n=2$，法拉第常数 $F=96500\text{C/mol}$，将表 2-1 中的数值代入式（2-19）中，可以得到

$$E^0_{\text{Pb|PbSO}_4} = \frac{-811.43-(-742.17+0)}{2\times96500}\times1000\text{V} = -0.359\text{V} \qquad (2\text{-}20)$$

再将 $E^0_{\text{Pb|PbSO}_4}$、a_{PbSO_4}、$a_{\text{SO}_4^{2-}}$ 和 a_{Pb}，代入式（2-16），即可获得 Pb|PbSO$_4$ 的电势：

$$E_{\text{Pb|PbSO}_4} = -0.359\text{V} - \frac{RT}{nF}\ln a_{\text{SO}_4^{2-}} \qquad (2\text{-}21)$$

由此可知，Pb|PbSO$_4$ 的平衡电势与 SO$_4^{2-}$ 的活度和温度有关。

2）PbO$_2$ 电极（PbO$_2$|PbSO$_4$）的电势

正极在充放电过程中发生的反应如下：

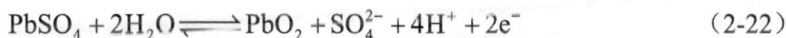

$$\text{PbSO}_4 + 2\text{H}_2\text{O} \Longleftrightarrow \text{PbO}_2 + \text{SO}_4^{2-} + 4\text{H}^+ + 2\text{e}^- \qquad (2\text{-}22)$$

该电极的平衡电势为

$$E_{\text{PbO}_2|\text{PbSO}_4} = E^0_{\text{PbO}_2|\text{PbSO}_4} + \frac{RT}{nF}\ln\frac{a_{\text{PbO}_2}\cdot a_{\text{SO}_4^{2-}}\cdot a_{\text{H}^+}^4}{a_{\text{PbSO}_4}\cdot a_{\text{H}_2\text{O}}^2} \qquad (2\text{-}23)$$

固体的活度等于 1，a_{H^+} 可以用 pH 来表示。同样地，可以得到

$$E^0_{\text{PbO}_2|\text{PbSO}_4} = \frac{-\Delta G^0_{\text{PbO}_2} - \Delta G^0_{\text{SO}_4^{2-}} - 4\Delta G^0_{\text{H}^+} + \Delta G^0_{\text{PbSO}_4} + 2\Delta G^0_{\text{H}_2\text{O}}}{nF} \qquad (2\text{-}24)$$

将表 2-1 中的数值代入式（2-24），可以得到 $E^0_{\text{PbO}_2|\text{PbSO}_4} = 1.683\text{V}$，由此 PbO$_2$|PbSO$_4$ 的电势为

$$E_{\text{PbO}_2|\text{PbSO}_4} = 1.683\text{V} + \frac{RT}{nF}\ln\frac{a_{\text{SO}_4^{2-}}\cdot a_{\text{H}^+}^4}{a_{\text{H}_2\text{O}}^2} \qquad (2\text{-}25)$$

由式（2-25）可知，$E_{PbO_2|PbSO_4}$ 受溶液的 pH 影响较大。

3）铅酸电池的电动势 ΔE

（1）由电极电势计算电动势。电动势由正极 $PbO_2|PbSO_4$ 电势与负极 $Pb|PbSO_4$ 电势的差决定：

$$\Delta E = E_{PbO_2|PbSO_4} - E_{Pb|PbSO_4} \tag{2-26}$$

将式（2-21）与式（2-25），$R = 8.314 J/(K \cdot mol)$，$F = 96500 C/mol$，$T = 298K$，$n = 2$ 代入式（2-26），即得

$$
\begin{aligned}
\Delta E &= 1.683V + \frac{RT}{nF} \ln \frac{a_{SO_4^{2-}} \cdot a_{H^+}^4}{a_{H_2O}^2} - \left(-0.359V - \frac{RT}{nF} \ln a_{SO_4^{2-}} \right) \\
&= 2.042V + \frac{RT}{nF} \left(\ln \frac{a_{SO_4^{2-}} \cdot a_{H^+}^4}{a_{H_2O}^2} + \ln a_{SO_4^{2-}} \right) \\
&= 2.042V + \frac{RT}{nF} \ln \frac{a_{H_2SO_4}^2}{a_{H_2O}^2} \\
&= 2.042V - \frac{2.3RT}{nF} \lg \frac{a_{H_2O}}{a_{H_2SO_4}} \\
&= 2.042V - 0.059 \lg \frac{a_{H_2O}}{a_{H_2SO_4}}
\end{aligned}
\tag{2-27}
$$

（2）由铅酸电池总反应计算电动势。铅酸电池两电极的总反应为

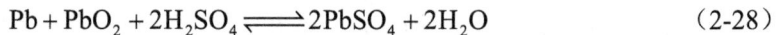

$$Pb + PbO_2 + 2H_2SO_4 \rightleftharpoons 2PbSO_4 + 2H_2O \tag{2-28}$$

对于反应（2-28），根据能斯特方程，铅酸电池的电动势可写为

$$E = E^0 - \frac{2.3RT}{nF} \lg \frac{a_{PbSO_4}^2 \cdot a_{H_2O}^2}{a_{Pb} \cdot a_{PbO_2} \cdot a_{H_2SO_4}^2} = E^0 - 0.059 \lg \frac{a_{H_2O}}{a_{H_2SO_4}} \tag{2-29}$$

式中，E^0 为标准电动势，$E^0 = -\frac{\Delta G^0}{nF}$，$\Delta G^0$ 为$-394.16 kJ/mol$。由此得到铅酸电池的电动势：

$$E = 2.042V - 0.059 \lg \frac{a_{H_2O}}{a_{H_2SO_4}} \tag{2-30}$$

这与电极电势计算的电动势结果一致。

已知不同浓度下的硫酸和水的活度，就能算出铅酸电池的电动势（表 2-2）。

表 2-2 不同浓度的溶液中水和硫酸的活度及铅酸电池的电动势

浓度/(mol/kg)	a_{H_2O}	$a_{H_2SO_4}$	电动势 ΔE /V
0.5	0.9819	0.00148	1.881
0.7	0.9743	0.00307	1.900
1	0.9618	0.00716	1.922
1.5	0.9387	0.0214	1.951
2	0.9126	0.0522	1.975

浓度/(mol/kg)	a_{H_2O}	$a_{H_2SO_4}$	电动势 ΔE /V
2.5	0.8836	0.1158	1.996
3	0.8516	0.2440	2.016
3.5	0.8166	0.4989	2.035
4	0.7799	0.9883	2.054
4.5	0.7422	1.888	2.072
5	0.7032	3.541	2.090
5.5	0.6643	6.463	2.106
6	0.6259	11.48	2.123
6.5	0.5879	20.02	2.139
7	0.5509	34.21	2.154

4. 铅-硫酸水溶液的电势/pH 图

普尔贝（Pourbaix）最先提出了 $Pb|H_2O$ 体系的电势/pH 图，随后他与瑞茨基（Ruetschi）、昂施塔特（Angstadt）、巴恩斯（Barnes）和马西森（Mathieson）根据物质的平衡化学位计算了 298K 时金属/水溶液系统的热力学数据，绘制了 $Pb|H_2SO_4|H_2O$ 体系的电势/pH 图（图 2-4）。电势/pH 图在化学电源领域有着广泛的用途，利用该图可以研究铅酸电池在制造、使用过程中发生的化学反应。

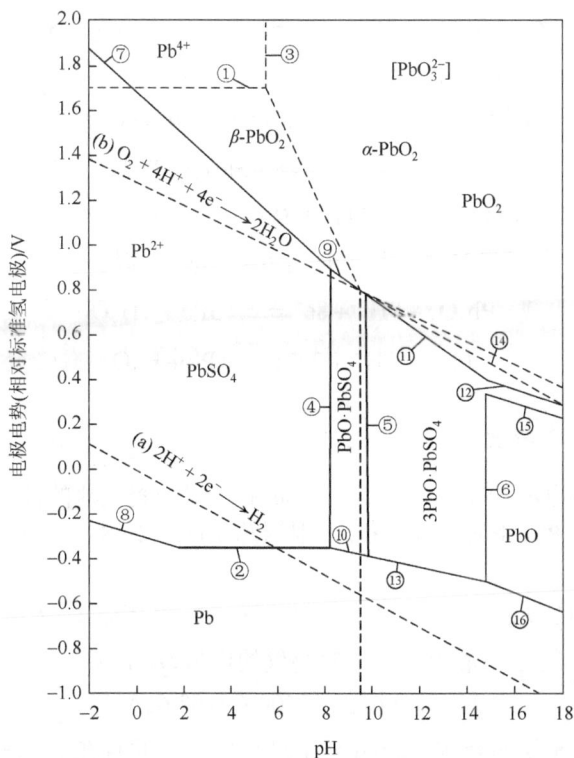

图 2-4 $Pb|H_2SO_4|H_2O$ 体系的电势/pH 图

将图 2-4 中的直线进行如下分类。

（1）水平线：与 pH 无关的氧化还原反应的平衡电势。

（2）垂直线：与 H^+ 有关的非氧化还原的平衡电势与 pH 的关系。

（3）斜线：与 H^+ 有关的氧化还原的平衡电势与 pH 的关系。

各条线把图 2-4 分为若干部分，它们分别表示各组分稳定存在的平衡电势和 pH 区间。同样地，我们可以把铅酸电池体系中各个反应按照三种类型进行分类。

第一类反应：与 pH 无关的氧化还原反应的平衡电势，在图 2-4 中表现为水平线（①、②）。

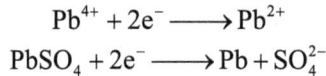

$$Pb^{4+} + 2e^- \longrightarrow Pb^{2+}$$

$$PbSO_4 + 2e^- \longrightarrow Pb + SO_4^{2-}$$

第二类反应：有 H^+ 参与的非氧化还原反应，在图 2-4 中表现为垂直线（③～⑥）。

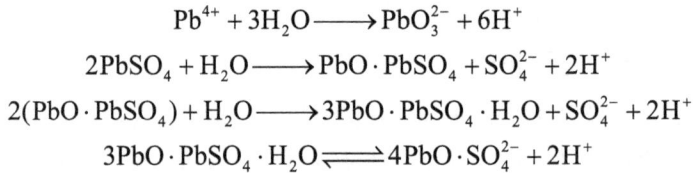

$$Pb^{4+} + 3H_2O \longrightarrow PbO_3^{2-} + 6H^+$$

$$2PbSO_4 + H_2O \longrightarrow PbO \cdot PbSO_4 + SO_4^{2-} + 2H^+$$

$$2(PbO \cdot PbSO_4) + H_2O \longrightarrow 3PbO \cdot PbSO_4 \cdot H_2O + SO_4^{2-} + 2H^+$$

$$3PbO \cdot PbSO_4 \cdot H_2O \rightleftharpoons 4PbO \cdot SO_4^{2-} + 2H^+$$

第三类反应：有 H^+ 参与的氧化还原反应（⑦～⑯）。

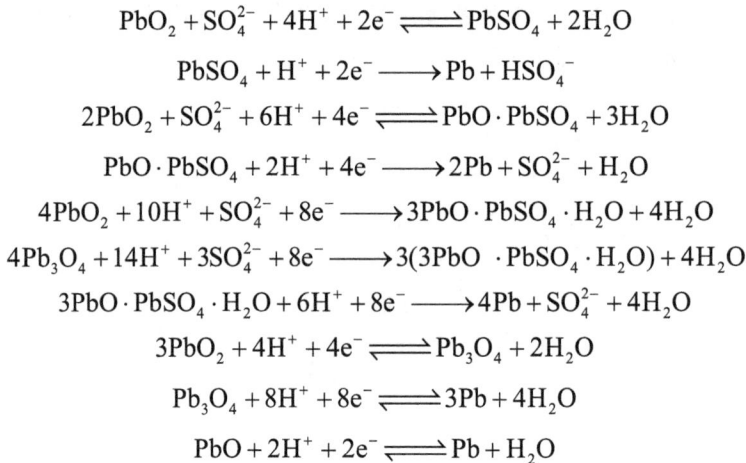

$$PbO_2 + SO_4^{2-} + 4H^+ + 2e^- \rightleftharpoons PbSO_4 + 2H_2O$$

$$PbSO_4 + H^+ + 2e^- \longrightarrow Pb + HSO_4^-$$

$$2PbO_2 + SO_4^{2-} + 6H^+ + 4e^- \rightleftharpoons PbO \cdot PbSO_4 + 3H_2O$$

$$PbO \cdot PbSO_4 + 2H^+ + 4e^- \longrightarrow 2Pb + SO_4^{2-} + H_2O$$

$$4PbO_2 + 10H^+ + SO_4^{2-} + 8e^- \longrightarrow 3PbO \cdot PbSO_4 \cdot H_2O + 4H_2O$$

$$4Pb_3O_4 + 14H^+ + 3SO_4^{2-} + 8e^- \longrightarrow 3(3PbO \cdot PbSO_4 \cdot H_2O) + 4H_2O$$

$$3PbO \cdot PbSO_4 \cdot H_2O + 6H^+ + 8e^- \longrightarrow 4Pb + SO_4^{2-} + 4H_2O$$

$$3PbO_2 + 4H^+ + 4e^- \rightleftharpoons Pb_3O_4 + 2H_2O$$

$$Pb_3O_4 + 8H^+ + 8e^- \rightleftharpoons 3Pb + 4H_2O$$

$$PbO + 2H^+ + 2e^- \rightleftharpoons Pb + H_2O$$

5. 铅酸电池的能量密度

前面介绍了铅酸电池的反应原理，下面简单介绍铅酸电池的能量密度。在铅酸电池体系中，活性物质是 Pb、PbO_2、H_2SO_4。根据总反应（2-28）可以得到这些反应物之间的质量计量关系为

$$P = (207.2)_{Pb} + (239.2)_{PbO_2} + (196)_{2H_2SO_4} + (36)_{2H_2O} = 678.4g$$

根据法拉第定律，2g 当量的活性物质提供的电量 Q 为

$$Q = 2 \times (96500 / 3600)C = 53.61A \cdot h$$

假设铅酸电池在平衡电势 $E = 2.040V$ 下进行反应，并且在放电期间活性物质完全被消耗，那么理论能量密度为

$$E_{\text{theory}} = \frac{53.61 \times 2.040}{0.6784} \text{W} \cdot \text{h/kg} = 161.2 \text{W} \cdot \text{h/kg}$$

2.2.2　铅酸电池正极材料及添加剂

铅酸电池的能量密度和功率密度较低,除铅和它的化合物密度较大外,活性物质利用率不高也是影响二者的主要原因。正极活性物质在很大程度上决定了电池的循环寿命,其较低的利用率还制约了电池的功率输出。目前正极活性物质的利用率普遍为 44%～55%,原因主要包括以下方面。

(1)正极反应涉及 PbO_2 在放电过程中被还原成 $PbSO_4$。$PbSO_4$ 作为反应产物,其电导率远低于原始 PbO_2。当 $PbSO_4$ 在电池正极表面积聚并形成覆盖层时,会显著阻碍电子和离子的传输。快速反应导致 $PbSO_4$ 迅速积累,这种情况在高倍率放电和深度放电时更为严重。当 $PbSO_4$ 在电池正极表面形成一层致密的覆盖层后,它会将下面未反应的 PbO_2 包裹起来,导致这些潜在的活性物质被隔绝在反应区之外。

(2)电极反应主要在电极表面进行,这个现象与电极表面的反应动力学和物质的扩散特性密切相关。一旦开始反应,$PbSO_4$ 开始在电极表面形成,由于 $PbSO_4$ 的摩尔体积大于 PbO_2,会堵塞多孔电极的孔口,硫酸电解液无法顺利到达电极深处,导致电极内部残留较多的未反应的 PbO_2。

(3)$PbSO_4$ 具有比原始电极材料更低的电导率,导致电池内阻增加。随着放电的进行,$PbSO_4$ 逐渐在电极表面和内部积累,形成一层绝缘体。这层 $PbSO_4$ 的覆盖显著增加了电子从一个电极到另一个电极的传输路径的电阻。当电子传输受阻时,电池的总电阻增大,这直接影响电池的放电效率和功率输出。

因此,探讨和改进正极材料的性能成为电池研究领域的关键方向。科研人员和工程师不断探索各种可能的改良方法,其中,采用添加剂以提高正极材料的电化学性能是近年来研究的热点。这种方法通过向正极材料中引入特定的化学添加剂,可以有效地优化电池的充放电过程,提高活性物质的利用率,从而延长电池的循环寿命。根据正极活性物质利用率低的原因,可以将添加剂分为以下类型。

1. 提高导电性的添加剂

导电型添加剂能够使被 $PbSO_4$ 包围的 PbO_2 重新与板栅连接,放电反应能够在更大范围内继续进行。这种改进的电极设计或添加剂的使用不仅增加了电池的放电深度,而且显著提高了正极材料的整体利用率。导电型添加剂主要包括碳、碳纤维、各向异性石墨。

在铅膏中添加质量分数为 1.5% 的碳、碳纤维、石墨纤维能够提高正极材料的导电性,但在此过程中,半数的碳或者碳纤维被氧化。其中,石墨是最耐氧化的。日本科学家德永晗夫是各向异性石墨领域的研究先驱,他成功开发了一种特殊处理方法,使天然石墨通过热处理转变成各向异性石墨。这种石墨材料不仅保持了石墨的固有耐氧化性质,而且通过结构的调整,展现出优异的功能性。将直径为 250～1250μm、质量分数为 0.1%～1.0% 的高纯度各向异性石墨加入铅粉中,在硫酸环境下对电极进行氧化处理时,这些石墨生成层间化合物并膨胀。这种膨胀有助于正极保持高孔隙率,即使在电池材料密集紧凑的环境中，也能确保电解液和电极材料之间有充足的接触面积，从而提高活性物质的利用率。各向异性石墨的添加有效地改善了铅酸电池在低温条件下的高倍率放电性能。即使在寒冷的环境中，这种石墨也能保持电极的导电性和结构完整性，从而避免了电池性能下降。最重要的是，尽管它显著提升了电池性能，但并没有对电池的循环寿命造成负面影响。

2. 二氧化锡（SnO_2）覆膜的玻璃片及纤维

SnO_2 覆膜厚度为 0.3μm，SnO_2 在 $PbO_2 | PbSO_4$ 反应区性质稳定。电池在高温下长期工作过程中，玻璃片上覆盖的微量 SnO_2 渗入电解液。这种添加剂提高了化成效率，提高了正极活性物质的利用率。

3. 提高硫酸供应的添加剂

在铅酸电池的放电过程中，硫酸的供应对电池性能的影响至关重要。具体来说，当铅酸电池以低速率放电时，电池的放电容量主要受限于硫酸的总量。在这种情况下，随着反应的进行，电池中的硫酸浓度逐渐下降，从而限制了进一步的电化学反应，因此放电容量主要由硫酸的剩余量来决定。当铅酸电池以高速率放电时，电池的放电容量不仅仅受限于硫酸的总量，而且更多地受限于硫酸从电池电解液主体到电极反应表面的扩散速度。如果硫酸的扩散速度跟不上电极反应的速度，电池的输出电流将会受到限制，导致电池性能下降。因此，为了优化铅酸电池的性能，尤其是在不同的放电速率下，提高硫酸的供应效率成为一个重要的研究和改进方向。可以通过设计更多的孔洞或通道，在电极材料中增加电池内部的孔隙结构，加速硫酸的扩散过程，使其更快地到达电极表面的反应点；也可以通过提高电解液的流动性和增强其传导性，有效提升硫酸的输送速度。提高硫酸供应的添加剂材料见表 2-3。

表 2-3　提高硫酸供应的添加剂

材料	质量分数/%	功能
CMC	0.2～2.0	提高孔隙率
中空玻璃微球	1.1～6.6	降低铅膏密度
炭黑	0.2～2.0	提高孔隙率
合成纤维	0.1～2.0	提高孔隙率
硅酸	0.2	存储酸

注：CMC 指羧甲基纤维素（carboxymethyl cellulose）。

4. 改善正极循环寿命的添加剂

磷酸（H_3PO_4）和磷酸铅（$Pb_3(PO_4)_2$）可作为改善正极循环寿命的添加剂。铅膏中磷酸的用量一般为 10～40g/kg。与磷酸反应生成的 $Pb_3(PO_4)_2$ 比 $PbSO_4$ 更加稳定。此外，磷酸及 $Pb_3(PO_4)_2$ 可以降低正极活性物质的软化速度，同时，正极活性物质与板栅的连接强度也得到显著增加，减少正极活性物质的脱落，从而提高电池的循环寿命。

2.2.3 铅酸电池负极及添加剂

2.2.2 节介绍了铅酸电池正极的添加剂类型，本节介绍负极的添加剂种类及其对铅酸电池性能的影响。负极的添加剂按功能大致可以分为两类：一类为膨胀剂，它不仅可以提升电池的循环性能和输出功率，而且能在低温环境下防止电极物质表面积的收缩；另一类为阻化剂，分别为析氢阻化剂和氧化阻化剂。

1. 膨胀剂

在反应过程中，铅酸电池正、负极表面会生成 $PbSO_4$ 层，钝化了正、负极，导致活性物质表面积相对较小，造成电池的容量和放电性能较低。为解决在负极活性物质的有限表面上生成钝化层的问题，我们在制备铅膏的过程中添加膨胀剂。

1) 无机膨胀剂

硫酸钡（$BaSO_4$）是最常见的无机膨胀剂。将 $BaSO_4$ 以 0.5%～1.0% 的质量分数加到铅膏中，因为与 $PbSO_4$ 为同晶物质的 $BaSO_4$ 具有与 $PbSO_4$ 相近的晶格参数，所以 $BaSO_4$ 能够作为 $PbSO_4$ 的结晶中心。由于 $PbSO_4$ 可以在同晶 $BaSO_4$ 上结晶析出，无须形成 $PbSO_4$ 晶核，这样就不会产生形成晶核必需的过饱和度，在过饱和度低的条件下生成的 $PbSO_4$ 疏松、多孔，有利于硫酸的扩散，保持了电极物质的表面积。$PbSO_4$ 与 $BaSO_4$ 的结晶数据见表 2-4。

表 2-4　$PbSO_4$ 和 $BaSO_4$ 的结晶数据

物质名称	晶格参数/nm			结晶类型
	a	b	c	
$PbSO_4$	0.8450	0.5380	0.6930	正交晶系
$BaSO_4$	0.8898	0.5448	0.7170	正交晶系

炭黑和乙炔黑也是负极的主要添加剂。炭黑是一种纯净的无定形碳，它由极为微小且结构无序的石墨片组成。乙炔黑则是通过乙炔气的分解制成的，具备高纯度和无油性，分散性强，呈链状结构，并且显示出强烈的吸水和吸附特性。负极添加剂通常的添加量为 0.1%～0.3%（质量分数）。加入炭黑和乙炔黑主要有以下作用：①炭黑和乙炔黑的导电性好，在放电后期 $PbSO_4$ 晶体显著增加时，将它们添加到铅膏中可以提高活性物质的导电性；②炭黑和乙炔黑能提高极板的孔隙性和吸水性，能够在极板中吸收更多的电解液，这有利于在放电过程中供应更多的酸，有效提升电极的放电容量；③炭黑和乙炔黑具有出色的吸附能力，它们能在 Pb 与 $PbSO_4$ 结晶的过程中调控表面活性物质的分布，减少这些物质在 Pb 和 $PbSO_4$ 表面的过度聚集，从而增强电极的充电接受能力。

2) 有机膨胀剂

实践经验表明，当蓄电池使用木质隔板时，其在低温条件下的大电流放电性能较为优异。逐渐地，人们认识到木材中的某些提取物对于改善负极在放电过程中的钝化问题及在充电期间的表面积收缩现象具有显著的效果。人们开始尝试向负极铅膏中添加一些特殊材料，如木屑和半炭化的棉花。这些添加剂可以有效地防止负极板在重复充放电过程中表面积出现收缩，避免极板因硬结而变得坚硬，丧失其多孔海绵状结构。因为其分子非常大、结构复杂，常含有多种活性基团，如羟基、羧基，所以这些材料称为有机膨胀剂。在放电过程中，这些基团可以同 Pb 和 $PbSO_4$ 表面互相吸附，Pb^{2+} 穿过吸附层进入电解液。因为 Pb 表面上吸附着有机膨胀剂，所以 $PbSO_4$ 晶体的生长在吸附层而不是 Pb 表面上进行（图 2-5）。在这些位点上，$PbSO_4$ 层与 Pb 的结合力较弱，因此形成钝化 $PbSO_4$ 层所需的电量增加。同时，有机膨胀剂也能够吸附在 $PbSO_4$ 表面上，将 $PbSO_4$ 颗粒隔离开来，使其尺寸减小且彼此分离。它可以增加 Pb^{2+} 和 SO_4^{2-} 通过 $PbSO_4$ 层的扩散流量，从而改善电极容量，这对铅酸电池的放电是有益的。此外，它还能够抑制 $PbSO_4$ 层向选择性半透膜转变，即在放电过程中时，有机膨胀剂发挥着去钝化的作用。有机膨胀剂吸附在 Pb 表面，在 Pb^{2+} 电沉积成 Pb 的过程中，能有效地防止颗粒之间的合并，从而保持表面的发达和多孔结构，形成海绵状 Pb，即在充电过程中，有机膨胀剂发挥着防止 Pb 负报收缩的重要作用。因此，有机膨胀剂不仅能提高电池的机械稳定性，而且能增强电池的充电接受能力和整体放电效率，使电池能在更加苛刻的环境条件下保持良好的性能。目前常用的有机膨胀剂有腐殖酸、木素磺酸盐、合成鞣剂、栲胶等。

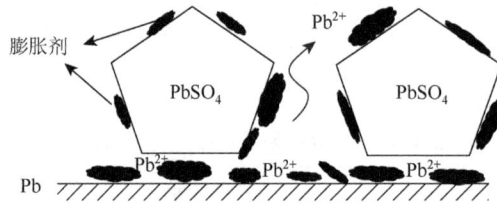

图 2-5　膨胀剂存在时 $PbSO_4$ 层和 Pb 电极表面模型

3）膨胀剂配方

包含 $BaSO_4$、炭黑、有机膨胀剂的配比均衡的膨胀剂配方保证了负极的良好性能。经典的膨胀剂配方如下：质量分数为 0.2%～0.3% 的有机膨胀剂，质量分数为 0.6%～0.8% 的 $BaSO_4$，质量分数为 0～0.2% 的炭黑。表 2-5 列出了四种具体的膨胀剂配方。

表 2-5　四种具体的膨胀剂配方　　　　　　　（单位：%）

物质名称	配方一	配方二	配方三	配方四
有机膨胀剂	0.3	0.3	0.2	0.2
$BaSO_4$	0.6	0.6	0.8	0.8
炭黑	0	0.2	0	0.2

2. 阻化剂

1）析氢阻化剂

影响电化学反应动力的因素一部分来自电极的极化，也就是反应平衡电势与电极电势之间的电势差。反应速率取决于参与反应的微粒所需克服的能垒。在 Pb 表面，氢析出反应存在巨大的能垒，导致过电势很高。相比之下，$PbSO_4$ 还原为 Pb 的反应效率更高且能够稳定进行。这确保了铅酸电池的性能稳定。铅酸电池的板栅合金包含多种元素，如锑、锡、砷、钙、铜、银、硒等。在电池运行期间，板栅会发生腐蚀，导致合金添加剂释放，并以游离金属粒子的形式沉积在 Pb 表面，这就形成了具有催化效果的析氢反应中心，从而大幅加快了水解反应的速率。为了避免这种现象的发生，我们需要在负极中添加能够吸附在催化中心，阻止或抑制析氢反应，并最终减少水的消耗的物质。同时，这些添加剂在充放电过程中不能对基础铅反应物产生有害效应，也不能影响负极活性物质结构的稳定性，或者减小负极活性物质的表面积。目前使用的析氢阻化剂主要有 3,5-二氨基苯甲酸、月桂胺、巯基苯丙咪唑、茴香醛、香兰素、α-萘酚和 β-萘酚、α-亚硝基-β-萘酚等。

2）氧化阻化剂

负极板的制造过程如下：首先，将铅粉、水、硫酸和膨胀剂混合搅拌，涂覆在板栅上，经过固化和干燥，形成生极板；然后，将生极板置于稀硫酸中，通以直流电进行还原，将其转化为海绵状 Pb。这个通电过程称为化成，经过化成的极板称为熟极板。为了进行电池的装配，需要从稀硫酸中取出熟极板，进行水洗和干燥。在水洗和干燥过程中，由于刚化成好的负极海绵状 Pb 非常活泼，容易被氧化。由被氧化的极板组装成的铅酸电池在注入硫酸后就转化为 $PbSO_4$，呈放电状态，没有足够的容量，因此这种铅酸电池必须进行初次充电才能够使用。为了防止水洗和干燥过程中负极板的氧化，使电池在注入硫酸后 20min 即可投入使用，不必进行初次充电，常采用真空加热干燥法、蒸汽驱氧干燥法、惰性气氛干燥法、氧还原阻化剂法等方法。前三种方法由于耗能多、生产时长较长且不能连续作业，没有氧还原阻化剂法应用广泛。

氧化阻止剂的作用机理有如下两种。第一，氧化阻止剂通常含有羟基，它们具有还原性，在合膏时，羟基和铅可以发生反应。在极板进行化成的过程中，氧化阻止剂也随之被还原。在化成后的干燥过程中，被氧化的铅粉逐渐被氧化阻止剂还原，或者氧化阻止剂优先被氧化，从而抑制铅的氧化。因此，这种氧化阻止剂使得在生产过程中铅不易受到氧气的影响。第二，在极板干燥过程中，氧化阻化剂在活性物质的表面形成一层保护膜。此膜使负极在存储过程中不受潮、不被氧化。表 2-6 列出了一些常用的氧化阻止剂。

表 2-6　常用的氧化阻止剂

物质名称	使用方法	用量
没食子酸（五倍子酸）	加在铅膏中	0.2%～0.3%（质量分数）
硬脂酸或硬脂酸钡	加在铅膏中	0.18%～0.25%（质量分数）
水杨酸	用乙醇配成浸渍液	0.2%～1.0%（质量分数）与硼酸液混合
松香粉	加在铅膏中	0.3g/kg 铅粉
聚乙烯醇	加在铅膏中	1%～2%（质量分数）水溶液
抗坏血酸	在 50～70℃下使用	10g/L 水溶液 + 硼酸
硼酸	配成浸渍液	水：硼酸 = 1：0.15～1：0.16（质量比）

2.2.4　铅酸电池板栅材料

1. 板栅的作用

电池板栅具有两个重要作用。

（1）作为正、负极活性物质的"骨架"，支撑活性物质，充当活性物质的载体。多孔的活性物质，特别是正极的 PbO_2，是由松散且微细的颗粒组成的，这些颗粒彼此难以黏合，因此不易成型。在充电状态下，正极的 PbO_2 密度为 $9.37g/cm^3$，而负极的海绵状 Pb 密度为 $11.3g/cm^3$。放电后，两极材料均转变为密度为 $6.3g/cm^3$ 的 $PbSO_4$。Pb、PbO_2 和 $PbSO_4$ 的摩尔体积分别为 $18.27cm^3/mol$、$25.51cm^3/mol$ 和 $48.00cm^3/mol$。通过比较这些材料的密度和摩尔体积，可以看出在电池放电时摩尔体积会显著增加。当电池放电时，活性物质的体积会显著增大。这种体积的增加导致多孔物质的孔隙率降低，同时使得整体的活性物质体积膨胀。随着电池再次充电，这些活性物质将会收缩到原始体积。如果这种体积变化在电池内部（特别是在极板的不同部位）不均匀发生，就可能导致极板翘曲甚至活性物质从板栅上脱落。为了应对这些变化引起的潜在问题，极板通常被设计成具有不同横截面积与形状的、横向和纵向的筋条栅栏状结构，它们为活性物质提供了坚固的机械支持，确保了即便在电池放电和充电周期中体积不断变化的情况下，活性物质仍然可以保持在适当的位置。板栅的坚固结构有效阻止了活性物质由于体积的剧烈变化而导致的过度膨胀和可能的脱落，从而保障了电池的性能稳定和循环寿命延长。

（2）作为极板的"血液系统"，负责传导电流，使电流均匀分布在活性物质上。仅靠正、负极活性物质的导电性不足以支持电池在充放电过程中完成电流的传导。特别地，放电时形成的 $PbSO_4$ 是不导电的，而且即使在充电状态下，正极的 PbO_2 的电阻率也仅有 $0.25\Omega\cdot cm$。因此，板栅在电流传导方面起着至关重要的作用。

板栅作为"骨架"和"血液系统"，不参与电池中发生的电化学反应。

2. 板栅的构型

铅酸电池对板栅构型的要求是能容纳一定质量的活性物质，同时极化较小。板栅的结构有着多种设计，其主要部分为边框、极耳、板脚、垂直筋、与垂直筋相交的水平筋。典型板栅结构如图 2-6 所示。

边框具有导电功能，同时防止在涂抹活性物质过程中板栅发生变形或断裂。对于正极板栅，还需要保证在循环寿命结束时保留一定的金属量，以维持板栅的基本形状。水平筋的主要功能是与垂直筋相连接，辅助支撑活性物质；垂直筋则主要负责传导电流。板栅底部的板脚固定在电池壳体的沉淀支架上，防止板栅在水平方向上滑动；极耳则用于焊接、并联电池。

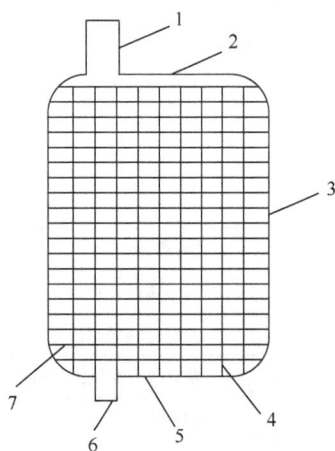

图 2-6　板栅结构示意图

1-极耳；2-上边框；3-侧边框；4-垂直筋；
5-下边框；6-板脚；7-水平筋

国内外常用的板栅还有斜筋条改进型、辐射型、半辐射型等，如图 2-7 所示。

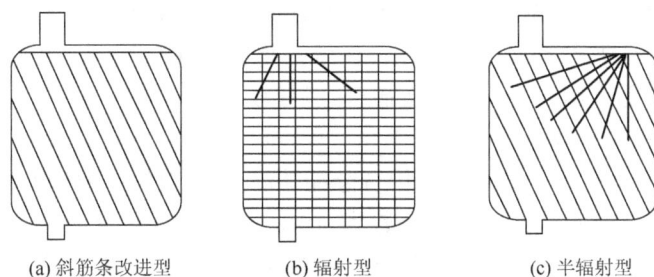

(a) 斜筋条改进型　　　　(b) 辐射型　　　　(c) 半辐射型

图 2-7　更多的板栅结构

3. 对板栅材料的要求

铅酸电池板栅材料要达到以下要求。

（1）板栅应高度耐腐，以保持板栅筋条横截面积不变，保证电池能量输出。但腐蚀总是不可避免的，希望腐蚀速率达到最小，并且不发生晶内腐蚀，晶内腐蚀时会使金属发酥，机械强度严重受损。

（2）板栅筋条（集流体）位置的设计应使其具有良好的电子导电性，保证极板欧姆压降最小，保证电流在整个极板中均匀分布，从而保证电化学反应在整个极板内均匀进行。

（3）板栅合金需具备足够的硬度和强度，以便在制造过程中承受各种力的作用，并能够在充放电过程中适应活性物质体积的变化，避免发生形变。

（4）板栅合金需具备优良的可焊性，以确保不同极板能够通过焊接技术有效并联。这种焊接不仅需要保证焊点的强度，以承受电池使用过程中的机械和热应力，而且需要确保电流的顺畅传递，以提高整体电池组的可靠性。良好的可焊性还有助于简化生产流程，降低制造成本，并增强电池的长期稳定性和安全性。

4. 合金材料

纯铅在硫酸环境中表现出较好的耐腐蚀性，但往往无法满足各种应用条件的需求。因此，采用合金化技术来改善和增强材料的性能成为主要的方法。通过添加其他金属元素，可以提升铅的机械强度和耐久性，以适应更广泛的使用环境和提高效能。合金的类型基本上分为固溶体和金属间化合物。固溶体是由溶质原子溶入溶剂中形成的均匀合金，晶体结构保持着溶剂的基本形态。如果溶质原子替换溶剂结构中的部分原子，则形成置换固溶体；如果溶质原子位于溶剂的结构间隙中，则形成间隙固溶体。有些固溶体两种方式都存在。虽然固溶体保持了溶剂的晶体结构，但是溶质的加入造成晶格参数的变化和晶格畸变，从而影响其性能。根据溶质在溶剂中的溶解度，固溶体可以分为有限固溶体和无限固溶体两类。当两种元素在固态中呈现无限溶解时，从一种元素到另一种元素的成分变化连续，形成连续固溶体。有限固溶体的特性则因溶质的不同而有较大差异。只有当两种元素的结构相似且原子尺寸的相对差异小于 15%时，才可能形成具有较大溶解度甚至无限溶解的固溶体。A 和 B 两种物质在形成合金时，除了可能产生固溶体，还可能生成一种新相，这种新相的晶体结构与原来的两种组分均不相同，称为中间相。中间相常见于金属之间或金属与类金属之间的反应，也称金属间化合物。金属间化合物主要通过金属键结合，其结构和性质往往与传统的化合价规则不同，显示出独特的电子配置和化学特性。下面介绍一些典型的板栅合金材料。

1）铅锑（Pb-Sb）合金

早在 1880 年，人们已经认识到铅锑合金能够满足特定的应用要求。最初用于铅酸电池的铅锑合金中锑的含量较高，质量分数为 10%～12%。铅锑合金便于铸造，可以形成坚固的铸件，并且在电池循环使用中能保持正极活性物质结构的可逆性，从而显著提升电池的循环寿命。此外，铅锑合金制作的电池板栅显示出较高的充电效率和较稳定的放电电压。然而，铅锑合金中的锑离子从板栅中溶出并在负极板表面被还原为金属锑。由于析氢反应在金属锑表面上的过电势低于铅，这促使电解液中水的分解加速，从而在电池充电和自放电期间增加了水的损耗。因此，用户需要定期维护电池。铅锑合金的许多性能随锑含量变化，表 2-7 给出了铅锑合金性能。

表 2-7　铅锑合金性能

锑含量（质量分数）/%	熔点/℃	密度 /(g/cm³)	抗拉强度 /MPa	伸长率 /%	布氏硬度 (HBW)	膨胀系数 /(×10⁻⁷℃⁻¹)	电阻率 /(×10⁻⁷Ω·cm)
0	327	11.33	12.515	—	3.0	292	212
1	320	11.26	—	—	4.2	288	220
2	313	11.18	—	—	4.8	284	227
3	306	11.10	33.406	15	5.3	281	234
4	299	11.03	39.795	22	5.7	278	240
5	292	10.95	44.717	29	6.2	275	246
6	285	10.88	48.092	24	6.5	272	253
7	278	10.81	50.482	21	6.8	270	259
8	271	10.74	52.170	19	7.0	267	265
9	265	10.66	53.294	17	7.2	264	271
10	261	10.59	53.927	15	7.3	261	277

随着汽车逐渐成为个人出行的首选交通工具，电池行业不得不发展低维护需求甚至免维护的电池。电池制造商已将板栅合金中的锑含量降低到 4.5%～6%（质量分数）。随着锑含量的降低，铅锑合金浇铸的板栅的力学性能变差。为了提高铅锑合金的流动性，研究人员向铅锑合金中添加了 0.15%～0.2%（质量分数）的锡（Sn），Sn 在熔融体表面形成了一层保护性的 SnO_2 薄膜，生成的 SnO_2 薄膜增大了表面张力。为了提高板栅的硬度，研究人员向铅锑合金中添加了 0.15%～0.2%（质量分数）的砷（As）。为了提高板栅的耐腐蚀性，研究人员向铅锑合金中添加了 0.02%～0.03%（质量分数）的银（Ag）。采用以上多元合金浇铸的板栅确实降低了铅酸电池的维护需求，但是要作为免维护铅酸电池的板栅，还需要开发更多种类的合金。

2）铅钙（Pb-Ca）合金

基于密封式免维护电池的需求，需要具有更低析气率的板栅合金，因此铅钙合金被引入密封式铅酸电池中，也称无锑合金。

与铅锑合金相比，铅钙合金具有如下优点：①电阻较小，其电阻率约为 $22 \times 10^{-6} \Omega \cdot cm$；②析氢电势较高，缓解水分解；③钙为负电势，钙不会从正板栅溶解而转移至负极，不会引起自放电加速和有毒气体 SbH_3 的析出。但是铅钙合金也有如下缺点：①由于钙在铸造过程中容易被氧化，形成的废渣浮于熔融合金的表面，这会提高铸造的难度。研究者探索了多种方法，以减少或完全阻止铅钙合金板栅在铸造期间钙的氧化。通过向铅钙合金中添加铝可以保护钙，铝非常容易被氧化，当铝被氧化后会形成一层保护膜，从而防止钙发生氧化。图 2-8 展示了使用 Pb-0.1%（质量分数）Ca 合金铸造板栅期间，在是否添加铝的情况下，合金中的钙含量随着铸造时间的变化情况。②抗蠕变性能差，即正板栅长大严重。在板栅减薄后，铅钙合金变得过于柔软，导致铸件容易变形。为了提高硬度，如果增加钙含量，将产生更多的金属间化合物 Pb_3Ca。在这种情况下，材料的硬化主要依赖晶界的移动，这会导致抗蠕变性能较差。因此，在铅钙合金中加入锡金属能够提高合金的力学性能。锡含量对 Pb-0.1%（质量分数）Ca 合金的力学性能的影响见图 2-9。同时，锡金属的加入可以降低电极的极化和腐蚀。因此，铅钙锡铝合金是目前免维护铅酸电池较常用的合金。

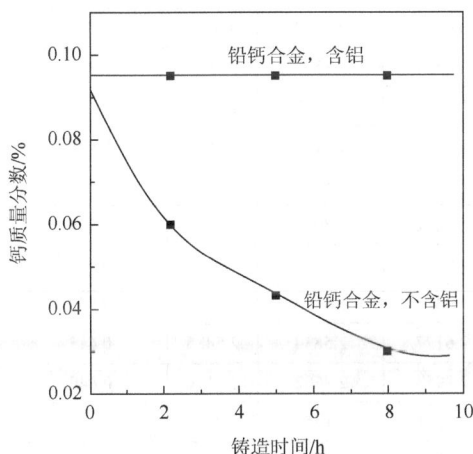

图 2-8 铝对 Pb-0.1%（质量分数）Ca 合金铸造
　　板栅期间钙损失的影响

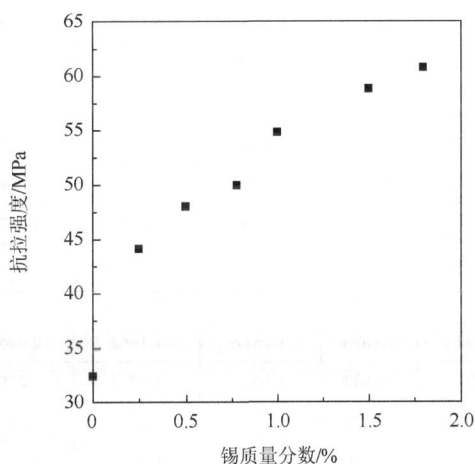

图 2-9 锡含量对 Pb-0.1%（质量分数）Ca 合金力
　　学性能的影响

5. 轻质板栅

除了传统的铅基合金，研究人员也在探索使用轻质材料作为铅酸电池板栅的替代品。这种替代方案的主要优势在于能显著提升电池的能量密度和活性物质的利用率。轻质板栅材料不仅重量更轻，而且能提供更好的电导率和力学性能。此外，轻质板栅材料通常具有更优异的耐腐蚀性，这有助于延长电池的循环寿命并减少维护需求。通过这些改进，电池的整体性能得到提升，同时也能满足环保标准，减少铅污染的环境影响。目前主要研究的轻质板栅材料有碳材料、改性钛箔、镀铅铜板栅等。

2.2.5 铅酸电池电解液及添加剂

1. 硫酸的含量与纯度

在制备铅酸电池的电解液时，须使用高纯度的浓硫酸与蒸馏水，并按特定比例混合。高纯度的浓硫酸呈无色、黏稠、油状、透明的液态。硫酸能够以任意比例与水混溶，并在此过程中释放大量热量。因此，在稀释硫酸时，必须小心地将硫酸缓慢加入水中，并持续搅拌以确保安全。表 2-8 展示了以质量分数、密度和摩尔浓度三种方式表示的不同浓度的硫酸水溶液的数据，并提供了硫酸密度随温度变化的系数（简称密度温度系数）。

表 2-8 硫酸浓度关系

质量分数 /%	密度/(kg/L)			质量摩尔浓度 /(mol/kg)	体积摩尔浓度/(mol/L)			密度温度系数 /[10^{-3}kg/(L·℃)]
	0℃	25℃	50℃		0℃	25℃	50℃	
0	0.9998	0.9970	0.9980	0	0	0	0	0.236
2	1.0147	1.0104	1.0006	0.208	0.2069	0.2060	0.2040	0.282
4	1.0291	1.0234	1.0129	0.425	0.4197	0.4174	0.4131	0.324
6	1.0437	1.0367	1.0256	0.651	0.6385	0.6342	0.6274	0.362
8	1.0585	1.0502	1.0386	0.887	0.8634	0.8566	0.8472	0.398
10	1.0735	1.0640	1.0517	1.133	1.0945	1.0849	1.0723	0.436
12	1.0986	1.0780	1.0651	1.390	1.3319	1.3190	1.3032	0.470
14	1.1039	1.0922	1.0788	1.660	1.5758	1.5590	1.5399	0.502
16	1.1194	1.1067	1.0927	1.942	1.8261	1.8054	1.7825	0.534
18	1.1351	1.1215	1.1070	2.238	2.0832	2.0583	2.0317	0.562
20	1.1510	1.1365	1.1215	2.549	2.3471	2.3175	2.2870	0.590
22	1.1670	1.1517	1.1362	2.875	2.6177	2.5834	2.5485	0.615
24	1.1832	1.1672	1.1512	3.220	2.8953	2.8562	2.8170	0.640
26	1.1996	1.1829	1.1665	3.582	3.1801	3.1358	3.0929	0.662
28	1.2160	1.1989	1.1820	3.965	3.4715	3.4427	3.3745	0.680
30	1.2326	1.2150	1.1977	4.370	3.7703	3.7164	3.6635	0.698
32	1.2493	1.2314	1.2137	4.798	4.0761	4.0177	3.9600	0.712
34	1.2661	1.2479	1.2300	5.252	4.3891	4.3260	4.2640	0.722
36	1.2831	1.2647	1.2466	5.735	4.7097	4.6422	4.5757	0.730
38	1.3004	1.2818	1.2635	6.249	5.0384	4.9663	4.8954	0.738
40	1.3179	1.2991	1.2860	6.797	5.3749	5.2982	5.2228	0.746
42	1.3357	1.3167	1.2981	7.383	5.7199	5.6385	5.5589	0.752
44	1.3538	1.3346	1.3160	8.011	6.0735	5.9873	5.9039	0.756
46	1.3724	1.3530	1.3343	8.685	6.4368	6.3458	6.2581	0.762

质量分数 /%	密度/(kg/L)			质量摩尔浓度 /(mol/kg)	体积摩尔浓度/(mol/L)			密度温度系数 /[10^{-3}kg/(L·℃)]
	0℃	25℃	50℃		0℃	25℃	50℃	
48	1.3915	1.3719	1.3528	9.412	6.8101	6.7142	6.6207	0.774
50	1.4110	1.3911	1.3719	10.19	7.1933	7.0918	6.9939	0.782
55	1.4619	1.4412	1.4214	12.46	8.1980	8.0820	7.9709	0.810
60	1.5154	1.4940	1.4735	15.29	9.2706	9.1397	9.0143	0.839
65	1.5714	1.5490	1.5277	18.93	10.414	10.265	10.124	0.874
70	1.6293	1.6059	1.5838	23.79	11.628	11.461	11.303	0.910
75	1.6888	1.6644	1.6412	30.58	12.914	12.727	12.550	0.952
80	1.7482	1.7221	1.6971	40.78	14.253	14.046	13.842	1.022
85	1.8009	1.7732	1.7466	57.77	15.607	15.367	15.137	1.086
90	1.8361	1.8091	1.7829	91.76	16.848	16.601	16.360	1.064
95	1.8544	1.8286	1.8040	193.7	17.962	17.712	17.473	1.008

铅酸电池是一种精妙的电化学体系。在该体系中，一些杂质会对电化学反应产生影响，甚至可能对电池性能具有决定性影响。因此，用于制造铅酸电池的硫酸溶液应达到明确的纯度等级。国家标准 HG/T 2692—2015《蓄电池用硫酸》中硫酸纯度标准见表 2-9。

表 2-9 硫酸纯度标准

指标名称	稀硫酸		浓硫酸		
	优等品	合格品	优等品	一等品	合格品
硫酸含量 w/%（≥）	34	34	96	92	92
烧灼残渣含量 w/%（≤）	0.01	0.01	0.001	0.02	0.03
锰（Mn）含量 w/%（≤）	0.00002	0.00002	0.00005	0.00005	0.0001
铁（Fe）含量 w/%（≤）	0.0005	0.002	0.0005	0.0002	0.001
砷（As）含量 w/%（≤）	0.00002	0.00002	0.000003	0.00005	0.0001
氯（Cl）含量 w/%（≤）	0.0001	0.0001	0.00003	0.0002	0.0003
氮氧化物（以 N 计）含量 w/%（≤）	0.00004	0.00004	0.00001	0.0001	0.001
铵（NH_4^+）含量 w/%（≤）	0.00004	—	0.0002	0.001	—
二氧化硫（SO_2）含量 w/%（≤）	0.002	0.002	0.0005	0.004	0.007
铜（Cu）含量 w/%（≤）	0.0002	0.0002	0.00001	0.0005	0.005
还原高锰酸钾物质（以 O 计）含量 w/%（≤）	0.0004	0.0004	0.0002	0.001	0.002
透明度/mm	350	350	160	160	100

注：各成分含量指质量分数；铵含量可每月检验一次。

2. 硫酸的物理与化学性质

1）稀硫酸的电阻率

电阻率是表征铅酸电池内阻和功率的关键参数之一。该参数用于描述特定材料的电阻特性，表示单位长度及单位横截面积导体的电阻，其单位为欧姆·厘米（Ω·cm）。作为材料的固有属性，电阻率随温度的变化而改变。图 2-10 展示了稀硫酸的电阻率及温度系数随着硫酸密度的变化。

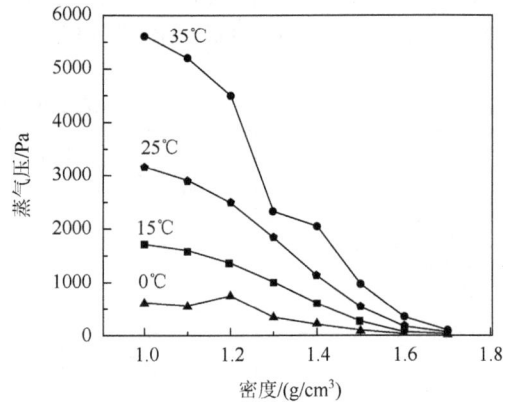

温度和电阻负相关，若 25℃时的电阻率为 ρ_0，则任意温度 T 时的电阻率为

$$\rho_T = \rho_0[1 - \beta(T - 25)] \tag{2-31}$$

式中，ρ_T 为温度为 T 时的电阻率（Ω·m）；ρ_0 为 25℃时的电阻率（Ω·m）；β 为电阻率的温度系数（℃$^{-1}$）。

2）硫酸的蒸气压

硫酸是一种强效的干燥剂，能够从其周围环境中吸收水分。硫酸是吸收水分还是蒸发水分，这取决于其蒸气压与周围空气的饱和蒸气压之间的比较。如果硫酸的蒸气压超过空气的饱和蒸气压，就会蒸发水分；相反，则会吸收水分。硫酸溶液的蒸气压受酸含量和温度的影响。图 2-11 展示了在不同温度下不同密度硫酸溶液的蒸气压数据。

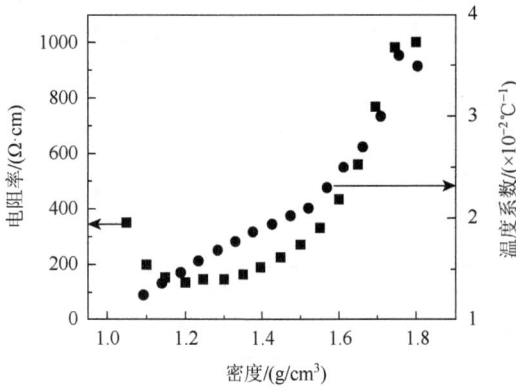

图 2-10　稀硫酸的电阻率及温度系数随着硫酸密度的变化

图 2-11　不同温度下不同密度硫酸溶液的蒸气压

3）硫酸的稀释热

用水稀释硫酸时产生大量稀释热，见表 2-10。

表 2-10　水和硫酸混合的稀释热

与硫酸混合的水量/mol	溶液中纯硫酸的含量/%（质量分数）	密度/(g/cm³)	稀释热/(kJ/mol)	热容/(J/K)
0	96.0	1.842	—	1.3816
1	84.4	1.779	26.71	1.5910
2	73.0	1.651	39.44	1.8000
3	64.4	1.551	46.64	2.0096

与硫酸混合的水量/mol	100 份溶液中纯硫酸的含量	密度/(g/cm³)	稀释热/(kJ/mol)	热容/(J/K)
5	52.1	1.421	54.89	2.3864
9	37.7	1.288	62.57	2.9726
19	22.3	1.161	68.08	3.4332
49	10.0	1.069	69.84	3.8100
99	5.2	1.035	70.59	3.9775
199	2.6	1.018	71.43	4.0612
399	1.3	1.009	72.47	4.1450
1599	0.3	—	74.78	

4）硫酸的收缩

在配置电解液时，硫酸与水混合所得混合液较原来各体积之和小。图 2-12 展示了不同硫酸密度下 1kg 混合液的收缩量。

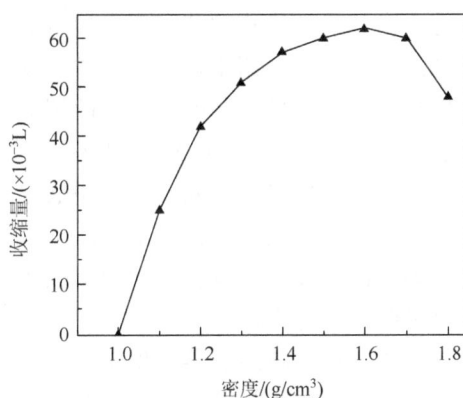

图 2-12　不同硫酸密度下 1kg 混合液的收缩量

3. 电解液添加剂

电解液添加剂需保持化学、热力学和电化学的稳定性，并且成本应尽可能低廉。电解液添加剂可分为三大类：无机化合物、碳悬浮液和高分子化合物。接下来探讨几种广泛应用的电解液添加剂及其对电池性能的影响。

1）无机化合物

无机化合物电解液添加剂包括磷酸、硼酸和一些可溶性金属盐。早在 1920 年，磷酸就已经开始用作铅酸电池的添加剂。磷酸作为添加剂加入硫酸中已被证实有如下作用：①如果电解液中含有磷酸，则正极平衡电势变得更正；②在低磷酸浓度下，$Pb_3(PO_4)_2$ 是 PbO_2 形成过程中的一种中间产物，提高了氢气和氧气的析出过电势；③防止铅钙合金正极板在深放电循环期间出现早期容量衰减。除了磷酸，硼酸也被用作电解液添加剂，添加质量分数为 0.4% 以下的硼酸可以抑制坚硬致密 $PbSO_4$ 的生成，并且能够减缓 PbO_2 电极的自放电。此外，一些可溶性金属盐也被用作电解液添加剂，如 $SnSO_4$、Na_2SO_4。

2）碳悬浮液

Kozawa 等使用超细炭黑（UFC）和聚乙烯醇（PVA）混合成的胶体（简称 UFC-PVA 胶体）作为电解液添加剂。因为 UFC-PVA 胶体降低了在放电过程中生成的 $PbSO_4$ 晶体的尺寸，所以 UFC-PVA 胶体将在循环过程中负极表面形成的非活性 $PbSO_4$ 转化为活性 $PbSO_4$ 并提高其溶解度。氧化石墨的水溶液也可以作为电解液添加剂。这种添加剂增加了正极活性物质 PbO_2 颗粒间的电接触，提高了电池的放电容量和充电接受能力。

3）高分子化合物

为了增强电池性能，并满足人们对铅酸电池能量密度及循环寿命的不断增长需求，人们关注将高分子材料用作电解液添加剂。多氟烷基磺酸（FORAFAC 1033D）是高分子材料作为电解液添加剂的代表。密封式电池添加 FORAFAC 1033D 之后，其水损耗更少，电池循环寿命延长了 50%。除此之外，聚乙烯吡咯烷酮（PVP）、聚天冬氨酸（PASP）等也被用作电解液添加剂。

2.2.6 铅酸电池的失效模式

铅酸电池的失效通常是由多种失效模式的共同作用导致的。这些失效模式根据电池的不同应用场景会有所不同。本节简要介绍铅酸电池几种主要的失效模式，包括板栅的氧化腐蚀、活性物质的老化与脱落、活性物质的不可逆硫酸盐化、电池短路及失水等。这些失效模式往往相互作用并共存，多种模式的叠加通常会导致电池性能的整体下降。

（1）板栅的氧化腐蚀。板栅的氧化腐蚀主要发生在铅酸电池的正极板栅上。随着电池充放电过程的进行，板栅材料（通常为铅或铅合金）逐渐被氧化，结构变弱，最终导致机械强度下降。此过程受到电流密度、温度及电池内部酸浓度的影响，严重时会导致板栅断裂，影响电池的结构完整性和功能。

（2）活性物质的老化与脱落。活性物质脱落是指正、负极板上的活性物质（铅及其氧化物）在充放电过程中由于体积变化和机械应力而从板栅上剥离。这种脱落减小了电池的有效反应面积，导致容量下降。频繁地深度放电、过充和高温都会加速这一过程。

（3）活性物质的不可逆硫酸盐化。硫酸盐化是指在电池放电时，电极板上的 Pb 和 PbO_2 转变为 $PbSO_4$，而在电池充电时不能完全还原为原有的物质。不可逆硫酸盐通常是由电池过度放电、长时间未充电或充电不足造成的。这种硫酸盐难以还原，逐渐积累，导致电极板活性降低。

（4）电池短路。电池短路可能由活性物质脱落并堆积在电池底部形成导电桥或由板栅变形接触引起。电池短路可以引起局部过热，甚至损坏电池。

（5）电池失水。铅酸电池在充电过程中，水分会通过电解反应分解为氢气和氧气。尤其是在过充的情况下，气体的生成量会增加，导致水分损失。电解液减少会增加内阻，降低电池性能，且可能引起电池过热。

2.3 锂离子电池

锂离子电池的结构及其工作原理

锂离子电池作为手机、平板电脑和笔记本电脑等便携式电子设备的主导技术，在现代社会的生活中发挥着重要作用。除此之外，锂离子电池是新兴电动汽车行业的首选。预计锂离子电池还将成为用太阳能和风能等可再生能源广泛取代化石燃料发电的关键，从而提供一个更清洁、更可持续的地球生活环境。2019 年诺贝尔化学奖授予约翰·B. 古迪纳夫（John B. Goodenough）、M. 斯坦利·威廷汉（M. Stanley Whittingham）和吉野彰（Akira Yoshino），这让人们对锂离子电池更加充满期待。Goodenough 在 80 岁高龄时仍致力于科学研究，最终在 97 岁高龄获得诺贝尔化学奖，这种终身学习和持续创新的精神鼓励人们要培养持久的求知欲，勇于创新，不断挑战自我，追求卓越。本节主要对锂离子电池的技术现状和未来前景进行介绍。

2.3.1 锂离子电池的结构及工作原理

锂离子电池的结构如图 2-13 所示，这里采用软包锂离子电池的结构图作为示例。锂离子电池的工作部分包括正极、负极、隔膜和电解液，这是不同类型的锂离子电池（柱状锂离子电池、纽扣锂离子电池等）所共有的组件，锂离子电池的工作主要依赖这些组件的参与。其中，正极具有高的电势，负极具有低的电势，正极与负极之间的电势差构成了锂离子电池的工作电压。正极材料通常涂敷于 Al 箔上，负极材料通常涂敷于 Cu 箔上。Al 箔和 Cu 箔称为集流体，起到负载材料且传输电子的作用，需要在电池工作过程中保持电化学惰性。相较于 Cu 箔，Al 箔具有质量轻和成本低等优势，对提升电池的能量密度有利。但锂离子电池的负极仍然采用 Cu 箔作为集流体，原因在于充电过程中负极的 Al 箔会与锂离子发生合金化反应，无法满足电化学惰性的要求。隔膜位于正极和负极之间，比正极和负极的面积略大，在浸润电解液的同时，阻止正极与负极之间的电接触，防止电池的内部短路。电解液具有不传导电子但传导离子的特征，用于保持电池内部的通路。

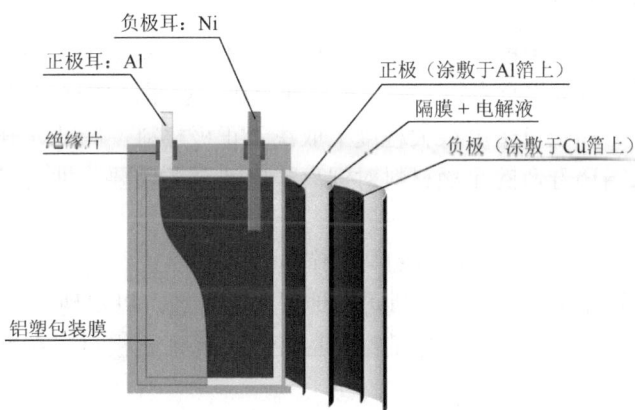

图 2-13 锂离子电池结构示意图

软包锂离子电池的封装组件采用铝塑包装膜，封装组件的作用是将锂离子电池的内部工作组件与外部环境相隔绝，避免外部环境对电池的安全性等方面造成影响。两个极耳分别与正极和负极电接触，从电池内部引出，用于外部电路的连接。其中，Al 极耳一般用作正极耳，Ni 极耳一般用作负极耳。由于铜的导热性极好，Cu 极耳与 Cu 箔不容易焊接，因此使用与铜有相似导电性的镍来替代，改善焊接性，提高电池的性能。极耳上绝缘片的作用是防止电池封装时金属与铝塑包装膜之间产生电接触导致电池短路，并且在加热封装过程中与铝塑包装膜黏合在一起，保证电池的密封性。

锂离子电池的工作原理如图 2-14 所示。以放电过程为例，在外电路，电子由负极经过负载去向正极，而在电池内部，锂离子也由负极通过电解液去向正极，即锂离子电池维持每个电极上的电荷平衡，同时驱动电流通过外电路工作。充电过程与放电过程相反。由于在电池的充放电过程中，锂离子在正极与负极之间进行往返运动，类似摇椅的摇摆过程，锂离子电池也称摇椅电池。

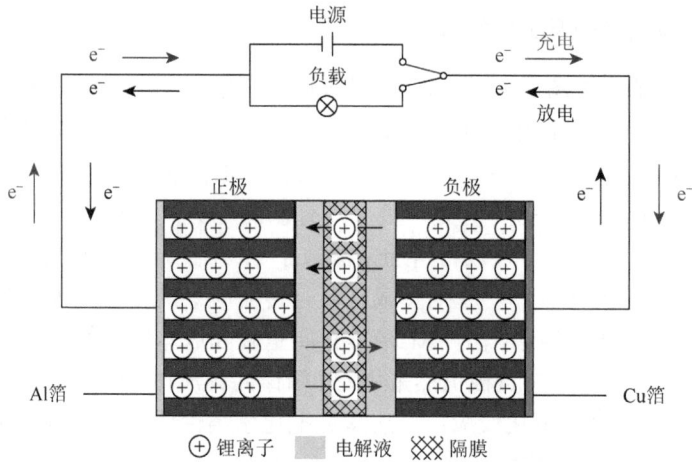

图 2-14　锂离子电池的工作原理图

2.3.2　锂离子电池正极材料

正极材料在锂离子电池的工作过程中提供高的氧化还原电势，并与负极材料搭配提供电池的工作电压。出于安全考虑，锂离子电池负极一般采用碳材料（如石墨），使得锂离子电池的工作电压和能量密度很大程度上取决于正极材料。因此，开发高工作电压、高理论比容量和长循环寿命的正极材料对锂离子电池至关重要。性质优良的正极材料应具备以下特征。

（1）高氧化还原电势，保证电池的高工作电压。

（2）锂离子能够在正极材料中大量可逆地嵌入和脱嵌，以实现电池的高容量。

（3）锂离子在嵌入及脱嵌过程中的结构应变低，保证正极材料在循环过程中的结构稳定，以实现电池的长循环寿命。

（4）工作电压位于电解液的电化学窗口范围内，减少电解液在电极界面的反应，保证电池的循环稳定性。

（5）具有良好的传导电子和离子的能力，避免过大的极化导致能量的过度损失，有利于实现电池的高能量转换效率及高倍率性能。

（6）成本低廉，易于合成，环境友好，具有良好的电化学稳定性和热稳定性，有利于降低电池成本和提高其安全性。

目前已有的正极材料按晶体结构主要分为层状结构（如 $LiCoO_2$）、尖晶石结构（如 $LiMn_2O_4$）、聚阴离子结构（如 $LiFePO_4$）。本节将从结构、电化学性质等方面对上述正极材料进行介绍。

1. 层状结构正极（$LiMO_2$，M 代表过渡金属）

如图 2-15 所示，在理想的 $LiMO_2$ 层状结构中，O^{2-} 按照 ABC 立方密堆积排列，氧八面体的间隙被锂离子和过渡金属离子占据，同时每个晶胞含有三个 MO_2 层。这种层状结构为锂离子的扩散提供了二维通道，使得此类正极材料表现出优异的性能。具有代表性的材料有 $LiCoO_2$、$LiNiO_2$ 和 $LiMnO_2$。

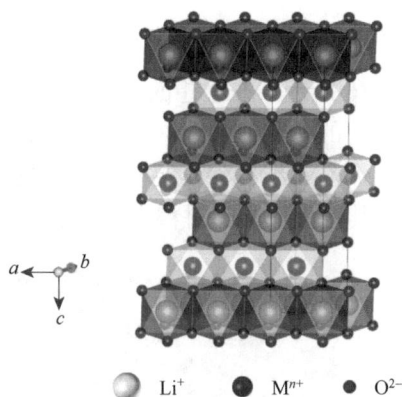

图 2-15 层状结构正极晶型示意图

$LiCoO_2$ 是锂离子电池的主要商用正极材料。虽然 Co 的成本高且具有一定的毒性，但由于 $LiCoO_2$ 具有工作电压高（超过 4V，对应 Co^{3+}/Co^{4+} 氧化还原对）、合成简单、理论比容量高（约 $274mA \cdot h/g$）、循环性能好等优势，其仍然在便携式电子设备和消费电子领域占据主导地位。由于商用电解液的限制[工作电压为 4.4V（vs. Li/Li^+）]，为了得到稳定的循环性能，实际应用中 $LiCoO_2$ 的放电比容量约为 $170mA \cdot h/g$。虽然充电到更高的电压可以有效地提高锂离子电池的能量密度，但截止电压的提高加速了 $LiCoO_2$ 的溶解，以及 $LiCoO_2$ 与电解液之间的界面反应，影响了电池整体的稳定性。

$LiNiO_2$ 的结构与 $LiCoO_2$ 相似，工作电压约为 3.8V（对应 Ni^{3+}/Ni^{4+} 氧化还原对），比 $LiCoO_2$ 略低。由于 Co 和 Ni 的相对原子质量相差无几，而且两种材料的分子式一样，$LiNiO_2$ 的理论比容量也约为 $274mA \cdot h/g$，实际使用中，其放电比容量可以达到 190~210$mA \cdot h/g$，比 $LiCoO_2$ 要高。同时 Ni 的成本和毒性均低于 Co，这使得 $LiNiO_2$ 受到了广泛的关注。但 $LiNiO_2$ 的合成条件严格，并且存在循环稳定性、热稳定性和结构稳定性差等问题，因此需要未来更多的探索以实现其高性能。

与 Co 和 Ni 相比，Mn 的成本更低，且环境友好，因此 $LiMnO_2$ 也是一种潜在的层状结构正极材料。$LiMnO_2$ 的工作电压为 3.0~4.5V，放电比容量可达约 $200mA \cdot h/g$。但 $LiMnO_2$ 的层状结构不稳定，易转变为容量低的尖晶石结构。因此，在循环过程中，$LiMnO_2$ 的晶体结构随之发生变换，导致其循环稳定性较差。

除了上述三种材料，$LiVO_2$、$LiCrO_2$ 和 $LiFeO_2$ 均可形成层状结构，但都表现出欠佳的电化学性能。

在过去的几十年里，$LiCoO_2$ 的高成本和有限的容量一直在推动用 Mn 和 Ni 取代 Co 的进程，因此性能相比于单独的 $LiNiO_2$ 和 $LiMnO_2$ 更好，且具有稳定层状结构的 $LiNi_{0.5}Mn_{0.5}O_2$ 得到了大量关注。但 $LiNi_{0.5}Mn_{0.5}O_2$ 合成较为困难且电子导电性较差。经研究发现，Co 的引入不仅可以提升材料的电子导电性，而且能够优化材料的合成条件，因此，三元材料 $LiNi_{1-y-z}Co_yMn_zO_2$（NCM）应运而生。三元材料电化学性能稳定、循环性能好，受到了广泛的关注。目前研发出来的三元材料可分为 NCM333、NCM523、NCM622 和 NCM811 等，其中后面的数字代表镍、钴和锰三者的比例。

2. 尖晶石结构正极（LiM_2O_4，M 代表过渡金属）

与层状结构类似，如图 2-16 所示，在理想的尖晶石结构中，O^{2-} 也是按照 ABC 立方密堆积排列形成晶体骨架。不同的是，在尖晶石结构中，锂离子占据的是交替的四面体间隙位置。相比于层状结构，尖晶石结构不仅更有利于锂离子在材料中的扩散及脱嵌，而且表现出优良的导电性。最具有代表性的材料为 $LiMn_2O_4$。

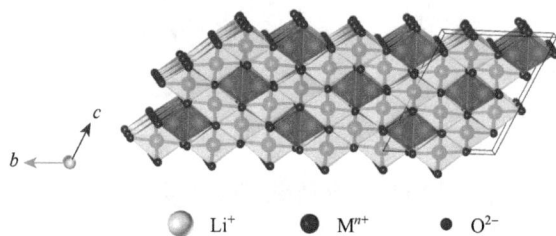

$\bigcirc$ Li^+　　$\bullet$ M^{n+}　　$\bullet$ O^{2-}

图 2-16　尖晶石结构正极晶型示意图

$LiMn_2O_4$ 可提供约 4V 的工作电压（对应 Mn^{3+}/Mn^{4+} 氧化还原对）及 130mA·h/g 左右的实际比容量，是较为理想的正极材料，但其面临严重的容量衰减问题，通常被认为由以下三种原因导致。

（1）锰的溶解。锰在电解液中的溶解是 $LiMn_2O_4$ 容量衰减的主要原因。在高温及少量 HF 的催化下，Mn^{3+} 容易发生歧化反应，生成 Mn^{4+} 和 Mn^{2+}，其中，Mn^{4+} 不溶于电解液，而 Mn^{2+} 溶于电解液，导致活性锰的损失。此外，溶解于电解液中的锰会向石墨负极迁移，对石墨负极的循环性能产生不利影响，从而限制锂离子电池的循环寿命。Mn^{3+} 的歧化反应如下：

$$2Mn^{3+} \longrightarrow Mn^{2+} + Mn^{4+} \tag{2-32}$$

（2）姜-泰勒效应。姜-泰勒效应，又称姜-泰勒畸变，由 H. A. 姜（H. A. Jahn）和 E. 泰勒（E. Teller）在 1937 年首次提出，用于描述电子在简并轨道中的不对称占据会导致分子的几何构型发生畸变的现象。Mn^{3+}（$t_{2g}^3 e_g^1$）在 e_g 两个简并轨道中只有一个电子。根据姜-泰勒效应，其晶格的几何构型将发生畸变。根据实验观测，$LiMn_2O_4$ 从立方晶系转变为四方晶系，并且伴随着晶胞体积的变大，导致循环过程中电极的结构被破坏。

（3）高氧化性。Mn^{4+} 的高氧化性使其易与有机溶剂反应，导致电池容量降低。目前

已知的 LiM_2O_4 尖晶石氧化物只有 $LiTi_2O_4$、$LiMn_2O_4$、LiV_2O_4，不同于 $LiMO_2$ 层状氧化物。这是因为通过传统的高温合成难以稳定高度氧化的 M^{3+}/M^{4+} 氧化态。在已知的三种尖晶石氧化物中，$LiTi_2O_4$ 的工作电压约为 1.5 V，因此它不是合适的正极；LiV_2O_4 会发生结构变化，而且工作电压较低，约为 3 V，因此它也不是一种实用的选择。

3. 聚阴离子结构正极

层状氧化物正极由于拥有高价的氧化还原对（M^{3+}/M^{4+}），具有较高的工作电压，但高价态的过渡金属离子化学稳定性较差，容易导致氧从晶格中溢出，不利于锂离子电池的稳定循环。使用低价的氧化还原对（如 Fe^{2+}/Fe^{3+}）则可以有效避免这个问题，从而延长锂离子电池的循环寿命。但随之带来的是锂离子电池的工作电压和能量密度降低。在不同阴离子的配位作用下，电对的氧化还原电势会发生明显变化，因此可以通过调整配位阴离子来实现对低价电对氧化还原电势的调节。由此，Goodenough 使用含有聚阴离子（如 PO_4^{3-}、SO_4^{2-}、WO_4^{2-}）的氧化物作为锂离子电池的正极材料。在聚阴离子体系中，FeO_6 八面体和 XO_4 四面体共用顶点，形成 Fe—O—X—O—Fe 结构。X—O 键的强度可以一定程度上影响 Fe—O 键的强度，从而影响 Fe^{2+}/Fe^{3+} 在氧化还原反应过程中需要吸收/释放的能量。更强的 X—O 键对应更弱的 Fe—O 键，使 Fe^{2+}/Fe^{3+} 的能量降低，氧化还原电势升高。因此，使用聚阴离子替代 O^{2-} 可以有效调节低价电对的氧化还原电势，在实现低价电对化学稳定的同时，拥有高的工作电压。其中，橄榄石结构正极（如 $LiFePO_4$）被广泛关注。

1997 年，Goodenough 课题组首先发现锂离子可以在橄榄石结构的 $LiFePO_4$ 中可逆地嵌入与脱嵌，引起了人们的广泛关注。目前，$LiFePO_4$ 已成为锂离子电池常用的正极材料之一。$LiFePO_4$ 的理论比容量约为 170mA·h/g，工作电压为 3.7V 左右，具有良好的热稳定性和优良的循环性能。但由于 O^{2-} 在三维方向的六方紧密堆积（图 2-17），其供给锂离子的通道有限，限制了锂离子的迁移速率，并且本身的晶体结构使其导电性较差，因此 $LiFePO_4$ 的倍率性能并不理想。尽管如此，由于铁储量丰富、成本低廉且环境友好，$LiFePO_4$ 依然广受欢迎。

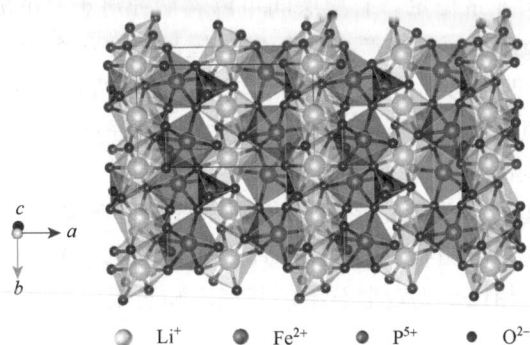

c　→　a
↓
b

○ Li^+　　● Fe^{2+}　　● P^{5+}　　● O^{2-}

图 2-17　橄榄石结构正极晶型示意图

$LiMnPO_4$ 具有理想的工作电压（4.1V）且锰环境友好，受到了大量的关注。但由于 $LiMnPO_4$ 的导电性很差（$LiMnPO_4$ 的电子电导率为 10^{-14}S/cm，$LiFePO_4$ 的电子电导率为

10^{-9}S/cm)，其实际比容量较低。$LiCoPO_4$ 和 $LiNiPO_4$ 都具有很高的工作电压（分别为 4.8V、5.1V），但目前商用电解液无法在如此高的电压下稳定工作，因此需要开发与之相匹配的耐高压电解液体系。

2.3.3 锂离子电池负极材料

与正极材料相反，负极材料在锂离子电池的工作过程中提供低的氧化还原电势，并与正极材料搭配提供电池的工作电压。性质优良的负极材料应具备以下特征。

（1）低氧化还原电势，保证电池的高工作电压。

（2）锂离子能够在负极材料中大量可逆地嵌入和脱嵌，以实现电池的高容量。

（3）锂离子在嵌入及脱嵌过程中的结构应变低，保证负极材料在循环过程中的结构稳定，以实现电池的长循环寿命。

（4）具有良好的传导电子和离子的能力，避免过大的极化导致能量的过度损失，有利于实现电池的高能量转换效率及高倍率性能。

（5）成本低廉，易于合成，环境友好，具有良好的电化学稳定性和热稳定性，有利于降低电池成本和提高其安全性。

目前锂离子电池的负极材料主要分为插层类[碳材料、二氧化钛（TiO_2）等]、合金类（Si、Ge 等）、转换类（过渡金属氧化物、硫化物等）。

1. 插层类负极

碳材料具有成本低、易制备、导电性和稳定性好，以及锂离子嵌入和脱嵌的可逆性高等优势，被认为是锂离子电池的理想负极材料。碳材料一般分为五种：石墨、软碳、硬碳、碳纳米管和石墨烯。

1）石墨

石墨是由碳原子高度有序排列而成的碳材料，导电性好，具有层状结构，层间距为3.40Å，层与层之间通过范德瓦耳斯力结合起来，同一平面层上的碳原子之间有很强的结合力，因此石墨的性质非常稳定。石墨层间可以容纳锂离子，形成 LiC_x 化合物，理论比容量可达 372mA·h/g，对应最终产物为 LiC_6。锂离子在石墨中的脱嵌电势约为 0.25V（vs. Li/Li$^+$），与锂金属的电势十分接近，因此与常用的正极材料（如 $LiCoO_2$、$LiFePO_4$）相匹配构建的锂离子电池工作电压高、能量密度大，是锂离子电池常用的负极材料。石墨大致可分为天然石墨和人工石墨。

天然石墨根据晶型可分为无定形石墨和鳞片石墨。无定形石墨纯度低，层间距为0.336nm，且石墨化程度低，不可逆比容量高，可逆比容量仅约为 260mA·h/g。鳞片石墨的层间距为 0.335nm，相比于无定形石墨，其纯度和石墨化程度更高，可逆比容量高达350mA·h/g。

人工石墨是将一些容易形成石墨化结构的碳材料（如沥青）在惰性气体中高温（1900～2800℃）处理得到的石墨结构。具有代表性的人工石墨有介孔碳微球和石墨纤维。介孔碳微球可以以石油中的重油为原料经过高温处理后得到，其可逆比容量约为300mA·h/g。石墨纤维是通过气相沉积得到的中空结构的人工石墨，可逆比容量约为

320mA·h/g。人工石墨倍率性能好、循环稳定性高，但由于合成工艺复杂、生产成本高，不适合用作商业化锂离子电池负极材料。

2）软碳

软碳是指高温（2500℃）处理后能够石墨化的无定形碳。软碳具有倍率性能好、储锂容量高及与电解液相容性好等优点，在锂离子电池中是一种快充型负极材料。但其首次充放电不可逆比容量高且无明显的充放电平台。常见的软碳包括石油焦、中间相碳微球和碳纤维等。其中，石油焦是第一代锂离子电池的负极材料，其耐过充且可以与碳酸丙烯酯（PC）溶剂（与石墨不兼容）兼容。但其储锂电势从 1.2V 开始持续至约 0V，并且理论比容量为 186mA·h/g，仅为石墨的一半，后来被石墨所替代。

3）硬碳

与软碳相对应，硬碳是指高温（2500℃）处理后难以石墨化的无定形碳，通常由一些高分子聚合物热解形成。常见的硬碳有树脂碳（如酚醛树脂、聚糠醇树脂）、有机聚合物热解碳（如聚乙烯醇、聚偏氟乙烯）和炭黑（如乙炔黑）。硬碳一般都具有很高的容量，在 $0 \sim 1.5V$（vs. Li/Li$^+$）电压区间内的可逆比容量超过 500mA·h/g，并且结构稳定、循环寿命长。但锂离子在硬碳内部的扩散速率很慢，导致其倍率性能不好。此外，硬碳的振实密度较低也影响了锂离子电池的能量密度。

4）碳纳米管

碳纳米管拥有高度有序的碳纳米结构，通过自组装非定向生长得到。根据共轴的层数，碳纳米管可分为单壁碳纳米管（SWCNT）和多壁碳纳米管（MWCNT）。

单壁碳纳米管由一层碳原子构成，可看作由一层石墨烯首尾相连卷曲形成。其直径为 $1 \sim 2nm$，长度通常为几微米，具有非常大的比表面积，可达 2630m^2/g。单壁碳纳米管的最大理论比容量为 1116mA·h/g，对应 LiC$_2$ 的化学计量比。但目前实验上很难达到单壁碳纳米管的理论比容量，并且由于过大的比表面积，单壁碳纳米管在循环过程中往往会消耗大量的电解液用于形成负极表面的固体电解质界面（solid electrolyte interphase，SEI），导致前期的不可逆比容量较大。

多壁碳纳米管可以看作由多个直径不同的单壁碳纳米管嵌套形成的共轴多层结构，一般为几层到几十层，层与层之间通过范德瓦耳斯力相互作用。多壁碳纳米管的直径通常在纳米级别，而长度可达微米级别。多壁碳纳米管的石墨化程度直接影响其可逆比容量与循环性能。石墨化程度低的多壁碳纳米管由于存在大量无定形结构中的末端及缺陷等活性位点，可逆比容量更高，可达 640mA·h/g，但循环性能较差。石墨化程度高的多壁碳纳米管可逆比容量较低，仅为 282mA·h/g，但其循环性能较好。

5）石墨烯

石墨烯是由 sp^2 杂化碳相互连接形成的二维蜂窝状网络结构，通常只有单层原子厚度。石墨烯具有优良的导电性、快速的离子传输速率及大比表面积等优势，可大大提升锂离子电池的倍率性能。虽然单层石墨烯的储锂能力弱于石墨，但增加石墨烯层数时，其储锂能力会大大增强。目前石墨烯的理论储锂比容量存在争议，分别为对应 LiC$_3$ 的 780mA·h/g 和对应 LiC$_2$ 的 1116mA·h/g。两种结果在实验中均有被观测到，但目前尚无定论。

6）TiO_2

TiO_2 的工作电压为 1.5V（vs. Li/Li$^+$），由于几乎不会导致锂枝晶的形成，其用作锂离子电池负极材料时具有很高的安全性。此外，TiO_2 成本低廉、化学稳定性好且电化学活性高，是锂离子电池理想的高安全负极材料。其理论比容量为 330mA·h/g，对应 $LiTiO_2$ 的化学计量比。但实际使用过程中很难完全开发出其理论比容量，并且高的工作电压会使锂离子电池的能量密度受到影响。

7）钛酸锂

钛酸锂（$Li_4Ti_5O_{12}$）具有面心立方结构，放电后生成的岩盐相 $Li_7Ti_5O_{12}$ 与钛酸锂具有相同的晶格对称性，且放电前后晶格参数的整体变化量小于 0.1%。稳定的电极结构和可忽略的体积变化决定了钛酸锂具有超凡的循环寿命。此外，与 TiO_2 类似，钛酸锂具有 1.55V 的高工作电压，保证了电池的安全性，而且钛酸锂具有三维的锂离子扩散通道，锂离子扩散系数高，倍率性能好。然而，钛酸锂的理论比容量仅为 175mA·h/g，虽然其可以将理论比容量发挥到最大，但仍不及石墨的一半。

2. 合金类负极

由于目前商业化锂离子电池负极一般采用碳材料（如石墨），锂离子电池的工作电压和能量密度很大程度上取决于正极材料。目前开发的三元正极材料可以明显提升锂离子电池的能量密度，但容量提升并不明显，并且由于工作电压的提高，锂离子电池的安全性和稳定性均受到不利影响。硫正极虽然可以明显提升正极的容量，但许多问题仍需解决，使其与实际应用还有距离。为提升锂离子电池的能量密度，除了开发高性能正极，还可以提升负极的容量。

合金类负极材料展现出了高理论比容量（是石墨理论比容量的 2～11 倍），对于提升锂离子电池的能量密度具有明显的优势。但在合金化及去合金化反应的过程中，合金类负极材料表现出了巨大的体积变化，因此其循环稳定性较差。

Si 在所有负极材料中拥有最高的理论质量比容量（4200mA·h/g，对应 $Li_{22}Si_5$）和体积比容量（9786mA·h/cm^3）。此外，Si 的工作电压与石墨接近，为 0.4V（vs. Li/Li$^+$）左右，并且具有成本低廉、环境友好等优势，因此 Si 负极吸引了学者和产业界的兴趣。但 Si 负极在储锂过程中巨大的体积膨胀率（约 400%）使电极结构难以稳定，导致电池循环寿命的快速衰减及大量的不可逆比容量。可通过将 Si 纳米化来缓解巨大的体积变化对电极结构的破坏，将少量的 Si 与碳材料复合也可在有效提升负极容量的同时保证一定的循环稳定性。

除了 Si，SiO 也具有高的理论比容量（约为 2043mA·h/g），且成本低廉、储量丰富，被认为是一种极具应用前景的负极材料。此外，相比于 Si，SiO 储锂过程中体积膨胀率更小（约 200%），循环性能更好。但首次循环中形成不可逆的硅酸锂和氧化锂，加之其自身的电导率较低（6.7×10^{-4}S/cm），共同导致其首次库伦效率较低且容量保持能力较差，限制了其商业化应用。

Ge 的理论储锂比容量为 1623mA·h/g，对应 $Li_{22}Ge_5$。尽管 Ge 的成本相较于 Si 更高且容量更低，但 Ge 的导电性更高，约为 Si 的 10000 倍。此外，研究发现，室温下锂离子在 Ge 中的扩散速率比在 Si 中快 400 倍。更高的导电性和更快的离子扩散速率使 Ge 展现出优良的高倍率性能，这对于大功率应用场景十分重要。但 Ge 也面临着和 Si 一样的体积膨胀（约为 300%）问题，循环性能较差，限制了其实际应用。同样，结构纳米化及与碳材料复合可以有效缓解 Ge 体积变化巨大的问题。

3. 转换类负极

转换类负极通常指过渡金属氧化物、硫化物、磷化物和氮化物。该类材料的反应机理通常包括过渡金属的还原/氧化及锂化物的生成。典型的反应如下：

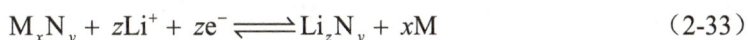

$$M_xN_y + zLi^+ + ze^- \Longleftrightarrow Li_zN_y + xM \tag{2-33}$$

式中，M 代表过渡金属，M = Fe、Co、Ni、Zn 等；N 代表 O、S、P、N 和 F 等。由于此类材料的氧化还原反应通常涉及多个电子的转移，理论比容量一般较高。

过渡金属氧化物（MO_x）因其成本低、理论比容量高（>600mA·h/g）和环境友好等优势而广受关注。例如，铁氧化物中的赤铁矿（α-Fe_2O_3）和磁铁矿（Fe_3O_4）的理论比容量分别为 1007mA·h/g 和 926mA·h/g，都远超石墨的理论比容量，且易于回收管理。但该类材料普遍存在导电性差、体积膨胀率较大等问题，导致循环稳定性较差，改进方法一般为：①与碳材料等复合，改善导电性；②调整材料形貌、尺寸，如纳米化及构建多孔结构，缓解体积变化。

过渡金属硫化物（MS_x）的工作电压通常在 1V 以上，相比于石墨负极可以有效避免锂枝晶的生长，提高电池的安全性。同时，过渡金属硫化物也具备高理论比容量（>600mA·h/g）、低成本和环境友好等优势。但过渡金属硫化物存在导电性差，以及由体积变化大带来的材料粉化等问题。

过渡金属磷化物（MP_x）因其高热稳定性、高理论比容量（500~1800mA·h/g）和高安全性受到关注。同时，过渡金属磷化物的工作电压一般比对应的氧化物低，这有利于电池的高能量密度。但过渡金属磷化物同样面临着导电性差，以及循环过程中体积变化大等问题。

4. 锂金属负极

锂金属具有高理论比容量（3860mA·h/g）、低密度（0.59g/cm³）及最低的电势 [−3.04V（vs. 标准氢电极）]，这使锂金属成为理想的锂离子电池负极材料，最初的锂离子电池便采用锂金属作为负极材料。但锂金属作为可充电锂离子电池的负极材料存在明显的问题：①循环过程中产生锂枝晶；②电池库伦效率较低。锂枝晶的生长最终会穿透隔膜，造成电池的内部短路，导致严重的安全问题。低库伦效率会导致电池的循环寿命变短，即使通过增加锂金属的用量可以提升电池的循环寿命，但锂枝晶问题无法避免，因此锂金属负极随后被其他种类负极所替代。近年来，由于人们对电池能量密度的需求越来越高，而以石墨为负极的锂离子电池能量密度接近瓶颈，科研人员又将目光转向了锂金属负极。目前已经有大量的关于抑制锂枝晶的报道，但锂金属负极与实用化尚有距离。

2.3.4 锂离子电池隔膜材料

隔膜是一种具有微孔结构的薄膜,在电池中起到分隔正、负极,防止正、负极接触短路的作用,因此其不导电,并且能够负载电解液,允许电解液中的离子在正、负极之间进行来回穿梭,形成充放电回路。

隔膜根据材料可以分为半透膜和微孔膜两大类。半透膜可以是天然的离子膜,如水化纤维素膜和玻璃纸,也可以是高分子合成膜,如聚乙烯醇膜。微孔膜根据材料可分为有机类和无机类两种。聚乙烯(PE)微孔膜、聚丙烯(PP)微孔膜、尼龙布、棉纸等都属于有机类隔膜,而陶瓷隔板、玻璃纤维纸、氮化硼纤维纸等都属于无机类隔膜。目前商业化的锂离子电池隔膜主要采用聚乙烯微孔膜和聚丙烯微孔膜。

通常来说,隔膜应具备以下特性。

(1)电子绝缘性良好,保证正、负极之间的电绝缘。

(2)孔径大小合适,孔径分布均匀,保证良好的锂离子穿透能力和小的电池内阻。

(3)对电解液具有良好的浸润性,吸收电解液能力强。

(4)化学与电化学稳定性高,具有对电解液的惰性。

(5)力学稳定性高,包括穿刺强度和抗拉强度等。

(6)尽量薄,在保证一定力学稳定性的前提下,薄的隔膜可减小电池内阻,提高电池的功率密度。

(7)热稳定性和自动关断性能好。

(8)受热收缩率小,保证电池的安全性。

锂离子电池隔膜的主要性能参数如下。

(1)厚度。厚度是锂离子电池隔膜的基本参数之一,通常与锂离子的透过率成反比,与隔膜的力学性能成正比。因此,在保证一定力学强度的前提下,应尽可能减小隔膜厚度来提升电池性能。目前电子产品中电池的隔膜厚度以25μm较为常见,动力汽车上的大功率电池的隔膜厚度则一般在40μm以上。

(2)孔径大小及分布。锂离子电池隔膜的孔径一般应小于1μm,目前商业化隔膜的孔径为0.01~0.05μm,过小的孔径会影响锂离子的穿透性,从而使电池内阻增大;过大的孔径则容易受到锂枝晶生长穿透隔膜的影响。此外,一般隔膜的孔径分布越窄、越均匀,电池的性能越好。

(3)透气性。透气性是评判隔膜气体透过能力的一个指标,隔膜行业通常用格鲁列夫(Gruley)值作为评判标准,即将隔膜置于透气性检测仪内,测试一定体积的空气在一定压力下透过规定面积隔膜的时间。隔膜透气性与电池内阻成正比。

(4)孔隙率。孔隙率为隔膜中微孔的体积与隔膜总体积的比值,即单位膜的体积中孔的体积分数。孔隙率对膜的透过性和电解液的容纳量非常重要,目前商业化隔膜的孔隙率通常为35%~60%。

(5)热闭合温度。热闭合效应是隔膜对电池的一种保护机制,即当电池温度过高时,隔膜会自动使微孔闭合,阻止锂离子在正、负极之间的交换,从而避免因温度过高而导致的安全问题。但隔膜的热闭合效应是不可逆的,目前商业化聚丙烯单层隔膜的热闭合温度为 160~165℃，聚乙烯单层隔膜的热闭合温度为 130~135℃。

（6）热收缩率。热收缩率用于描述隔膜在高温下的尺寸稳定性。锂离子电池隔膜的热收缩率在 90℃下放置 1h 后应小于 5%。

（7）穿刺强度。穿刺强度是指施加在给定针形物上用来戳穿隔膜样本的质量，用它来评估隔膜在装配过程中发生短路的趋势。一般来说，1mil［mil（密尔）为长度单位，也称毫英寸，即千分之一英寸，1mil = 25.4μm］隔膜的穿刺强度不能小于 300g。

（8）抗拉强度。抗拉强度是反映隔膜在使用过程中受到外力作用时维持尺寸稳定性的参数。通常隔膜的抗拉强度应满足如下条件：当施加 1000psi（1bar≈14.5psi）的外力时，隔膜的偏置屈服强度小于 2%。

两种具有代表性的隔膜材料的主要参数如表 2-11 所示。

表 2-11　两种代表性隔膜材料的主要参数

参数	Celgard#2400	Celgard#2300
构造	聚丙烯单层	聚丙烯/聚乙烯/聚丙烯三层
厚度/μm	25	25
孔隙率/%	38	38
透气性/s	35	25
穿刺强度/g	380	380

锂离子电池隔膜具有的诸多特性与其性能指标的难以兼顾决定了其生产工艺技术壁垒高、研发难度大。由于隔膜通常为多孔聚烯烃材料，微孔制备技术是锂离子电池隔膜制备工艺的核心。根据微孔成孔机理，可以将隔膜制备工艺分为干法和湿法两种。

干法工艺是隔膜制备过程中最常用的方法。该工艺是将高分子聚合物等原料混合形成均匀熔体，在一定温度下拉伸形成狭缝状微孔，热定型后制得微孔隔膜。目前干法工艺主要包括干法单向拉伸和干法双向拉伸两种工艺。

湿法工艺是首先将增塑剂（高沸点的液态烃或一些分子质量相对低的物质）与聚烯烃树脂混合加热形成均匀的混合物，其次对混合物降温，进行相分离，压制得膜片，再次将膜片加热至熔点，进行双向拉伸，最后用易挥发溶剂（如二氯甲烷和三氯乙烯）洗脱残留的溶剂（增塑剂），制备出相互贯通的微孔膜。湿法工艺适合生产较薄的聚乙烯单层隔膜。一定程度上来说，相较于干法隔膜，湿法隔膜在产品厚度均匀性、理化性能和力学性能上更佳。湿法工艺按照拉伸时取向是否同时进行，又分为湿法双向异步拉伸和湿法双向同步拉伸两种工艺。

2.3.5　锂离子电池电解液

锂离子电池电解液是电池中离子传输的载体，同时绝缘电子，允许离子在正、负极之间传输，实现电池内部通路且防止电池内部短路。尽管电池的能量密度和功率密度往往由正、负极材料所决定，但电解液的性质对电池的性能也有非常显著的影响。作为锂离子电池的"血液"，理想的电解液通常应具备以下条件。

（1）离子电导率高（$>10^{-3}$S/cm），保证电池的功率密度。

（2）黏度低，对正、负极材料具有良好的浸润性。

（3）电化学窗口宽[氧化电势＞4.5V（vs. Li/Li$^+$）]，保证电池的高工作电压及高能量密度。

（4）成膜特性良好，保证电池稳定工作。

（5）稳定性良好，具备高闪点、高分解温度，以及不与正极、负极、隔膜和黏结剂等材料发生化学反应等特性。

（6）工作温度范围宽，在较宽的温度范围内（一般为-40～70℃）保持液态。

（7）成本低、毒性低、环境友好。

锂离子电池电解液通常由有机溶剂、锂盐及必要的添加剂组成。下面将逐一介绍。

1. 有机溶剂

理想的锂离子电池电解液有机溶剂应具备以下特性。

（1）介电常数高，保证其拥有足够高的锂盐溶解能力。

（2）黏度低，即流动性更高，使锂离子在其中更容易迁移。

（3）化学稳定性高，即对电池中的其他组分是惰性的。

（4）在较宽的温度范围内保持液态，即具有较低的熔点和较高的沸点。

（5）安全性较高（高闪点[①]）、毒性低、成本低。

锂离子电池的负极具有很强的还原性并且正极具有很强的氧化性，因此质子性溶剂虽然具有较高的锂盐解离能力，但其在锂离子电池工作窗口内的高反应活性使其无法被选作锂离子电池电解液的溶剂。有机溶剂需要具备足够的解离锂盐的能力，因此应用于锂离子电池电解液的溶剂中需含有羰基（C＝O）、氰基（C≡N）、砜基（S＝O）和醚基（—O—）等极性基团。其中，分别含有羰基和醚基的酯类和醚类溶剂受到产学研界的广泛关注。

常见酯类溶剂的结构示意图和基本物理性质如图 2-18 和表 2-12 所示。

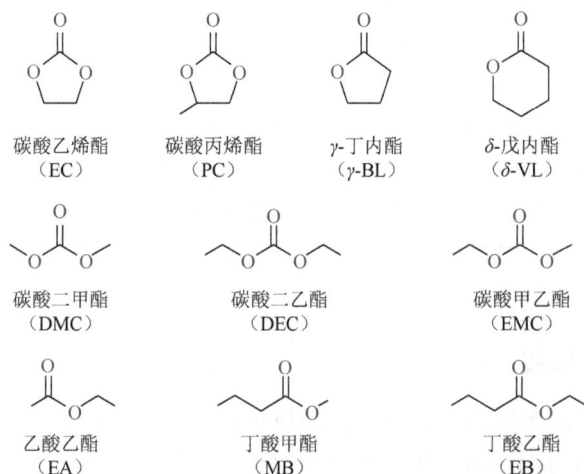

图 2-18　常见酯类溶剂结构示意图

---

① 闪火点，又称闪点，指材料与外界空气形成混合气与火焰接触时发生闪火并立刻燃烧的最低温度。

表 2-12 常见酯类溶剂基本物理性质

溶剂	熔点/℃	沸点/℃	黏度/cP	介电常数	闪点/℃
EC	36.4	248	1.90（40℃）	89.78（25℃）	160
PC	−48.8	242	2.53（25℃）	64.97（25℃）	132
γ-BL	−43.5	204	1.73（25℃）	39（25℃）	97
δ-VL	−31	208	2.0（25℃）	34（25℃）	81
DMC	4.6	91	0.59（25℃）	3.107（25℃）	18
DEC	−43	126	0.75（25℃）	2.805（25℃）	31
EMC	−14.5	107	0.65（25℃）	2.958（25℃）	23
EA	−84	77	0.45（25℃）	6.02（25℃）	−3
MB	−84	102	0.6（25℃）	5.6（20℃）	11
EB	−93	120	0.71（25℃）	5.1（19℃）	19

注：$1cP = 10^{-3}Pa \cdot s$。

从表 2-12 中可以明显看出，不同结构的酯类溶剂的介电常数和黏度差别较大。环状酯类溶剂是强极性的（介电常数>30），并且黏度较高（>1.7cP）；链状酯类溶剂是弱极性的（介电常数为 3~6），黏度较低（0.4~0.8cP），流动性较好。

环状酯类溶剂中以 EC 和 PC 最具代表性。EC 具有高热稳定性和高介电常数，这有利于锂盐在其中的溶解，也有助于 SEI 膜的形成（SEI 是锂离子电池在首次充放电过程中负极材料与电解液在固/液相界面上发生反应而形成的一层覆盖于电极材料表面的钝化层，具有固体电解质的特征，是电子绝缘体，但对锂离子来说是优良的导体。它能够有效地阻止电解液与负极材料的进一步反应，从而提高电池的循环性能和安全性。但它的高熔点会影响低温下电池的电量输出，因此会限制电池的工作温度范围）。PC 也有较高的介电常数和较高的热稳定性。但与 EC 不同，PC 的熔点很低，因此以 PC 为溶剂的电解液在低温下仍然保持液态，这能够有效拓宽锂离子电池的工作温度范围。但 PC 溶剂会在石墨负极中发生共嵌入反应，溶剂混合物中含有 30%的 PC 就足以破坏石墨的结构，使电极发生剥落，影响电池的性能。因此，EC 和 PC 溶剂通常不单独使用。

与环状酯类溶剂 EC 和 PC 一样，链状酯类溶剂 DMC 和 DEC 等通常也不单独使用，常与 EC 或 PC 构成共溶剂体系。原因在于 DMC 和 DEC 具有较低的介电常数，其解离锂盐的能力不佳，单独作为溶剂会降低电解液的离子电导率，但其较低的黏度可以有效提升共溶剂体系的流动性。EMC 则可单独使用，且呈现出较高的电化学性能，但其热稳定性较差，容易受热或在碱性条件下发生酯交换反应。

目前，基于环状酯类溶剂（主要是 EC）和一种或多种链状酯类溶剂的混合溶剂是商业化锂离子电池电解液的主要溶剂配方，每个厂商的专利配方基本上是在此基础上改进获得的。

γ-BL 和 EA 等作为溶剂时用量较少，甚至只用作添加剂，常用在三元及以上溶剂体系中。

虽然使用基于酯类溶剂电解液的锂离子电池能够表现出优良的性能，但锂金属在酯类溶剂中的剥离/沉积效率通常很低（<90%），并且容易形成枝晶。与酯类溶剂相比，环状醚类溶剂和链状醚类溶剂在介电常数和黏度上没有明显区别，但醚类溶剂相比于酯类溶剂与锂金属之间拥有更好的兼容性。常见醚类溶剂的结构示意图和基本物理性质如图 2-19 和表 2-13 所示。锂金属在醚类溶剂电解液中的剥离/沉积效率相对更高（>95%），并且锂金属循环后的表面更加光滑，因此枝晶能够被有效地抑制。但长期循环后，枝晶问题依然存在。此外，醚类溶剂的氧化电势通常较低[如四氢呋喃的氧化电势约为 4V（vs. Li/Li$^+$），而酯类溶剂如 PC 的氧化电势约为 5V（vs. Li/Li$^+$）]，并且电池中正极材料往往具有部分催化效果，因此醚类溶剂的实际工作电压通常低于 4V，对电池的能量密度有所影响。从表 2-13 中还可以看到，醚类溶剂的闪点通常很低，说明其安全性较差，因此商业化锂离子电池电解液溶剂通常不选用醚类溶剂。

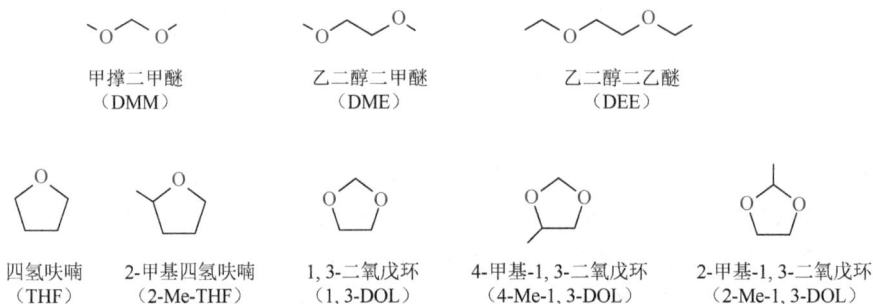

图 2-19　常见醚类溶剂结构示意图

表 2-13　常见醚类溶剂基本物理性质

溶剂	熔点/℃	沸点/℃	黏度/cP（25℃）	介电常数（25℃）	闪点/℃
DMM	−105	41	0.33	2.7	−17
DME	−58	84	0.46	7.2	0
DEE	−74	121	—	—	20
THF	−109	66	0.46	7.4	−17
2-Me-THF	−137	80	0.47	6.2	−11
1, 3-DOL	−95	78	0.59	7.1	1
4-Me-1, 3-DOL	−125	85	0.60	6.8	−2
2-Me-1, 3-DOL	—	—	0.54	4.39	—

2. 锂盐

理想锂离子电池电解液的锂盐应满足以下条件。

（1）易于在有机溶剂中溶解并解离，保证电解液具有高的离子电导率。

（2）化学及电化学稳定性高，不与电池内其他组分反应。

（3）成本低、毒性低、环境友好。

常见的阴离子半径较小的锂盐（如 LiF、LiCl、Li$_2$O）虽然成本较低，但其在有机溶剂中的溶解度较低，很难满足电解液高离子电导率的要求。尽管使用 Br$^-$、I$^-$、S^{2-} 或羧酸根等弱路易斯碱离子取代这些阴离子可以提高锂盐的溶解度，但电解液的抗氧化性将会降低。因此，目前所使用的锂盐主要是基于温和路易斯酸的一些化合物，主要包括高氯酸锂（$LiClO_4$）、四氟硼酸锂（$LiBF_4$）、六氟砷酸锂（$LiAsF_6$）、六氟磷酸锂（$LiPF_6$）等。除此之外，三氟甲磺酸锂（$LiCF_3SO_3$）、双氟磺酰亚胺锂[$LiN(SO_2F)_2$，LiFSI]和双（三氟甲磺酰）亚胺锂[$LiN(SO_2CF_3)_2$，LiTFSI]等有机锂盐及其衍生物也被广泛研究和使用。锂离子电池电解液中常用锂盐的物理化学性质如表 2-14 所示。

表 2-14　锂离子电池电解液中常用锂盐的物理化学性质

锂盐	腐蚀 Al 箔	对水敏感	离子电导率/(mS/cm)
$LiPF_6$	否	是	10.0（in EC/DMC，20℃）
$LiBF_4$	否	是	4.5（in EC/DMC，20℃）
$LiClO_4$	否	否	9.0（in EC/DMC，20℃）
$LiAsF_6$	否	是	11.1（in EC/DMC，25℃）
$LiCF_3SO_3$	是	是	1.7（in PC，25℃）
LiFSI	是	是	10.4（in EC/DMC，25℃）
LiTFSI	是	是	6.2（in EC/DMC，20℃）

$LiPF_6$ 是目前商业化锂离子电池中广泛使用的锂盐。虽然它单一的性质并不是最优的，例如，在碳酸酯混合溶剂中，其离子电导率低于 $LiAsF_6$，其解离度低于 LiFSI 和 LiTFSI，其热稳定性低于大部分锂盐，其抗氧化性弱于 $LiAsF_6$ 等，但其能够更好地符合多方面的需求。$LiPF_6$ 在常用有机溶剂中具有比较适中的离子迁移数、适中的解离度、较好的抗氧化性[氧化电势约为 5.1V（vs. Li/Li^+）]和良好的 Al 箔钝化能力，能够与各种正、负极材料相匹配。但 $LiPF_6$ 存在化学和热力学不稳定的问题，即使在室温下也会发生如下反应：

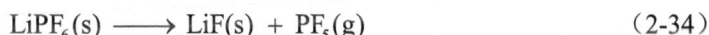

$$LiPF_6(s) \longrightarrow LiF(s) + PF_5(g) \tag{2-34}$$

反应（2-34）的气相产物 PF_5 会使反应向右移动，在高温下尤其严重。PF_5 是很强的路易斯酸，很容易引发溶剂的开环聚合和醚键裂解。此外，$LiPF_6$ 对水敏感，痕量水的存在就会导致 $LiPF_6$ 的分解并产生 LiF 和具有腐蚀性的 HF。

由于 $LiPF_6$ 存在不稳定和对水敏感的问题，寻找其替代锂盐的研究工作一直在进行。$LiAsF_6$ 的各项性能均比较好，与 $LiPF_6$ 接近，以其作为锂盐的电解液具有较高的离子电导率、较好的负极成膜性能及较宽的电化学窗口，且 $LiAsF_6$ 不容易水解。$LiAsF_6$ 曾被广泛应用于一次锂离子电池中。但由于 $LiAsF_6$ 有毒，并在成膜过程中有剧毒的 As 生成，其主要用于实验研究。

相对于 $LiPF_6$，$LiBF_4$ 的高低温性能均比较好，抗氧化性与 $LiPF_6$ 也比较接近[氧化电势约为 5.0V（vs. Li/Li^+）]。此外，相较于 $LiClO_4$，$LiBF_4$ 具有更高的安全性。但 $LiBF_4$ 解离度相较于其他锂盐要小得多，导致 $LiBF_4$ 基电解液的离子电导率不高，并且 $LiBF_4$ 易与锂金属发生反应，这些因素限制了其大规模应用。

$LiClO_4$ 由于价格低廉、对水分不敏感、高稳定性、高溶解性、高离子电导率和正极表面高氧化稳定性[氧化电势约为 5.1V（vs. Li/Li^+）]一直受到广泛关注。相比于 $LiPF_6$

和 LiBF₄，以 LiClO₄ 为锂盐的电解液在负极表面形成的 SEI 膜具有更低的阻抗。但 LiClO₄ 是一种强氧化剂，其在高温和大电流充电的情况下很容易与溶剂发生剧烈反应，并且其在运输过程中很不安全，因此 LiClO₄ 也主要用于实验研究。

磺酸盐是一类重要的锂离子电池电解液有机锂盐，这类锂盐阴离子比较稳定，即使在低介电常数的溶剂中解离度也非常高。相比于 LiPF₆ 和 LiBF₄，磺酸盐的抗氧化性好、热稳定性高、无毒且对水分不敏感。因此，磺酸盐比较适合作为锂离子电池电解液用锂盐。其中，LiCF₃SO₃ 是最早工业化的锂盐之一，具有较好的电化学稳定性，其结构式如图 2-20 所示。但以其为锂盐所配置的电解液离子电导率较低，并且存在严重的 Al 箔腐蚀问题。

LiTFSI 是一种酰胺基锂盐，其结构式如图 2-21 所示。LiTFSI 具有高的离子电导率、宽的电化学窗口[以玻璃碳作为工作电极，氧化电势约为 5.0V（vs. Li/Li⁺）]，并且具有稳定正/负极界面、抑制锂枝晶生长、抑制气体产生、改善电池高温性能和循环性能等多种功能。3M 公司在 20 世纪 90 年代对 LiTFSI 进行了商业化应用并开发了使用 LiTFSI 的动力电池电解液。尽管 LiTFSI 具有许多优势，但其会对 Al 箔造成严重的腐蚀。

LiFSI 具有与 LiTFSI 相似的物理化学性质，其结构式如图 2-22 所示。LiFSI 的各项性能都比较好，例如，具有高的热稳定性，在碳酸酯体系中具有高的溶解度，相比于 LiPF₆ 体系具有较高的电导率和锂离子迁移数，但其同样存在腐蚀 Al 箔的问题。

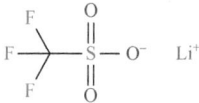
　　　　图 2-20　LiCF₃SO₃ 结构式

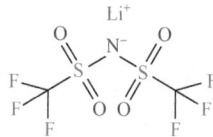
　　　　图 2-21　LiTFSI 结构式

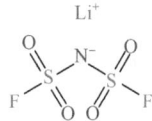
　　　　图 2-22　LiFSI 结构式

3. 添加剂

添加剂是锂离子电池电解液的重要组成部分，往往很少的用量（质量分数＜5%）即可在很大程度上改善电池的性能。添加剂的种类很多，常见的有成膜剂、阻燃剂、高低温添加剂、过充保护剂、除水及 HF 添加剂等。

负极上形成的 SEI 膜对锂离子电池的循环寿命和充放电倍率等有重要的影响。成膜剂能够优先在电极表面发生氧化还原反应，促进生成致密、稳定的 SEI 膜，因此选择合适的成膜剂是十分必要的。成膜剂主要包括不饱和酯类添加剂、锂盐添加剂、含硫添加剂和无机化合物类添加剂等。

不饱和酯类添加剂主要有碳酸亚乙烯酯（VC）、氟代碳酸乙烯酯（FEC）、碳酸乙烯亚乙酯（VEC）、碳酸丙烯乙酯（AEC）、乙酸乙烯酯（VA）等，其分子结构如图 2-23 所示。VC 是比较经典的成膜剂，VC 的成膜机理是其能够优先于电解液发生还原，因此能够优先形成 SEI 膜。FEC 具有较高的氧化稳定性及较好的电极/电解液界面兼容性，因此能够提高电解液的抗氧化性和电极润湿性。此外，FEC 还可以形成富含 LiF 的致密稳定的 SEI 膜，使 Li 的沉积更加均匀。其他酯类添加剂还有 VEC、AEC 和 VA 等，它们都对 SEI 膜有稳定作用。

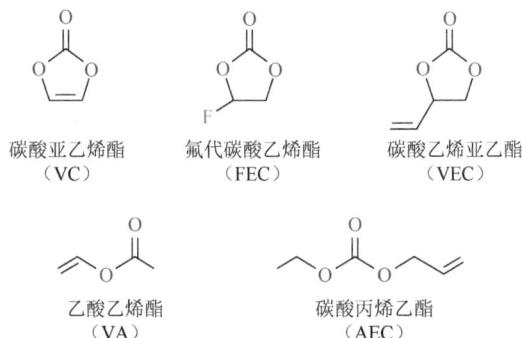

图 2-23 常见不饱和酯类添加剂分子结构示意图

锂盐类添加剂主要包括二草酸硼酸锂（LiBOB）、二氟草酸硼酸锂（LiODFB）、四氟草酸磷酸锂（LiOTFP）、二氟磷酸锂（LiPO$_2$F$_2$）、LiTFSI、LiFSI 和二氟二草酸磷酸锂（LiBODFP）等，其能够抑制电解液的氧化分解并具有良好的成膜效果，在稳定负极上的 SEI 的同时显著降低 SEI 膜的阻抗，从而显著提高电池的循环寿命及倍率性能等。

除成膜剂外还有其他功能添加剂。阻燃剂的工作原理是添加一些高沸点、高闪点、不易燃的物质，提高电池稳定性及安全性，主要有有机磷系化合物、含氮化合物、卤代有机物等。高低温添加剂可扩展电池的温度使用范围，提升电池的高低温性能等，主要有 LiBOB 和含氟碳酸酯等。过充保护剂在电池过充时起到在正极氧化及在负极还原的作用，提高电池的抗过充能力，主要有邻位和对位的二甲氧基取代苯、丁基二茂铁和联苯等。除水及 HF 添加剂通过与电解液中酸和水结合来降低其含量，如氧化铝、氧化镁、三乙胺、正丁胺和硅氮烷等。导电添加剂通过阴、阳离子配体或中性配体来提高锂盐的解离度，主要有 12-冠-4-醚、阴离子受体化合物和无机纳米氧化物等。

锂离子电池自 1991 年商业化以来，因其高能量密度、长循环寿命及相对较低的环境影响而成为移动设备、电动汽车乃至大型储能系统中不可或缺的能源存储技术。未来随着全球能源结构的转型与新技术的不断涌现，锂离子电池技术将呈现多元化的发展趋势，包括性能提升、成本降低、安全性增强及环境影响进一步降低。

2.4 水 系 电 池

2.4.1 水系电池的发展历史

水系电池是一类使用水作为电解质基质的电池，因水具有安全、廉价且环境友好的特点而在能源存储领域备受关注。水系电池的发展历史如图 2-24 所示。

最早的可充电电池出现在 19 世纪。1859 年，普朗泰发明了铅酸电池，该技术使用 PbO$_2$ / PbSO$_4$ 作为电极材料，硫酸溶液作为电解质。从 1900 年开始，从重型工业应用到便携式可充电设备，人们使用 Cd(OH)$_2$ / Cd 氧化还原的镍镉电池，但由于镉毒性太高并且电池能量密度太低（35W·h/kg）而被逐步淘汰。20 世纪 70 年代，氢气被确定为与镍正极匹配的持久负极材料。然而，存储氢气需要高压罐，且氢反应需要贵金属催化剂（如铂黑），因此镍氢电池的安全性较低、成本过高。上述电池统称为传统水系电池。近年来，一些水系电池逐渐得到研究，包括水系锂、钠、钾、锌、铝等离子电池。本节主要介绍这一系列新型水系电池。

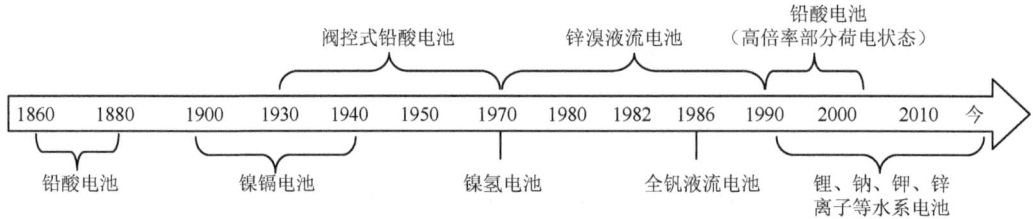

图 2-24　水系电池的发展历史

2.4.2　水系电池简介

1. 水系电池的工作原理

可充电水系电池的基本工作机制与传统基于有机电解液的商用可充电离子电池系统极为相似，唯一的区别就是水系电池的电解液中有水的存在。在这两种系统中，电子通过外部电路在正、负极之间传递，金属离子（如 Li^+、Na^+ 和 Zn^{2+}）则通过电解液在两个电极间移动。电极材料经历离子的嵌入/脱嵌或沉积/溶解反应并且伴随着氧化还原过程，如图 2-25 所示。

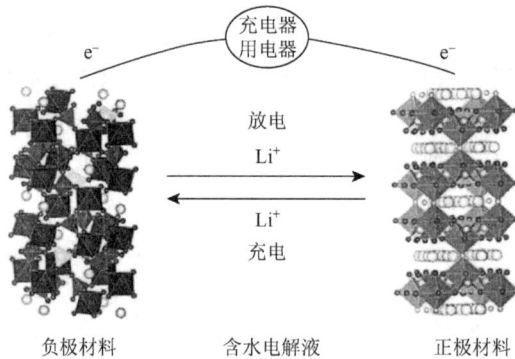

图 2-25　水系电池工作示意图

2. 水系电池中不同电荷载体的性质

根据迁移离子的性质，水系电池大致可以分为两类：水系金属离子电池和水系非金属离子电池。迄今为止，在金属离子插层化学的基础上，已经证实了多种水系金属离子（如 Li^+、Na^+、K^+、Zn^{2+}、Mg^{2+}、Ca^{2+} 和 Al^{3+}）电池。传统的水系锂离子电池具有坚实的研究基础，而且在成本、安全性、发电能力等方面具有优势，因此研究人员广泛开发了水系锂离子电池。由于钠和钾的储量比锂丰富，在大规模储能方面，水系钠离子电池和水系钾离子电池被认为是比锂离子电池更具吸引力的电源。然而，Na^+（0.95Å）和 K^+

（1.33Å）的半径远大于 Li^+（0.60Å），因此选择标准仅限于少数几种在水介质中具有嵌入/脱嵌 Na^+ 或 K^+ 功能的化合物。由于溶剂化 K^+ 的水合半径较小（3.31Å），水系钾离子电池电解质具有更高的离子电导率，这使得储 K^+ 的倍率性能高于储 Li^+ 和储 Na^+。

其他多价金属离子（如 Zn^{2+}、Mg^{2+}、Ca^{2+} 和 Al^{3+}）为电荷载流子的水系电池也得到了研究。它们拥有丰富的地壳含量，而且具有更好的安全性和更高的体积能量密度。尽管如此，Mg、Ca 和 Al 基水系电池的开发却一直停滞不前，原因是电极材料对容纳其大尺寸溶剂化阳离子的标准更加严格，而且 Mg、Ca 和 Al 的电镀/剥离可逆性较差。与其他金属（如水介质中的 Li、Na、K、Mg、Ca、Al 等）相比，Zn 的优势尤为突出，它具有卓越的 Zn/Zn^{2+} 可逆性，与标准氢电极相比，其氧化还原电势为-0.763V。这些优点使得 Zn 基水系电池在近些年取得了惊人的发展，并为大规模电能存储提供了潜在的候选材料。

非金属电荷载流子包括阴离子[如羟基（OH^-）和卤化物（F^- 和 Cl^-）]及阳离子[如质子（H^+）和铵离子（NH_4^+）]。可充电水系非金属离子电池的优势在于在地球上使用可持续和无限的电荷载流子。与金属离子电荷载流子相比，非金属离子电荷载流子不仅提供更轻的摩尔质量（OH^- 的摩尔质量为 17g/mol，NH_4^+ 的摩尔质量为 18g/mol，F^- 和 H_3O^+ 的摩尔质量为 19g/mol），而且表现出更小的水合离子半径（H_3O^+ 半径为 2.82Å，OH^- 半径为 3.00Å，NH_4^+ 半径为 3.31Å，Cl^- 半径为 3.32Å，F^- 半径为 3.52Å）。这使非金属离子电荷载流子在电解液中能够快速移动。与强碱性电解质的高腐蚀损伤和污染危害不同，卤化物水系电池利用 NaCl 溶液等温和的盐电解质，与 H^+ 或 H_3O^+ 相比，NH_4^+ 腐蚀性较小，不易发生析氢反应，可提供优异的循环性能。

3. 水系电池的优点

（1）成本低。水系电池使用的主要溶剂是水，这与传统的基于有机溶剂的电解质相比，具有显著的成本优势。水不仅资源丰富、价格低廉，而且处理技术成熟，这大大降低了生产和维护成本。此外，水系电池通常使用的电极材料（如锌和铝）也相对便宜且易获得，与稀有或昂贵的金属（如钴和镍）相比，进一步降低了成本。因此，水系电池的总体制造成本低，使其在大规模生产和广泛应用中具有明显的经济优势。

（2）安全。水系电池的安全性显著高于传统锂离子电池。由于使用水作为电解质，水系电池的燃烧和爆炸风险极低。水不像有机溶剂那样易燃，且在过充或机械损伤时不易引发化学反应导致热失控。

（3）动力学快。水系电池的另一个优势是其快速的充放电能力。水基电解质的离子导电性通常优于有机液体电解质，因此在电极间的离子迁移更为迅速，可以实现快速的充电和大电流放电。这种特性使得水系电池非常适合需要快速响应的应用场景，如电动工具和某些电动车辆的启动/加速系统。快速的动力学响应还意味着电池在高负载下仍能维持较高的性能，满足了现代电子设备对高效能源的需求。

4. 水系电池的缺点

水系电池虽然在安全性、成本和环境友好性方面具有显著优势，但在某些技术方面仍然存在不少挑战和缺点，限制了它们的广泛应用和性能潜力。由于水基电解液的电化学窗口较窄（电压约为 1.23V），这使得在较高电压下水会分解成氢气和氧气，限制了电池的能量密度。相比之下，基于有机电解质的锂离子电池通常可以安全地工作在更高的电压水平（如 3.6V 或更高），因此能够提供更高的能量密度和电池续航能力。此外，水系电池在极端温度下的性能表现也是一个问题。在低温环境中，电解液的黏度增加，离子传导效率降低，导致电池性能下降；在高温环境中，电解液的挥发和水的电解加速，同样会导致电池性能下降和循环寿命缩短。这使得水系电池在温度波动较大的应用场景中面临更多挑战。

2.4.3 水系电池电极材料

电极材料是决定水系电池性能的关键因素之一，尤其影响电池的工作电压和循环寿命。更具体地说，电极材料的氧化还原电势是衡量其能够在何种电压下进行稳定充放电的重要参数。通过在不同的水系电池电解液中选择具有适宜氧化还原电势的电极材料，可以有效地调控电池的工作电压，并优化其整体性能。此外，水的强渗透性和高反应性意味着电解液容易与电极材料发生化学反应，从而引发副反应。这些副反应不仅会消耗电解液，而且可能导致电极材料的结构破坏或化学性质改变，从而影响电池的循环稳定性和循环寿命。因此，电极材料的选择不仅要考虑其在特定电化学窗口内的化学稳定性，而且要关注其在水系电池电解液环境下的长期化学耐久性。在设计水系电池时，选择与水系电池电解液兼容，并且在预定电化学窗口内保持稳定的电极材料是至关重要的。这样的电极材料可以有效减少因水解或其他化学反应而导致的性能退化。因此，科学家和工程师在开发新型水系电池时，通常会通过实验和模拟研究不同材料的电化学行为，以确保选择最优的电极材料，从而延长电池的循环寿命，并提高其整体能效和安全性。本节将简单介绍水系碱金属离子（Li^+、Na^+、K^+ 等）电池和水系过渡金属离子（以 Zn^{2+} 为代表）电池的电极材料。

1. 水系碱金属离子电池电极材料

水系碱金属离子电池正极材料主要有普鲁士蓝（Prussian blue，PB）及其类似物（Prussian blue analogues，PBA）、聚阴离子型化合物和氧化物。

1）PB 和 PBA

PB 和 PBA 因其高理论能量密度和出色的倍率性能而受到广泛研究。它的化学表达通式为 $A_xP_y[R(CN)_6]_{1-z}\square \cdot mH_2O$，其中，A 为碱金属，P 和 R 为过渡金属，通常为 Mn、Cu、Ni、Co、Zn，$\square$ 为空位。由于 A、P、R 的种类和比例不同，PBA 数量可达 100 个以上，具有不同的晶相，包括单斜晶系、三方晶系、立方晶系、四方晶系、六方晶系等。根据电池应用中氧化还原活性位点的量，PB 和 PBA 可分为双电子转移型（P 和 R = Mn，Fe，Co）和单电子转移型（P = Zn，Ni；R = Fe，Co，Mn），理论比容量分别为 $170mA \cdot h/g$ 和 $85mA \cdot h/g$。PB 的开放式框架内间隙可容纳单价的碱金属离子，三维通道则为离子运输提供了快速扩散途径。PB 中水合离子的嵌入/脱嵌机制由两个过程控制，即法拉第插层过程和电容过程。法拉第插层过程在水合钾离子和钠离子中占主导地位，而电容过程在水合锂离子中占主导地位。较大的水合锂离子更可能占据电极表面的大开放位点，而较小的水合钠离子和钾离子往往占据 PB 晶格中的间隙位点（图 2-26）。因此，水系钾离子电池中的 PB 可能表现出优异的电化学性能。

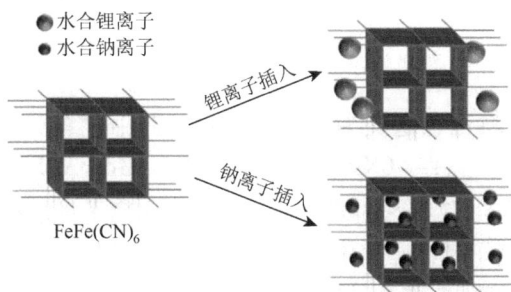

图 2-26　水合碱金属离子插入 PB 正极示意图

然而，PB 和 PBA 的实际应用一直受到其电化学容量利用率低和可逆比容量不理想的限制。PBA 作为水系电池正极时，三维框架结构的不可逆崩塌、复杂的相变及循环过程中过渡金属的溶解是其可逆性差的主要原因。目前可以从晶体结构控制、形貌改性、表面改性三个方面来改善 PBA 在水系电池中的性能。

（1）晶体结构控制。早期的 PBA 通常是由过渡金属盐和 $Fe[(CN)_6]^{3-/4-}$ 在水溶液中通过共沉淀法合成的。由于 PBA 的溶度积常数极小，得到的 PBA 晶体结构内部含有大量的 $Fe[(CN)_6]^{3-/4-}$ 空位。因此，富含缺陷的 PBA 无法达到其理论比容量，而且在阳离子的嵌入和脱出过程中，由于缺乏 $Fe[(CN)_6]^{3-/4-}$ 的结构支撑，框架结构很容易塌陷。此外，已经崩塌的 PBA 框架结构在电解液中会发生更严重的化学溶解，甚至与电解液发生副反应，使其电化学性能恶化。因此，研究者认为提高 PBA 电化学稳定性的最重要步骤是减少框架中的空位。提高 PBA 结晶度的关键在于减缓结晶速率，许多研究人员提出了不同的策略来解决这一问题：①螯合剂/表面活性剂辅助共沉淀方法，以柠檬酸三钠作为螯合剂来提高 PBA 结晶度，从而减缓结晶速率；②高浓度阳离子溶液，溶液中钠或钾的浓度会影响反应速率，因此可通过提高产物浓度来减慢结晶速率。

（2）形貌改性。PBA 通过阳离子嵌入和脱嵌实现储能。PBA 通常是块体结构，离子传输动力学会随着阳离子的插入深度的增加而变慢，所以 PBA 作为正极材料时，存在动力学问题。许多研究人员提出了各种形貌改性策略，以增大比表面积和减少阳离子迁移深度，从而开发出具有高动力学性能的 PBA。形貌改性策略主要可分为以下两类：①构造孔隙/中空结构，孔隙/中空结构中的空隙可以增大阳离子迁移的活性面积，并且可以提高电极材料在阳离子嵌入/脱嵌过程中承受体积变化的能力；②通过调控过渡金属盐和络合剂的比例来调控粒径，可以得到直径为 160nm～1.5μm 不等的 PBA 块体。

（3）表面改性。表面涂层被认为是最有效的表面改性方法之一，可提高电池的电化学性能。然而，由于 PBA 在高温（350℃）条件下会发生结构分解，在对 PBA 进行表面改性时无法采用通常的导电材料涂层方法，即在高温下用导电材料煅烧活性材料，这在很大程度上限制了表面涂层策略的选择，要求导电涂层材料只能在低温下与 PBA 形成复合材料，并且对电极材料和电解质稳定。例如，将聚吡咯（PPy）、聚苯胺（PANI）、聚多巴胺等导电聚合物涂覆在 PBA 上，既可作为保护层防止电极材料在循环过程中溶解，又可作为电子导体提高 PBA 的电子传导性，使电池的循环稳定性和速率性能得到显著改善。此外，一些无机材料也可以作为保护层和导体来提高 PBA 电极的电化学性能，如 MnO_2、氧化锌（ZnO）等。

2）聚阴离子型化合物

聚阴离子型电极材料可以定义为一类化合物，其中包含一系列四面体阴离子单元 $(XO_4)^{n-}$ 或其衍生物 $(X_mO_{3m+1})^{n-}$（X = S，P，Si，As，Mo，W）和强共价键 MO_x 多面体（其中，M 代表过渡金属）。其特殊的开放框架为碱金属离子扩散提供了较大的离子通道，X—O 强共价键显著提高了氧在晶格中的稳定性，从而实现了较高的理论比容量和长循环寿命。然而，聚阴离子型化合物的导电性较差，导致其倍率性能差，在实际应用的过程中受到限制。聚阴离子型化合物与碳的复合材料已得到广泛研究，如多壁碳纳米管、单壁碳纳米管等。人们还发现石墨烯、氧化石墨烯和还原氧化石墨烯是形成聚阴离子型复合材料的良好选择。未来可能通过发现新的廉价替代材料、定制碳形态以形成均匀的基体、通过异质原子掺杂或硝基掺杂等方法对碳进行改性，以及选择不同的氮源来进行改性。此外，还可将聚阴离子型复合材料定制为高导电基质，并构建合适的结构以缩短电子转移路径，从而增强电子导电性，提高倍率性能。在形态设计方面，缩短离子扩散距离和增大电极与电解质之间的表面积可以促进离子扩散。合成方法和实验参数对样品形态起着决定性作用。固态反应只需一个简单的过程就能获得高结晶度的产物，但产物总是存在形貌不规则和尺寸较大的问题，这严重限制了电子的有效传输，并增加了界面电阻。由于高温退火过程不可避免地导致粒径增大和不规则形貌形成，人们利用溶胶法来减小粒径。因此，开发新型合成方法、改进和/或组合传统方法以制造纳米级、高结晶度和理想形态的产品成为未来的研究趋势和重点。从添加聚乙烯醇和草酸等合成剂，到结合两种合成方法（如水热辅助溶胶法），人们的目标一直是更小的颗粒尺寸和更大的表面积，以增强电极与电解质的接触。目前水系碱金属离子电池电极中常用的聚阴离子型化合物有磷酸钒钠和磷酸钒钾等。

3）氧化物

氧化物也经常被用作水系碱金属离子电池的正极材料。它包括尖晶石氧化物、钙钛矿氧化物和层状氧化物。其中，层状氧化物因具有高倍率性能和优异的理论比容量而备受关注。其化学式可以表示为 A_xMO_2（$0 \leqslant x \leqslant 1$），其中，M 代表过渡金属。晶体结构由边缘共享 MO_6 八面体的 MO_2 层构成，其中，碱金属离子在 MO_2 层之间嵌入或者脱嵌。层状氧化物的主要缺点是在循环过程中结构不稳定，这是由复杂的相变、堆叠层的坍塌、过渡金属离子溶解到水系电解质中，以及在电极与电解质间发生的副反应造成的。目前主要的改性方法有：①形貌改性，分层结构和中空形貌预留了体积膨胀的空间，从而实现结构的稳定性，而且能通过其低密度进一步缩短离子扩散距离，提高比容量；②元素组成设计，掺杂相对稳定的元素，如 Fe、Ni、Ti 等，是提高层状氧化物循环稳定性的常用方法。

根据变价元素的反应电势，以上提到的三种类型的材料都可作为水系碱金属离子电池的正极或负极。

2. 水系锌离子电池电极材料

水系锌离子电池的正极材料种类繁多，主要包括钒基化合物、锰基氧化物及一些有机材料。其中，钒基化合物因其较高的理论比容量、资源丰富性及较低的成本而受到研究人员的广泛关注。

1）正极

（1）钒基化合物正极。

钒是一种具有多种氧化态的过渡金属，存在 +2、+3、+4、+5 多种价态。这种价态的多样性使得钒基化合物在作为水系锌离子电池正极材料时表现出高度的化学多样性和灵活性。钒基化合物的多价特性使其能够形成多种组成和结构框架，如钒基氧化物、钒基硫化物和钒基磷酸盐等。这些化合物通常具有开放式的晶体结构，有利于 Zn^{2+} 在充放电过程中的快速嵌入和脱嵌，从而提高电池的性能和效率。

钒基氧化物（如 V_2O_5、VO_2）通常呈层状结构，对层间距的调节有助于 Zn^{2+} 的迅速迁移和电荷传递。其中，V_2O_5 是一种典型的层状结构的金属氧化物，近年来在锂离子二次电池领域引起了广泛关注。它的结构特性使其同样适用于水系锌离子电池的研究。V 原子和 O 原子构成[VO_5]四方棱锥，通过共顶点或共边方式形成层状结构，相邻层间通过范德瓦耳斯力连接，层间距约为 0.58nm，远大于 Zn^{2+} 半径（0.075nm），这种较大的层间距有利于 Zn^{2+} 在层间自由扩散，意味着 Zn^{2+} 在 V_2O_5 的晶格结构中可以较容易地进行可逆的嵌入与脱嵌反应。因此，V_2O_5 成为水系锌离子电池中理想的正极材料。在充放电过程中，V_2O_5 发生 V^{5+}/V^{3+} 氧化还原反应，放电时，在平台 0.8V 处，Zn^{2+} 嵌入 V_2O_5，V^{5+} 被还原为 V^{4+}，继续放电，在平台 0.4V 处，V^{4+} 被还原为 V^{3+}。充电过程与放电过程相反，V^{3+} 被氧化为 V^{4+} 和 V^{5+}。通过这一反应，V_2O_5 能够提供高达 589mA·h/g 的理论比容量，显著高于其他传统电池材料。因此，V_2O_5 在提高电池能量密度方面具有巨大的潜力，这对于开发高性能的水系锌离子电池具有重要意义。层状的钒酸盐化合物（$M_xV_2O_5$）具有独特的结构，层与层之间的空间被金属离了填充，有利于通过插入不同的金属离子来调整层间距，从而优化电池结构和电化学性能。这一特性使得 V_2O_5 及其衍生物在电池科技领域展现出极大的应用潜力。研究人员通过在 V_2O_5 的层间成功地插入各种金属离子，如 Li^+、Na^+、K^+、Mg^{2+}、Ca^{2+} 等，已经开发出了一系列结构独特且性能卓越的钒酸盐衍生物。这些金属离子的插入不仅扩大了层间距，而且改善了材料的导电性和离子传输速度，进而提高了电池的充放电效率和循环稳定性。通过这种方法合成的钒酸盐衍生物显示了改进的结构稳定性和增强的电化学活性，这对于开发高效能和高耐久性的电池系统至关重要，使得钒酸盐衍生物成为需求日益增长的能源存储领域研究和应用的热点。

金属钒酸盐化合物（典型化学式为 $M_xV_3O_8$，其中，M = H，Li，Na，K 等）展示了出色的储锌能力和显著的结构稳定性。这些化合物的结构由两种基本几何形态的钒氧单元[VO_5]和[VO_6]组成。这些单元通过共用边彼此相连，形成了复杂的层状结构。层与层之间主要由金属离子填充，并通过离子键进行连接，具有良好的结构完整性和化学稳定性。这类层状钒酸盐化合物的高价态特性使其特别适合用作水系锌离子电池的正极材料。在电池运行过程中，层状结构有助于 Zn^{2+} 的顺畅嵌入和脱嵌，从而提高电池的充放电效率和循环寿命。此外，由于金属离子在层间的嵌入可以导致层间距的扩展，这进一步增强了电池在高负载条件下的循环稳定性。

钒基磷酸盐（如 $Na_3V_2(PO_4)_3$、$Na_3V_2(PO_4)_2F_3$）中，两个$[VO_6]$八面体和三个$[PO_4]$四面体通过共用顶点 O 原子的方式连接起来，构成三维骨架，晶体结构稳定，在循环稳定性方面表现出色。

除了结构优势，钒的多氧化态特性也为电池设计提供了额外的灵活性。在电池运行过程中，钒的不同价态之间的转换能够实现更高的电压平台和能量输出，这对于提升电池整体的能量密度和输出效率至关重要。此外，钒基化合物的丰富性和低成本也使得这类材料在商业化应用中具有一定的经济优势。

（2）锰基氧化物正极。

锰是一种具有多种化合价态的化学元素，能够形成 +2、+3、+4、+6 及 +7 等氧化态。这一性质使锰能与氧形成多样的化合物，如常见的氧化锰（MnO），其中，锰处于 +2 价；二氧化锰（MnO_2），其中，锰处于 +4 价；三氧化二锰（Mn_2O_3），其中，锰处于 +3 价；四氧化三锰（Mn_3O_4），这是一种复杂的氧化物，其中，锰以 +2 价和 +3 价共存。锰基氧化物凭借其低成本、丰富的储量、环境友好性及多样的价态，已在储能材料领域获得了广泛的应用。特别地，MnO_2 的理论比容量可达到 $308mA·h/g$，以其独特的隧道或层状结构，成为众多锰基氧化物中的佼佼者。这种结构为 Zn^{2+} 提供了快速且可逆的脱嵌通道，极大地增强了电池的性能，使其在水系锌离子电池正极材料中受到特别关注。MnO_2 的每个 Mn^{4+} 被六个 O^{2-} 包围，通过特定的方式相互连接，形成$[MnO_2]$单元。这些单元进一步以不同的方式排列组合，形成不同的晶型（图 2-27）。隐钾锰矿（α-MnO_2）呈具有较大截面积的隧道结构，可以容纳水分子，并具有离子交换能力。然而，这些隧道中通常含有一些杂质离子，这些杂质离子会降低材料的氧化能力。因此，采用 α-MnO_2 作为正极材料的电池通常表现出较低的容量和较高的电压。软锰矿（β-MnO_2）则呈隧道结单链结构，其截面积相对较小，导致过电势较大，可能影响材料的电化学性能。正交锰矿（γ-MnO_2）拥有双链和单链互生的结构，其截面积较大，具有较小的过电势，有利于提高反应的活性。因此，γ-MnO_2 在实际应用中通常被优选用于电池，以提供更高的反应活性和更好的电化学性能。

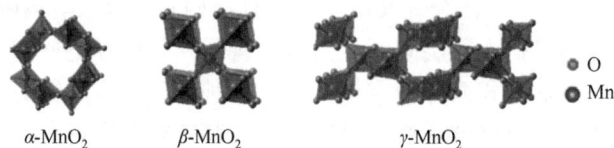

α-MnO_2 β-MnO_2 γ-MnO_2 ● O   ● Mn

图 2-27　MnO_2 不同晶体结构

在典型的锰基-锌离子电池设计中，锌箔通常用作负极材料，锰基氧化物则用作正极材料，电解液通常是含有 Zn^{2+} 和 Mn^{2+} 的弱酸性或中性水溶液。这类电池的能量存储机制比其他类型的储能电池更为复杂，并且目前在科学界存在一定的争议。锰基-锌离子电池的储能过程主要涉及以下四种机制：①Zn^{2+} 的嵌入与脱嵌，即 Zn^{2+} 在电池充放电过程中在电极材料中的移动与嵌入；②H^+ 和 Zn^{2+} 的共嵌入与共脱嵌，涉及 H^+ 和 Zn^{2+} 的协同作用；

③插层和转化复合，包括正极材料在电化学反应中的结构和化学组成变化；④溶解与沉积反应，即材料在电解液中的溶解和再次沉积。

①Zn^{2+}嵌入/脱嵌机制。

Zn^{2+}嵌入/脱嵌机制主要是由于其对宿主材料结构的影响，导致材料结构的可逆转变。放电时，Zn^{2+}会插入MnO_2中，同时部分 Mn 从 +4 价被还原为 +3 价。Mn^{3+}会发生歧化反应，变为Mn^{2+}和Mn^{4+}，导致 Mn 溶解于电解液中。充电时，Zn^{2+}再从MnO_2中脱嵌。整个充放电过程会发生氧化还原反应，随着电荷转移和锰离子价态的改变，宿主材料的结构发生相应变化。

放电过程锰离子的变化：

$$Mn^{4+}(s) + e^- \longrightarrow Mn^{3+}(s) \tag{2-35}$$

$$2Mn^{3+}(s) \longrightarrow Mn^{4+}(s) + Mn^{2+}(aq.) \tag{2-36}$$

充电过程锰离子的变化：

$$Mn^{2+}(aq.) \longrightarrow Mn^{4+}(s) + 2e^- \tag{2-37}$$

②H^+与Zn^{2+}共嵌入/共脱嵌机制。

H^+与Zn^{2+}共嵌入/共脱嵌机制是对Zn^{2+}嵌入/脱嵌机制的补充，基于其在热力学和反应能垒方面的差异，H^+嵌入MnO_2，生成 MnOOH，同时生成的OH^-与$ZnSO_4$反应，MnOOH随之转化为片状$ZnSO_4[Zn(OH)_2]_3 \cdot xH_2O$，使电解液保持中性：

$$MnO_2 + H^+ + e^- \longrightarrow MnOOH \tag{2-38}$$

$$\frac{1}{2}Zn^{2+} + OH^- + \frac{1}{6}ZnSO_4 + \frac{x}{6}H_2O \longrightarrow \frac{1}{6}ZnSO_4[Zn(OH)_2]_3 \cdot xH_2O \tag{2-39}$$

③插层和转化复合机制。

第一次放电到 1.4V 时，Zn^{2+}的嵌入会生成Zn_xMnO_2；在 1.0～1.3V 进一步放电过程中，生成 MnOOH、Mn_2O_3和副产物$ZnSO_4 \cdot 3Zn(OH)_2 \cdot 5H_2O$：

$$MnO_2 + xZn^{2+} + 2xe^- \longrightarrow Zn_xMnO_2 \tag{2-40}$$

$$MnO_2 + H^+ + e^- \longrightarrow MnOOH$$

$$4Zn^{2+} + 6OH^- + SO_4^{2-} + 5H_2O \longrightarrow ZnSO_4 \cdot 3Zn(OH)_2 \cdot 5H_2O \tag{2-41}$$

$$2MnO_2 + 2H^+ + 2e^- \longrightarrow Mn_2O_3 + H_2O \tag{2-42}$$

在第一次充电时，Zn^{2+}脱嵌，材料转换为原始的MnO_2，$ZnSO_4 \cdot 3Zn(OH)_2 \cdot 5H_2O$在$Mn^{2+}$的参与下转换为$ZnMn_3O_7 \cdot 3H_2O$：

$$3[ZnSO_4 \cdot 3Zn(OH)_2 \cdot 5H_2O] + 3Mn^{2+} \longrightarrow$$
$$ZnMn_3O_7 \cdot 3H_2O + 8Zn^{2+} + 4OH^- + 3ZnSO_4 + 19H_2O + 6e^- \tag{2-43}$$

在后续充放电过程中，转化反应生成新的$Zn_2Mn_3O_8$和$ZnMn_2O_4$。同样，这些氧化物也可以存储Zn^{2+}。

④溶解/沉积反应机制。

溶解/沉积反应为不利于嵌入/脱嵌的正极材料提供了可能。溶解/沉积反应机制如下：在放电过程中，MnO_2 发生溶解，与水和 $ZnSO_4$ 反应生成 $Zn_4(OH)_6SO_4 \cdot xH_2O$；在充电过程中，$Zn_4(OH)_6SO_4 \cdot xH_2O$ 发生沉积，$Zn_4(OH)_6SO_4 \cdot xH_2O$ 与 Mn^{2+} 反应生成 MnO_2。

2）锌金属负极

锌金属作为负极材料在使用过程中面对诸多挑战，包括在电化学反应期间枝晶的形成、腐蚀、析氢反应，以及钝化层的形成等副反应。其中，枝晶会逐渐穿透电池隔膜，最终可能导致短路，严重影响电池的稳定性和安全性。锌在电池运作过程中容易受到腐蚀，这会降低电池的有效循环寿命和能量密度。析氢反应使电池在充电过程中产生氢气，这不仅导致能量损失，而且可能引起电池膨胀甚至爆炸。钝化层的形成也是锌负极的一大问题，它会在电极表面形成不导电的层，阻碍电子的流动，从而削弱电池的性能。这些问题使锌基电池技术的优化和进一步发展变得尤为关键和迫切。目前，研究人员主要从成分设计、表面涂层、结构设计方面对锌负极进行保护。

（1）成分设计。

合金化会使负极过程的热力学和动力学参数发生变化。使用活性比锌金属低的金属（如 Gr、Fe、In、Ni、Sn）进行合金化，可提高其耐腐蚀性；使用活性比锌金属高的金属（Mg、Al 等）进行合金化，可通过形成保护层和有效地改善锌的相组成和组织两个方面提高锌合金在水中的稳定性。

除此之外，为了提升锌负极的性能，研究人员探索了将碳基材料、金属纳米粒子等导电材料引入锌负极的方法。这类材料能显著提高锌负极的整体导电性，增强电子在电极内的传输效率。通过这种方式，放电过程中形成的电子通道数量和质量都得到了提升，使电极在多次充放电后仍能保持较高的活性和稳定性。

（2）表面涂层。

采用表面涂层策略能够通过阻隔锌与电解液直接接触，以机械方式限制枝晶的增长，有效地保护锌负极免受腐蚀和抑制枝晶形成。表面涂层的关键性能需求包括适宜的离子传输能力、优异的耐水性和良好的力学性能，具体包括：①涂层必须阻止电子传导，同时促进离子传导；②涂层需要具备亲水性，在水溶液中保持稳定性；③涂层应具备足够的硬度和韧性，以适应电池充放电过程中的体积变化。根据涂层的材料特性，可以将其分为无机涂层和聚合物涂层两大类。

无机涂层[如碳酸钙（$CaCO_3$）、TiO_2、ZnO]因其高机械强度而被广泛应用于锌负极的保护。这些材料可以有效地抑制锌枝晶的生长，从而降低电池短路的风险，增强电池的整体性能和安全性。然而，无机涂层也存在一定的局限性，基于其固有的硬度和脆性，这些涂层容易在电池充放电过程中因外部冲击而产生裂纹。一旦形成裂纹，涂层的连续性和完整性会被破坏，这不仅降低其阻止锌枝晶生长的能力，而且可能导致涂层的全面失效。裂纹的形成使得电解液能够穿透涂层，与锌负极直接接触，从而引发腐蚀和其他不利的化学反应，进一步恶化电池的性能和寿命。因此，虽然无机涂层在提供高强度保护方面具有优势，但其脆性成为一个需要解决的关键问题。

与无机涂层相比，聚合物涂层具有一些独特的优势，使其在保护锌负极的应用中日益受到关注。这类涂层通常更易于制造、成本低廉，具有较好的柔性，并且在环保方面表现出色。例如，聚吡咯是一种常用的导电聚合物，它可以通过电聚合方法与水杨酸钠结合，在锌表面形成一层薄而稳定的保护层。这种涂层不仅具有良好的附着性，而且由于其导电性能，不会影响锌的基本电化学性能。聚合物涂层的制造过程简单，可以通过溶液处理、喷涂或电化学沉积等多种方式进行。这种多样性使得聚合物涂层可以轻松应用于各种形状和尺寸的锌负极上。此外，聚合物涂层的柔性特性允许其在电池充放电过程中伴随电极的体积变化而发生弹性变形，从而避免了因涂层破裂而导致的保护失效，这是无机涂层难以比拟的优势。总的来说，聚合物涂层提供了一种既经济又有效的方法来增强锌负极的耐用性和电化学性能，尤其是在柔性和环境友好属性的应用中具有优势。

（3）结构设计。

纳米结构化技术优化了电池材料的微观布局，通过设计适当的结构和增加暴露的表面，有效缩短了离子传输路径，并在电池循环使用过程中减轻了应变，从而显著提升了各类电池系统的电化学性能。具体来说，纳米结构设计引入增大了锌负极的表面积，使得锌与电解液之间的接触更加直接和充分，这直接提高了锌负极的电化学活性和效率。此外，锌负极的纳米结构化还有助于在更低的电流密度下进行更均匀的锌沉积，这对于减少充电过程中枝晶的形成尤为关键。纳米结构化技术将传统的厚锌箔转化为三维海绵锌负极，后者展现了优异的抑制枝晶生长能力，增强了电池的离子传输效率，并提高了电极的可用表面积，使锌基电池的电化学性能得到了显著提升，已成为碱性锌基电池中的首选电极。然而，三维海绵锌负极在没有刚性支撑骨架的情况下，特别是在经受高放电深度和长期运行时，容易在多次充放电循环中出现结构破坏问题。为了解决这一问题，可以采用三维锌沉积集流体。这些集流体通常包括泡沫铜和多孔碳材料，如碳纳米管和碳布等，它们不仅提供必要的结构支持以维持电极的完整性，而且因其良好的导电性而被广泛应用于电池设计中。三维锌沉积集流体不仅增强了电极的物理稳定性，而且优化了电极内部的电荷分布，从而在提高电池性能的同时，降低了由结构失稳导致的性能退化和安全风险，为开发更高效、更稳定的锌基电池系统提供了新的可能。通过纳米结构化，锌负极能够更均匀地分布电荷，抑制枝晶的生长，从而延长电池的循环寿命并提高其安全性。总体而言，纳米技术不仅增强了电池的性能，而且为发展更高效、更可靠的电池技术提供了重要支持。

2.4.4　水系电池电解液

1. 水系电池电解液的热力学基础

水系电池是否能够正常运行取决于电解液的电化学窗口。当电势低于析氢反应（HER）电势或者高于析氧反应（OER）电势时，水会被电解为氢气和氧气：

$$H_2O \longrightarrow H_2 + \frac{1}{2}O_2 \tag{2-44}$$

在正极侧发生 OER，中性/碱性条件下：

$$2OH^- \longrightarrow H_2O + \frac{1}{2}O_2 + 2e^- \tag{2-45}$$

酸性条件下：

$$H_2O \longrightarrow 2H^+ + \frac{1}{2}O_2 + 2e^- \tag{2-46}$$

在负极侧发生 HER，中性/碱性条件下：

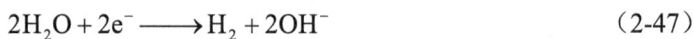

$$2H_2O + 2e^- \longrightarrow H_2 + 2OH^- \tag{2-47}$$

酸性条件下：

$$2H^+ + 2e^- \longrightarrow H_2 \tag{2-48}$$

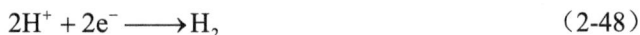

电解液的 pH 影响着 HER 电势、OER 电势，如图 2-28 所示。当电极电势处于 OER 电势和 HER 电势之间时（灰色区域），优先于电极发生反应；当电极电势高于水的 OER 电势或者低于水的 HER 电势时，优先电解水。

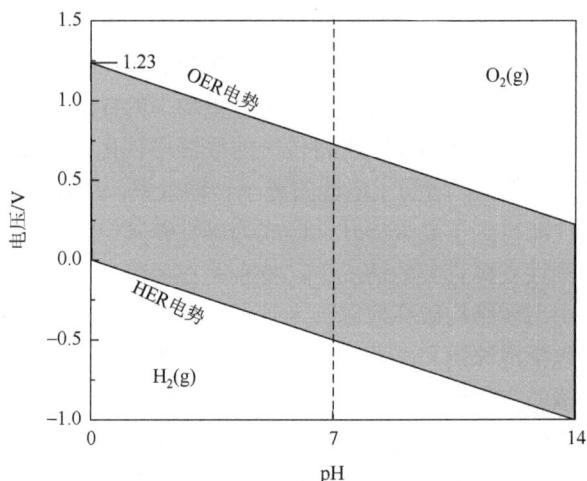

图 2-28　水系电池电解液电化学窗口和 pH 的关系

2. 水系电池电解液概述与挑战

水系电池电解液通常由可溶的一种或多种含相应阳离子的水溶液组成。在水系电解液中，目前研究得比较多的盐可分为无机阴离子类和有机阴离子类。常用的无机阴离子类有 SO_4^{2-}、Cl^-、NO_3^-、F^-、ClO_4^- 等；有机阴离子类主要包括 $TFSI^-$、$CF_3SO_3^-$ 等。不同的阴离子对应不一样的盐，在水系锂离子、钠离子、钾离子电池中，有机阴离子类盐使用相对普遍；在水系锌离子电池中，锌盐包括硫酸锌、硝酸锌、氯化锌、三氟甲烷磺酸锌、高氯酸锌、醋酸锌等。在这些锌盐中，NO_3^- 和 ClO_4^- 是强氧化剂，所以硝酸锌和高氯酸锌会氧化锌箔，从而导致严重的锌腐蚀。水溶性最强的锌盐是氯化锌，但它在高压下很容易分解成氯气，限制了其实际应用。醋酸锌在水中的离子电导率相对较低，只有十几毫西门子/厘米，不适用于高倍率电池。相比之下，硫酸锌是应用最广泛的锌盐，它具有稳定的 SO_4^{2-} 和与锌负极的良好兼容性。虽然有多种盐可供选择，但是水作为溶剂仍带来了一系列不可避免的问题：①水系电池电解液中的溶剂水受到 HER 电势和 OER 电势的限制；②电池的实际工作温度受到水的凝固点的限制，虽然加入溶质盐后凝固点有所下降，但是在一些极限低温的条件下，常规水系电池电解液仍不能工作；③电池循环过程中会产生一些水溶性物质，导致材料产生不可逆的损失，从而造成电池性能的衰减。以上这些问题均是由溶剂水带来的，因此，必须针对水系电池电解液进行专门的优化。

3. 水系电池电解液优化策略

水系电池电解液的优化目标主要是解决电化学窗口窄和低温性能差等问题，针对以上问题，水系电池电解液的优化主要可分为使用高浓度电解液、混合有机溶剂、功能性添加剂三种策略。

高浓度或"浓溶液"电解液通过增加电解液中的盐浓度来提高其性能，具体体现在：①增加盐的浓度可以显著扩展水的电化学窗口；②适当浓度的电解液可以提高阳离子的迁移率；③高浓度电解液有助于形成稳定的 SEI，这对于提高电池的循环稳定性和安全性至关重要。

混合有机溶剂是优化电解液性能的另一种有效方法，常见的添加剂包括可与水混溶的有机溶剂（如醇类、醚类、砜类、腈类、酰胺类）。醇类溶剂中丰富的羧基可以看作氢键受体，这些羧基与水相互作用并破坏水的氢键网络，从而降低水的活性。与醇类溶剂抑制 HER 的机理不同，醚类溶剂中的羰基对阳离子具有很强的亲和力，可以进入阳离子的溶剂化壳层，并通过减少溶剂化水的量来抑制 HER。砜类溶剂（含磺酰基）、腈类溶剂（含腈基团）和酰胺类溶剂（含酰基）均含有可与阳离子结合的官能团，可溶剂化阳离子并排出阳离子溶剂化护套中的水，防止水诱导的副反应发生。

此外，在水性电解质中添加少量添加剂（质量分数<5%）也可以提高电池安全性并实现高性能水系电池。水系电池中使用的添加剂可分为无机添加剂（如氧化石墨烯、$Ti_3C_2T_x$ MXene 等）和有机添加剂（如六氧杂环十八烷、二甲基吡啶胺）。有机添加剂比无机添加剂具有更好的水溶性，因此得到了广泛研究。有机添加剂可进一步分为有机小分子添加剂和有机高分子添加剂。与有机高分子添加剂相比，有机小分子添加剂因其多样性、结构简单、易于合成、对环境友好等特点而得到更深入的研究。

与水系碱金属离子电池不同，在水系锌离子电池体系中，锌金属可以直接作为电池的负极，所以锌/电解质界面结构是影响锌负极性能的关键。通过物理静电作用或化学吸附作用，锌负极会捕获电解质中的分子或离子，从而产生双电层（EDL）。双电层的结构决定了离子溶解和脱溶剂化的过程、SEI 的成分和性质、Zn^{2+} 在 SEI 中的迁移，以及 Zn^{2+} 的沉积模式。图 2-29 展示了 Zn^{2+} 在双电层中的电化学沉积过程，大致分为五个步骤：①在充电过程中，溶剂化的 Zn^{2+} 在电场的作用下在电解质中向锌负极移动；②穿过外亥姆霍兹层（OHL）后，在内亥姆霍兹层（IHL）逐渐脱溶剂化为裸 Zn^{2+}；③未溶剂化的 Zn^{2+} 被吸附到锌负极表面；④得到还原 Zn^{2+} 的电子；⑤为了降低系统能量，电极上沉积的锌可能同时发生自扩散。受锌沉积行为影响的锌负极表面形貌取决于锌表面的化学环境，而锌表面的化学环境对电解质特性非常敏感。因此，研究人员提出了通过电解质改性来调节锌电沉积形态的策略。

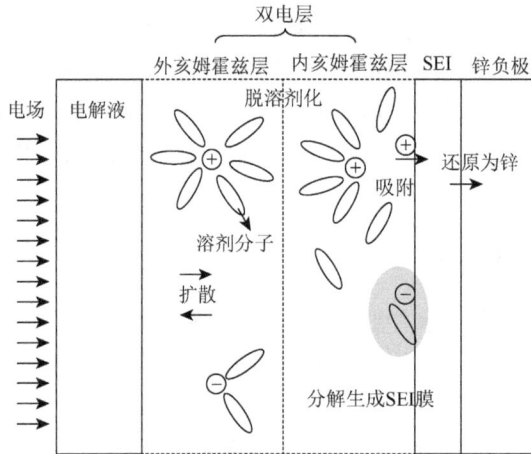

图 2-29　锌/电解质界面电化学示意图

（1）成核过程的调节。锌的电化学沉积始于锌成核过程。锌还原反应的自由能如图 2-30 所示。金属锌的形成需要克服成核能垒。成核能垒可以通过调节成核过电势来改变。

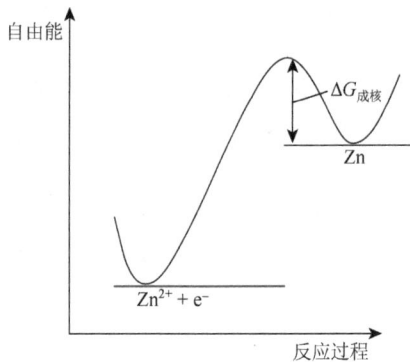

图 2-30　锌还原反应的自由能示意图

成核过电势是指尖端电势与后续稳定电势之间的差值，它代表了产生初始锌原子的热力学成本。成核过电势的增加通常会降低锌成核势垒。成核过电势也是影响成核大小和成核位点数量的重要因素：①锌成核大小与成核过电势成反比；②锌成核位点数量与成核过电势成正比。乙二醇（EG）、四聚甘油醚（G4）和六氧杂环十八烷（18-crown-6）等电解质添加剂/助溶剂通过增加 Zn^{2+} 的脱溶能可提高锌成核过电势并促进锌的均匀沉积。但是这些规则不适合无机添加剂，这是因为与基础电解液相比，含有无机添加剂的电解液的锌成核过电势较小。

（2）调整表面纹理。锌负极的表面形貌与锌的表面纹理有关，锌的表面纹理反映了锌负极的理想取向，控制着锌负极的耐腐蚀性和锌枝晶的生长方向。当锌负极表面与锌晶体生长方向的夹角较大时，利于锌枝晶的生长。晶体取向会影响晶体生长方向，进而影响表面形态。添加剂/共溶剂的引入会改变锌表面的配位环境，从而改变锌负极的表面纹理。

（3）Zn^{2+} 沉积位置的限制。在锌成核阶段，为了降低成核能量，沿锌负极表面扩散的 Zn^{2+} 会聚集在一起形成锌核。在晶体生长阶段，由于这些核点上的电场密度很高，后期的 Zn^{2+} 会被吸引到这些核点上，从而导致锌的不均匀沉积和枝晶的形成。调节 Zn^{2+} 迁移和均匀锌表面电场可防止锌的不均匀沉积，这可通过在锌负极表面吸附添加剂/共溶剂来实现。例如，聚丙烯酰胺（PAM）和聚环氧乙烷（PEO）等聚合物能够吸附在锌表面。这些聚合物通过其极性官能团与 Zn^{2+} 形成强烈的吸附作用，展示出亲锌性质，有助于 Zn^{2+}

在锌表面均匀分布，从而促进锌的均匀沉积。此外，通过静电屏蔽机制也能进一步阻止锌的不均匀沉积。例如，氧化还原电势低于 Zn^{2+} 的阳离子（如钠离子、四丁基铵离子）和某些高极性有机分子（如二乙醚）能在锌核周围形成正电屏蔽，使得新的 Zn^{2+} 倾向在其他区域沉积，阻止了锌枝晶尖端的进一步生长。要控制锌枝晶的生长，在锌负极上构建表面涂层也是一种有效的策略，它能够引导 Zn^{2+} 的均匀扩散，并屏蔽水分和阴离子以抑制副反应。防止锌枝晶形成的表面涂层可分为电子调节剂、离子调节剂（包括有机离子调节剂和无机离子调节剂）和电子离子混合导电涂层。在锌表面涂覆金属纳米颗粒（如金和铜）和碳基材料（外延石墨烯、还原氧化石墨烯等）等电子材料是均匀分布电荷以定向均匀电沉积的有效方法。锌在这些高导电涂层上的沉积更为均匀，但是因为电子调节剂在循环过程中往往会在涂层表面成核，所以抑制锌枝晶生长的作用并不显著。因此，一些电绝缘但离子导电的材料[包括沸石咪唑框架（ZIF8）和金属有机骨架（MOF）等有机离子调节剂和 $CaCO_3$ 和 TiO_2 等无机离子调节剂]作为电子调节剂的替代品被涂覆在锌表面。其中，有机离子调节剂通常具有高度可逆的形状变化，可以缓解金属膨胀引起的体积变化。然而，由于纯有机成分具有脆性，在循环过程中很容易被锌枝晶刺穿，阻碍了其在锌电池中的应用。无机离子调节剂可提供空间屏蔽，控制锌的生长方向。但这类材料的可塑性较差，在长时间循环过程中不可避免地会造成严重的结构粉碎。

2.5 液 流 电 池

随着能源技术研究的发展及能源领域向可再生能源方向的转型，电化学储能逐渐成为实际储能应用中的关键技术。相比抽水蓄能、压缩空气储能等需要苛刻地理条件并受长周期运行限制的大规模储能技术，液流电池作为高效、高安全性的可循环充放电化学能量存储技术，能够在模块化设计管理系统的调度下满足分布式储能系统的多场景应用需求，并有可能使可再生能源的不可控性和间歇性问题得到解决。不同于一次电池，液流电池可基于电化学反应进行循环充放电使用。

根据电解质、电极材料、工作原理和应用场景等因素，液流电池可分为全钒液流电池、铁铬液流电池、铅酸液流电池、锌溴液流电池等多种类别。此外，研究和发展新型材料或新工艺液流电池使液流电池的应用场景更加广泛，出现了钾离子液流电池、有机液流电池等多种新型液流电池，具有不同特点的液流电池能够在丰富的应用场景下展现各自的优势。

2.5.1 液流电池的结构、工作原理及优化方法

液流电池作为一种具有特殊结构的电池，通过将活性物质溶解在液体溶剂中，实现其在特有装置内的流动并参与氧化还原反应来存储和释放电能。同时，液流电池具有高度的模块化设计特征，其结构和工作原理与传统电池有所不同，可借助液流电池结构中储罐和电池堆分离的模块化设计优势，通过增加储罐容量或增加电池堆的单元数以提升功率输出。液流电池的模块化设计使其组件维护更加方便，有利于延长电池系统的整体寿命。

1. 液流电池的结构

液流电池作为大容量、长循环寿命的能量存储解决方案，能够在交通运输、工业、航空航天等实际应用场景中提供稳定的能量支持。为了满足电压需求，可通过双极板串联装配各个单电池组为电池堆，并将电池堆中各个单电池组的液相电解液回路并联，结构如图 2-31 所示。

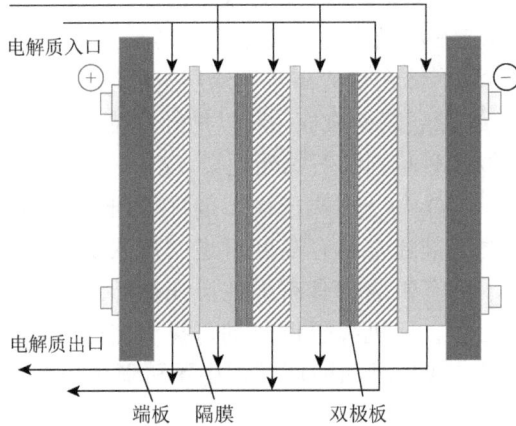

图 2-31　液流电池堆结构示意图

液流电池的单电池组作为液流电池堆的基本核心单元，其成本、效率、功率、均一性等决定了液流电池系统的性能。各个单电池组由电极、隔膜、电解液、端板等部件组成，如图 2-32 所示。液流电池包含两个独立的电解质槽，分别用于存储正极活性物质的电解质和负极活性物质的电解质。液流电池需要泵和管道系统将电解质从两个槽中抽取、流动并回流，实现电能的存储和释放。电解液作为液流电池反应过程中的重要角色，需保证离子在正、负极中的移动能够有效参与电极处的电化学反应。基于电化学反应，正极中的离子在充电过程中被氧化并释放出电子，这些电子经过外部电路进入负极，与负极中的离子结合。在放电过程中，液流电池释放上一过程中存储的电能，循环往复地进行充放电过程。

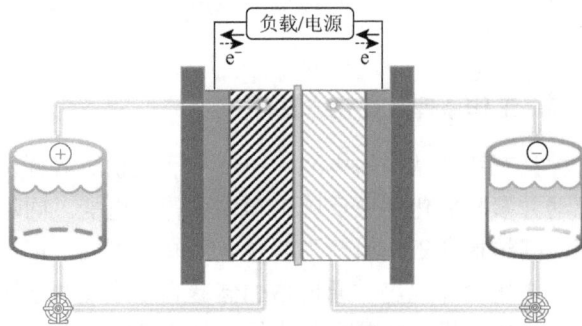

图 2-32　液流电池结构示意图

由于液流电池的电解液需通过单电池组中流道进行稳定循环，流道的设计应有利于正极电解液和负极电解液的流动，其形状和尺寸等参数会影响液流电池的效率和安全性。同时，电解液在单电池间的稳定流动保证了液流电池堆的稳定性和整体使用寿命。由于液流电池使用的液体电解液需在运行中持续循环流动，确保电解液不泄漏并保持系统的密闭性是液流电池设计中的关键。在各电池单元间和单电池各部件间需以密封件进行间隔密封，并用螺杆、螺帽等紧固件进行装配，防止液体的泄漏。电解液的储罐一般采用高质量、耐腐蚀的聚四氟乙烯（polytetrafluoroethylene，PTFE）或硅胶等材料密封储罐口或管道接口等关键连接部位，各管道接口和阀门的螺纹需精细加工并配备密封圈等组件，确保管道连接处的密闭稳定性。同时，液流电池的各个电池堆中各电池单元间也需独立密封，采用高质量螺栓、夹具、垫片等压紧装置和组件防止各电池单元的电解液不发生混合而造成污染。

为了确保液流电池的长期密封性，需对系统进行定期的压力测试和密封件维护。随着技术的发展，可结合新型传感器和监控系统对液流电池系统的密封状态进行实时监测，在发现异常后可对泄漏处或损坏的密封件进行及时更换处理。稳定的密封系统更有利于液流电池在多场景的应用，并保证液流电池内部液体和气体压力的稳定，从而降低液流电池安全风险。

在液流电池的运行过程中，电解液中的离子电对作为活性物质，通过储罐和电池反应器使电解液静止或循环流动来实现供能，由此分为静止型液流电池和流动型液流电池。静止型液流电池为 H 型液流电池，电池内部的电解液不进行流动，所以储罐即电池反应器。静止型液流电池通常需要在电池反应器中通入氮气，形成惰性环境，防止内部活性物质发生氧化而失效。流动型液流电池的电解液通过蠕动泵等装置使其在反应过程中处于流动状态，可通过降低浓差极化来减弱自放电现象，并且电解液可通过储罐进行更换。流动型液流电池中电解液的流动需要外加装置进行输运，此类装置消耗 2%～3%的电池容量。由于静止型液流电池中电解液不进行流动，易产生浓差极化，虽然通过搅拌电解液可降低极化，但其作用有限；同时，静止型液流电池的反应器的容量比流动型液流电池的储罐和反应器小，使其电池容量较小。因此，目前使用较广泛的形式为流动型液流电池。

2. 液流电池的工作原理

以流动型液流电池为例，液流电池的正、负极采用电对作为荷电介质，分别流过正、负极表面，发生电化学反应，其间采用离子交换膜隔开正、负极活性物质来避免短路。

1）全钒液流电池

利用氧化还原对可对液流电池进行区分，以最早开发的全钒液流电池为例，电解液一般采用浓硫酸溶解钒离子，将不同氧化态的钒离子（VO_2^+/VO^{2+}、V^{2+}/V^{3+}）作为正/负极的荷电介质参与电化学反应。全钒液流电池中电能的存储和释放伴随着电能和化学能的转化。全钒液流电池的正、负极反应，以及总反应如下：

$$VO_2^+ + 2H^+ + e^- \rightleftharpoons VO^{2+} + H_2O \qquad E^0 = 1.00V \qquad (2\text{-}49)$$

$$V^{2+} \Longleftrightarrow V^{3+} + e^- \qquad E^0 = -0.26V \qquad (2-50)$$

$$V^{2+} + VO_2^+ + 2H^+ \Longleftrightarrow VO^{2+} + V^{3+} + H_2O \qquad E^0 = 1.26V \qquad (2-51)$$

由于使用不同价态的钒离子作为活性物质，可通过控制电解质中钒离子的浓度来调节电压，实现对液流电池工作电压的调控。同时，钒是相对稳定和安全的元素，不易发生过热、燃烧或爆炸等安全问题，使全钒液流电池具有较高的安全性能。作为正、负极活性物质均为钒元素的液流电池，其在充放电过程中的氧化还原反应是可逆的，并且不易发生极化和衰减。同时，全钒液流电池在充放电过程中没有溶解和析出的固态产物，具有较好的长周期稳定性，适用于长时间稳定运行的应用场景。根据上述钒金属的理化特性优势和研究人员的优化，全钒液流电池能够实现数万次以上的循环寿命。同时，全钒液流电池具有可调节电压、高安全性、长周期稳定性、环境友好等特征，这使其作为一种具有潜力的能源存储技术受到越来越多的关注和研究。

2）铁铬液流电池

除了以钒元素为活性物质的全钒液流电池，资源相对丰富的铁和铬元素也可作为液流电池活性物质进行应用。铁铬液流电池作为循环寿命长、效率高、成本低的储能电池，其结构和原理与全钒液流电池相似。铁铬液流电池的电解液采用铁、铬离子（Fe^{3+}/Fe^{2+}、Cr^{2+}/Cr^{3+}）作为活性物质，将铁、铬金属盐溶解于盐酸中形成金属盐溶液，制备成可应用于高能量密度应用场景的燃料电池。铁铬液流电池在充放电过程中的电化学反应如下：

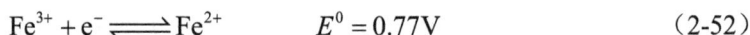

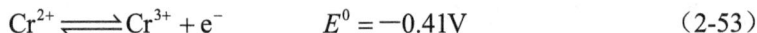

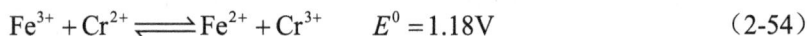

$$Fe^{3+} + e^- \Longleftrightarrow Fe^{2+} \qquad E^0 = 0.77V \qquad (2-52)$$

$$Cr^{2+} \Longleftrightarrow Cr^{3+} + e^- \qquad E^0 = -0.41V \qquad (2-53)$$

$$Fe^{3+} + Cr^{2+} \Longleftrightarrow Fe^{2+} + Cr^{3+} \qquad E^0 = 1.18V \qquad (2-54)$$

铁铬液流电池采用具有较高电化学活性和稳定性的铁元素和铬元素，能够实现高循环寿命和高能量密度。同时，铁铬液流电池具有较高的充放电效率，能够有效地转换电能。更加环保和稳定的铁铬材料使得铁铬液流电池在环境和安全性方面更有优势。铁铬液流电池作为高安全系数型和高能量密度型液流电池，通过并行设计后可实现百兆瓦级别的规模化模组储能系统。

铁铬液流电池和全钒液流电池在活性物质、性能特点和应用领域等方面有所不同，但这两种无机水系液流电池是最有希望商业化应用的液流电池，对两者应用领域的选择取决于具体的应用需求、成本考量和环保意识等因素。

3）其他液流电池

除上述液流电池外，研究人员也聚焦于具有创新性和新颖特点的液流电池技术，新型液流电池的研究方向通常为高能量密度、长循环寿命、低成本、环保等。目前有一些正在研究和发展的液流电池技术。

传统铅酸电池中的常用材料可用作铅酸液流电池的正、负极材料，铅酸液流电池的正极可以采用铅氧化物（PbO_x）电极，负极可采用铅（Pb）电极。铅酸液流电池具有较长的循环寿命，但其功率密度较低，适用于低功率、长周期的应用场景。锌和溴也可作为正、负极活性物质为液流电池提供能源，锌溴液流电池的电解质为含有溴离子的溴化物（通常是溴化钾或溴化钠）溶液，锌金属作为负极参与沉积、溶解过程，锌溴液流电池整体具有较高的能量密度。使用有机物作为活性物质的有机液流电池具有较高的可溶性、低成本和环境友好等优势，有机液流电池的研究重点包括有机电解质的设计、有机分子的合成等方面。钾具有较高的资源丰富度和低成本等特性，以钾离子作为活性物质的钾离子液流电池是一种具有潜力的液流电池。

具有多种类型活性物质的液流电池均通过液体流动和离子传输来存储和释放电能，相较于固体电池，液流电池的能量密度和充放电速率可能较低，但具有较长的循环寿命和更易于规模化的优势。因此，液流电池在需要大规模储能和长周期循环的应用领域（如可再生能源存储、电网调峰等）具有显著的技术优势。

3. 液流电池的优化方法

研究人员多聚焦电解液在电池结构内部的流动、电化学反应过程的监测管理、电极材料的性能等方面进行液流电池的设计优化和性能提升研究。其中，改善电解液流道结构、优化流场流速和活性物质浓度分布对提高电池堆的储能效率和电池系统的可靠性具有积极作用。目前模型设计和仿真方法的研究发展相当成熟，结合宏观、微观、分子/原子方法对液流电池进行建模分析，可进一步优化电池结构设计参数，并预测电池的性能及评估系统的稳定性。例如，建立液流电池正/负极的电化学反应模型、电解质的传输模型、流动动力学模型及热传输模型等数学模型，可以在更早的阶段评估和优化电池设计，节省研发成本和时间，并且提高电池系统的可靠性。

目前已有完善的电池管理系统对电池内部反应进行调节和控制，对电池健康运行状态进行全面监测。液流电池管理系统一般由逆电器和配电箱等部件构成，可利用电子元件对电池内部流道、进/出口气路阀门、液/气体压力等各参数进行监测控制，从而实现对电池健康状态的监测和对电池氧化还原反应过程的调节。液流电池材料涉及双极板、电极、隔膜和电解液等各部件材料，其活性、耐久性、理化特性等性质对液流电池的性能起至关重要的作用。液流电池的材料选择需要综合考虑液流电池电化学性能、力学性能、化学稳定性、成本等因素，并且结合液流电池的具体应用场景进行合理的优化。

2.5.2 液流电池双极板材料

液流电池的每个单电池组可通过双极板连接并组成板框式结构电池堆，单电池组串联而成的电池堆为液流电池系统的核心部件。由于液流电池的关键机理为电解液中活性物质流动到电极部位发生氧化还原反应，液流电池内部电解液在各个电池单体间的流动特性对提高液流电池功率十分重要。液流电池的双极板材料和流道结构在很大程度上决定了流场内部电解液的分布、流速、浓差情况及反应效率。

液流电池的双极板一般采用平面板状材料，需具有良好的导电性、化学稳定性和耐腐蚀性。碳材料具有优异的导电性等理化特性，是液流电池中常用的双极板材料之一，有石墨、炭黑、碳纳米管等多种类型。金属材料也可作为液流电池的双极板材料，铜作为优良导电金属，铂具有良好的化学稳定性和电化学活性，钼和钛具有良好的耐腐蚀性，可应用于不同工况下的液流电池系统。相比金属材料，碳材料具有良好的导电性、化学稳定性、机械强度及经济性，更加适合多种液流电池系统的大规模和可靠性应用。

　　除了液流电池双极板的材料选择，其流道结构设计对液流电池的性能提升也具有重要作用。合理的流道结构可实现适当的电解液流速，从而确保有效的传质和热管理，防止电解液在电池内部出现停滞或过快流动。流道结构设计要保证电解液在电池内部的均匀分布和流动，以避免局部浓度差异和电解液在电极处的不均匀反应；避免死角和狭窄通道，以减少堵塞的风险；考虑液体的整体压力降，以减少能量损失，提高系统的整体效率。良好的流道结构设计可提高液流电池的热管理能力，维持液流电池内部的温度均匀性，避免局部过热，从而提高电池的稳定性。常用的双极板以石墨板作为基底，对其进行机械加工，设计平行、叉指、蛇形等传统流道结构来保证电解液的稳定流动，如图 2-33 所示。

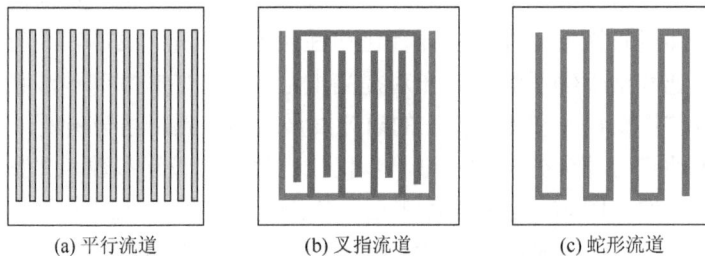

(a) 平行流道　　　　　　　　(b) 叉指流道　　　　　　　　(c) 蛇形流道

图 2-33　双极板传统流道结构示意图

　　传统流道结构双极板在应用过程中表现形式单一，而且降低了石墨双极板的力学性能。虽然可设计简单的多孔电极应用于液流电池双极板，但是较薄的多孔电极降低电池内部欧姆极化。由于孔洞的增加使电解液流动阻力增大，可通过设计复杂的波纹形、环形、螺旋形等新型流道结构来提升石墨双极板的传质能力和力学性能。研究人员逐步引入了计算流体力学（computational fluid dynamics，CFD）等模拟仿真方法，预测电解液的流动行为、压力分布和传质效率，进而对双极板流道进行改进设计。通过模拟结构及原型并进行实验测试，验证流道结构设计的实际效果，根据实验结果对流道结构进一步优化。对于不同结构的液流电池双极板流道，可在制备前期建立结构模型，对宽度、曲率、分布等参数对流体流动情况的影响进行仿真模拟，从而优化双极板参数，实现电池性能的提升。结合流场内部的多种物理量的仿真结果，对电解液流动传输和反应过程进行耦合分析，可解析材料反应活性、流道尺寸、结构等参数对液流电池性能的影响。同时，基于计算流体力学和多物理场耦合数值分析结果，发现分布密集的窄型通道可提高电池中电解液活性物质浓度和传质速度。在设计的过程中，结合流道结构选择合适的流道材料，确保其在合适的流道结构中具有良好的耐腐蚀性和机械强度，实现材料和结构的匹配设计。综上所述，流道结构设计是液流电池系统设计的关键环节，优化流道结构可以显著提高电池的性能、效率和循环寿命。通过新型计算模拟方法和实际实验同时验证方案，进而设计出高效、稳定的流道结构，从而满足液流电池在不同工况的应用需求。

　　此外，石墨双极板在流道加工过程中会降低机械稳定性，也有可能使尖端电流聚集在流道边缘处,使电解液对石墨双极板的腐蚀加剧。基于电解液对石墨双极板稳定性的影响,研究人员提出在电极上加工与石墨双极板匹配的流道,增加其传质能力和电池功率。与双极板匹配的结构设计(即为液流电池的电极加工匹配型流道)可以避免石墨双极板的尖锐边缘直接暴露于电解液中,在很大程度上解决电解液对高成本的高纯石墨双极板或高密度石墨双极板的腐蚀问题。同时,与液流电池采用仅存在双极板流道的传统形式结构相比,在电极中同时引入流道可使电解液的分布更加均匀,提高整体的活性表面积和传质速率,进而提高液流电池的输出效率。

2.5.3　液流电池电极材料

电极作为电池内活性物质进行电化学反应的场所,是影响液流电池电化学性能和稳定性的关键部件。虽然一些电极材料并不直接参与电化学反应,但其活性、导电性、稳定性等材料特性直接关系着电池的整体性能。合格的液流电池电极材料有以下要求:①电极材料表面的氧化还原反应效率代表着电池性能,因此电极材料需具有高活性以提高电池效率,并且需要具有优异的导电性以降低电池内阻和欧姆极化;②电极材料的耐久性影响着电池循环寿命,因此电极材料需具有高电化学稳定性和耐腐蚀性;③液流电池的电解液在电极流道内的流动性传输效率与电解液输送装置能耗密切相关,因此电极需具有优化的立体结构,减少传输阻力,降低电解液输送装置能耗。根据材料种类,电极可分为金属电极和复合电极。

1. 液流电池金属电极

液流电池中的金属电极通常使用不同的金属或金属合金作为正极和负极的活性物质。金属电极材料具有不同的电化学活性、能量密度、循环寿命等,适用于不同类型的液流电池系统,例如,铁铬液流电池的正极为铁铬合金;全钒液流电池的正极为钒金属;锂硫液流电池的正极和负极都可以是锂金属;锌溴液流电池的负极为锌金属;铅酸液流电池的负极为铅金属。金属的氧化还原反应或者金属离子的嵌入和脱嵌实现了液流电池的充放电反应。

液流电池所用的不参与反应的金属电极需要高稳定性和高电化学活性,一般将由铂、钛、铱制备成的镀铂钛和氧化铱等应用于液流电池。但金属材料的成本较高、资源较少等使之不利于在液流电池电池堆中大规模应用。

2. 液流电池复合电极

液流电池中的复合电极是指由多种材料组成的电极结构,通常包括活性材料、导电材料和支撑材料等组成部分。复合电极的设计旨在提高电极的性能和循环寿命。正极复合电极的活性材料通常是过氧化铬(CrO_2)或锂硫化物等,负极复合电极的活性材料一般为锌或铝等金属或合金。在复合电极中可添加聚合物基体等支撑材料,以增强电极的结构稳定性和循环寿命。

碳材料作为电池中的常用材料,具有高导电性、高机械稳定性、低成本及良好的催化活性。碳材料作为导电材料在复合电极中也可提高电极的电导率和反应速率,从而在液流电池中得到广泛应用。碳复合电极中的集流体作为导电材料和支撑材料，用于收集、传导电流和负载活性材料。碳基活性材料包括碳毡、石墨毡、碳纸等，一般由不同前驱体可制备或修饰得到不同特征的碳材料。

1）碳毡和石墨毡

碳纤维毡又称碳毡，常用的材料为聚丙烯腈基碳毡。当把碳毡在无氧环境下加热到2000℃以上时，可制备成碳含量超过99%的石墨毡。碳毡和石墨毡的厚度超过1mm，可搭配双极板进行流道结构设计。石墨毡由石墨化碳形成三维网状结构，相比碳毡具有更稳定的高温应用能力，其结构特性带来了优异的比表面积和较小的流体流动阻力。同时，石墨毡可与石墨板集流体搭配成复合电极，有效缓解石墨板的成本较高、脆性较大的平面结构使石墨板在承受较大压力时机械稳定性变差，以及石墨板集流体在电池正极端极化电压过高时易在电解液流通入口处发生腐蚀现象的问题。

为扩大石墨材料在液流电池电极中的应用前景，可利用 Mn、Bi、Te、In 等金属颗粒或金属离子修饰石墨材料或在石墨粉基底中加入各种添加剂（聚乙烯、聚丙烯、碳纳米材料等）制备成能够用于液流电池的复合材料板型电极材料。此外，通过对碳毡和石墨毡进行高温处理可调控其石墨化程度、表面官能团数量、比表面积、亲水性等参数，或通过蒸气或酸液水热等方式进行刻蚀处理，使其比表面积增大、活性位点数量增加，从而使石墨毡的电化学活性增强。

2）碳纸

碳纸作为较薄的碳材料，在具备一定碳材料理化特性优势的基础上也具有较轻的质量。但较薄的平面结构使碳纸能够提供的活性位点有限，并且没有空间来设计能够与双极板搭配的流道，通常只能以双极板流道来满足电解液的流动需求。同时，碳纸的耐久度问题也限制了其在液流电池中的应用。

复合电极的设计和优化需要考虑对活性材料的选择、导电材料的添加量、支撑材料的结构等多种因素，以实现合适的电极性能。对材料组分进行合理设计的复合电极可以增强电极的导电性能、反应速率和电化学活性，并有效降低电极材料的使用量和成本，在提高液流电池性能的同时提高其经济性和可持续性。

2.5.4　无机水系液流电池隔膜材料

相比半固态、锂硫、全有机等处于发展阶段的新型液流电池，全钒液流电池和铁铬液流电池等传统的水系液流电池在功率密度、稳定性、电解质溶解度等方面具有优势。作为现阶段有望进行商业化的无机水系液流电池，隔膜材料对其实际应用中的容量和寿命等性能的影响有重要研究意义。

无机水系液流电池的隔膜材料通常需要具备良好的离子传输性能、化学稳定性和耐腐蚀性。无机水系液流电池中的氧化还原活性物质一般为电解液中溶解的离子。以国内外关注最多的全钒液流电池为例，钒离子电解液在正、负极的充放电过程中分别发生氧化、还原反应，两极的电解液需用特殊的膜隔开以避免短路，确保电池的正常运行。在理想的工作状态下，正、负极的电解液具有相同的浓度，但两极电解液中的副反应和负极侧低价钒离子的氧化使电解液浓度改变，导致在隔膜两侧出现不同的渗透压，一般情况下表现为正极钒离子的总量不断增加直至失衡。质子交换膜作为隔膜在液流电池中应用时的理想状态为仅允许质子传输，但由于电解液副反应导致两侧电解液体积和离子浓度改变，隔膜两侧渗透压失去平衡，难以完全抑制活性离子的穿梭渗透。美国国家航空航天局（NASA）在 1974 年开展的研究中对铁铬液流电池两侧电极选用不同的铁/铬离子作为活性物质，电解液的渗透易导致交叉污染从而使电池失效，此现象也表明隔膜材料对于液流电池稳定工作的重要性。

质子交换膜不仅需保证质子在正、负极电解液间传输，抑制离子渗透和交叉污染，而且需降低电池中的极化损耗。因此，隔膜材料需具有高质子传导性、低离子渗透性、高化学稳定性和机械强度等特点。目前，液流电池中使用最广泛的隔膜为美国杜邦（DuPont）公司生产的全氟磺酸质子交换膜（Nafion），其具有优异的综合性能。但由于 Nafion 的成本较高，研究人员致力于研发 Nafion 的替代材料，如磺化聚醚醚酮（sulfonated polyether etherketone，SPEEK）、磺化聚醚砜（sulfonated polyethersulfone，SPES）、磺化聚酰亚胺（sulfonated polyimide，SPI）等可调控孔尺寸及分布的高性能纳滤膜。通过对质子交换膜的离子交换容量、质子传导性、离子渗透性等性能进行测试，可探究不同材料的质子交换膜对液流电池性能的影响。此外，隔膜材料的厚度也可对液流电池的性能产生影响，较厚膜层具有高耐久性并可在一定程度上限制离子的渗透，但膜电阻随膜厚同步增加，导致液流电池的效率降低。

除了常用的 Nafion，还有一些隔膜材料可满足水系液流电池的多样化应用场景需求。例如，玻璃纤维具有良好的机械强度和化学稳定性，常用于制备耐酸碱的隔膜并可以提供良好的离子选择性和稳定性；具有微孔结构的硅胶能够实现离子选择性透过，常用于制备具有选择透过性的隔膜；聚丙烯膜隔膜具有良好的耐腐蚀性，同时可以实现较高的离子传输速率和较低的电阻率；陶瓷隔膜具有高温耐腐蚀性和良好的机械强度，可用于高温高压环境下的水系液流电池。利用各种材料对新型隔膜进行修饰改性在提高亲水性和降低膜阻方面也能够取得一定成效。

上述研发的隔膜材料除在成本方面具有 定程度的优势外，在化学稳定性、离子选择性、力学性能等方面与 Nafion 相比仍各有利弊。Nafion 具有的特点较为均衡，目前仍为无机水系液流电池应用的最佳选择。虽然可以利用膜改性处理来提高 Nafion 的性能，但想要满足商业化应用的要求，还需研究人员对其开展进一步的研究。无机水系液流电池的多种隔膜材料在不同的应用场景中具有各自的优势和适用性，选择合适的隔膜材料需要考虑电池系统的工作条件、离子传输需求和经济性等因素。

在液流电池实际的工作循环过程中，隔膜两侧的渗透压问题和副反应问题会持续进行并加剧，从而使液流电池的循环寿命受到严重影响。为解决此问题，需研发抑制渗透和结构稳定的质子交换膜来抑制电解液的副反应和活性离子穿梭，同时可引入新型电化学测试方法对电解液中活性离子的浓度进行实时监测，及时发现液流电池电解液中存在的失衡问题并对其进行调整。常用的电化学浓度实时监测方法包括电化学传感器、在线监测系统、离子选择性电极等。这些方法有助于控制在电池系统充放电过程中电解液的浓度，提高电池系统的稳定性，避免因浓度差异导致的电池反应不均衡或者失效；同时，及时发现电解质浓度异常或者变化，从而预警电池系统可能出现的故障或者问题，有助于提高电池的能量转换效率和循环寿命。此外，实时监测电解质浓度可以提供数据支持，有助于优化电池系统的控制策略。例如，在充电或者放电过程中根据电解质浓度变化调整控制参数，实现更加精确地控制和管理。在实际应用场景，可以根据具体需求选择合适的电化学浓度实时监测方法，并结合电池系统的控制系统实现有效的电解质浓度监测与控制。

2.5.5　无机水系液流电池电解液

除了上述材料，电解液作为电化学反应的活性物质也是液流电池系统中关键材料之一。以设计可长期运行的液流电池为目标，电解液对液流电池的容量衰减和性能高低有直接影响。无机水系液流电池的电解液需具备良好的离子传导性，确保电池在高效充放电过程中正、负极之间的离子能够快速传输；需避免过高的电导率导致能量损耗增加；需具有良好的化学稳定性，能够在长时间使用过程中不发生分解或者降解，确保电池的长循环寿命和稳定性。

典型的无机水系液流电池中电解液一般由金属离子和酸性或碱性溶剂混合后，存储在储罐中用于工作过程中的循环使用。酸性溶剂一般为硫酸或盐酸，可在增加活性物质溶解度的同时供给氧化还原反应所需的质子。碱性溶剂一般为氢氧化钾溶液，常用于铁铬液流电池和锌溴液流电池等系统，具有良好的离子传导性和稳定性。除了上述常见的电解液，还可以将硫酸铁溶液、氯化铁溶液等其他盐类溶液作为电解液用于特定的水系液流电池系统。液流电池中的电解液决定了电池的充放电容量和反应动力学等电化学性能，也决定了液流电池系统的工作温度范围，其占据了液流电池成本中的最大比例。此外，需要根据具体的液流电池系统要求和工作条件选择合适的电解液，并进行合理的电解液配方调节，以实现最佳的电池性能。

1. 全钒液流电池电解液

全钒液流电池是无机水系液流电池体系中最具有商业化可能的电池类型，虽然钒金属元素的地壳丰度与铬、镍、铜等金属相当，但钒金属需经过工业冶炼和提纯等复杂工艺，并且产量较少，因此生产成本增加。钒基电解液一般采用廉价的低纯度 V_2O_5 作为加工原料，选用化学法或电解法进行加工，在加工过程中需要将 V_2O_5 内部的铜、铁等杂质进行分离去除，此步骤难免会导致工艺复杂化并影响电解液密度等参数。因此，对原材料 V_2O_5 提纯工艺的研究也是发展全钒液流电池的关键环节。

除了成本问题，钒基电解液的稳定性也是重要的研究方向。全钒液流电池系统一般搭载并连接管线、循环泵、阀门等装置。钒基电解液选用硫酸作为溶剂来溶解钒元素活性物质。当全钒液流电池中的钒元素浓度超过 1.5mol/kg，并且在低于 10℃的环境下运行时，V^{2+} 会出现析出现象，当在高于 40℃的环境下运行时，V^{5+} 也会出现析出现象。钒基电解液的离子析出现象会导致电极的反应面积减小，同时堵塞极板流道或管线，阻碍电解液的正常流动，使电池效率降低。因此，硫酸浓度、钒离子浓度、工作温度环境均对全钒液流电池的性能产生影响。

研究人员认为，当电池循环结束后，将正、负极的电解液重新混合能使全钒液流电池恢复部分容量。但此步骤使电池管理系统复杂化，在降低效率的同时会增加电池的成本。

2. 铁铬液流电池电解液

铁铬液流电池采用铁、铬离子作为活性物质，一般由 $FeCl_2$ 和 $CrCl_3$ 溶于盐酸溶剂中作为正、负极电解液。Cr^{3+} 的电化学活性差，易引发析氢反应，使铁铬液流电池容量衰减，因此限制了其商业化应用。通常采用升高环境温度的方式来减缓 Cr^{3+} 的老化行为和提高电极反应活性，但并不能彻底解决离子活性低和析氢反应的问题。同时，需深入探索铁铬液流电池在高温环境下电化学行为和电池性能研究，从而进一步认识正、负极的电解液反应过程机理与电池性能的关系，在实际应用中改进和优化铁铬液流电池性能。

通过在电解液中引入可溶性离子或有机添加剂可在一定程度上改善 Cr^{3+} 参与副反应并抑制析氢/水解反应，但可能使电解液中金属离子与添加剂产生过多低溶解度的配合物，增大铁铬液流电池内部溶液电阻。铁铬液流电池正、负极的不同电解液易导致离子交换膜两侧的渗透压不同，造成离子交叉污染现象，可通过采用混合电解液进行缓解。在未来的铁铬液流电池研究进程中，仍然需要更加全面地研究由电解液的离子浓度、酸浓度等参数实现的电导率、传输特性、电化学行为和匹配的应用环境。

近年来，液流电池作为高灵活性和可扩展性的储能器件，在电极、电解液材料等关键技术方面取得了显著的进步。研究人员针对材料的改进显著提高了液流电池的能量密度、效率、稳定性等性能。同时，液流电池多使用可再生回收型材料，有助于实现能源存储的可持续发展。随着可再生能源的普及和电动化发展，液流电池有机会与太阳能、风能等其他能源技术结合，也可与电动车等新兴领域结合形成综合能源系统，提高新型能源的利用效率。

2.6 下一代储能电池

锂离子电池凭借出色的性能，在过去的三十年中在消费电子和储能等领域取得了巨大的成功。但是目前锂离子电池的能量密度已经接近极限，继续提升的空间有限。此外，全球锂资源的丰度很低，这对未来更大规模的储能应用来说是不利的。因此，科学界和产业界将目光转向下一代储能电池作为战略储备。

2.6.1 金属离子电池

金属离子电池的工作原理与锂离子电池类似，以对应的金属离子作为载流体，通过金属离子在正极与负极之间的往返运动实现电池的充放电。金属离子电池因价格低廉或者潜在的高能量密度而受到关注。已经被大量报道的金属离子电池包括钠离子电池、钾离子电池、锌离子电池、镁离子电池、铝离子电池等。

与锂相比，钠资源和钾资源在全球储量更加丰富，对应的上游产品价格更加低廉。钠离子电池在科学界得到了广泛研究，被认为是能够在部分领域替代锂离子电池的有力竞争者，并且被产业界大量关注。与锂离子电池不同，Na 在常温下不会与 Al 形成合金，因此钠离子电池可以采用 Al 箔作为负极集流体，从而降低电池成本和电池重量。但是常规的石墨负极储 Na 能力较差（理论比容量仅约为 35mA·h/g，对应产物为 NaC_{64}），因此需要采用硬碳类材料作为负极，增加了钠离子电池的成本。钾离子电池不仅可以使用 Al 箔作为负极集流体，而且可以使用常规的石墨负极（理论比容量约为 279mA·h/g，对应产物为 KC_8），因此在理论上具有更好的成本优势。但由于钾离子具有更大的半径，其在电极材料中的扩散速率较慢，因此研发高性能的钾离子电池电极材料是当前的热点。

锌离子电池、镁离子电池和铝离子电池都属于多价金属离子电池，在成本较低的前提下，一个金属离子可以提供更多的价态变化，因此具有更高的理论比容量。但更高的价态也使得这些金属离子周围的电荷密度更高，不利于其在材料中的快速传输。

2.6.2 金属-硫电池

金属-硫电池采用硫作为正极，金属电极作为负极。一个硫原子能够实现两电子转移（$S \Leftrightarrow S^{2-}$），并且硫的相对原子质量很小，因此金属-硫电池的理论比容量很高，有望在能量密度上突破现有锂离子电池的限制。

1. 锂-硫电池的基本原理

锂-硫电池基于以下反应：

$$16Li^+ + S_8 + 16e^- \Longleftrightarrow 8Li_2S \tag{2-55}$$

锂-硫电池具有约 1675mA·h/g 的高理论比容量，考虑电池的平均放电电压约为 2.2V（相对于锂金属），锂-硫电池的理论能量密度约为 2567W·h/kg，比商用锂离子电池的五倍还高（$LiCoO_2$‖石墨电池的能量密度约为 387W·h/kg）。据锂-硫电池制造商 Sion Power 和 OXIS Energy 估计，未来锂-硫电池的实际能量密度会达到 400～600W·h/kg，大概是目前锂离子电池能量密度的两倍，因此锂-硫电池受到了广泛关注。硫有 30 多种固体同素异形体，其中最常见和稳定的形式是环状八硫（S_8）。通常锂-硫电池的放电过程会发生下列反应：

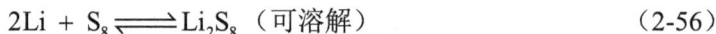

$$2Li + S_8 \Longleftrightarrow Li_2S_8 \text{（可溶解）} \tag{2-56}$$

$$2Li + 3Li_2S_8 \Longleftrightarrow 4Li_2S_6 \text{（可溶解）} \tag{2-57}$$

$$2Li + 2Li_2S_6 \Longleftrightarrow 3Li_2S_4 \text{（可溶解）} \tag{2-58}$$

$$2Li + Li_2S_4 \Longleftrightarrow 2Li_2S_2 \text{（几乎不溶解）} \tag{2-59}$$

$$2Li + Li_2S_2 \Longleftrightarrow 2Li_2S \text{（几乎不溶解）} \tag{2-60}$$

锂-硫电池典型的充放电曲线如图 2-34 所示。从反应过程中可以明显看出，最开始形成的是可溶解在电解液中的长链多硫化物，到最后形成的是几乎不溶于电解液的 Li_2S_2 和 Li_2S，分别对应放电过程中两个明显的平台。在上部放电平台中，S_8 首先被还原为 S_8^{2-}，随后被还原为 S_6^{2-} 和 S_4^{2-}，平均电压为 2.3V（相对于锂金属），对应 419mA·h/g 的理论比容量（每个硫原子转移 0.5 个电子），由于这些长链多硫化物具有高溶解度，上部放电平台显示出快速反应动力学。2.1V（相对于锂金属）的下部放电平台对应的理论比容量为

1256mA·h/g（每个硫原子转移 1.5 个电子）。基于固体 Li_2S_2 和 Li_2S 之间的转化反应，下部放电平台的反应动力学比上部放电平台要慢得多。在随后的充电过程中，Li_2S 通过形成中间多硫化物而重新转化为 S_8，实现可逆循环。

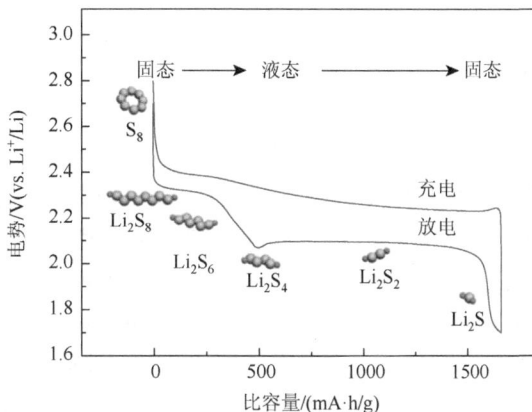

图 2-34   锂-硫电池典型的充放电曲线

2. 锂-硫电池存在的问题

然而，在实际情况下，锂-硫电池的理论比容量（1675mA·h/g）通常无法实现，并且硫正极会面临以下三个比较严重的问题。

首先，硫和 Li_2S 都是电子绝缘材料，低电子导电性会限制电化学反应速率并且导致活性材料的利用率偏低。在上部放电平台中，尽管反应动力学很快，但实现 419mA·h/g 的理论比容量是非常具有挑战性的。即使经过反复循环，未反应的硫往往仍然存在。在下部放电平台中，转化反应 $Li_2S_2 + 2Li^+ + 2e^- \longrightarrow 2Li_2S$ 涉及固体-固体反应过程，由于反应动力学缓慢，在上部放电平台中形成的多硫化物很难完全还原为 Li_2S。这导致虽然下部放电平台与上部放电平台的理论比容量比为 3，但实际比容量比为 2.5 左右。因此，通常需要将硫置于导电基质中提升反应动力学，但是导电基质的引入又会导致电极材料整体比容量的降低。此外，由于锂离子的反应动力学有限，常见的锂-硫电池电压分布往往在较低的放电平台中显示出较高的极化，这将进一步导致实际能量密度的降低。

其次，反应中间产物多硫化物在电解液中的溶解度高。中间产物 Li_2S_8、Li_2S_6 和 Li_2S_4 均是可溶解的，在反应过程中，形成的可溶解的多硫化物很容易溶解到电解液中，导致电池库伦效率低、容量快速衰减及自放电速率高等问题，具体总结如下。①在浓度梯度（从正极到负极）的驱动下，可溶性多硫化物迁移到锂金属负极，并被还原为不溶性 Li_2S，导致活性材料的不可逆损失和负极的钝化。②溶解在电解液中的长链多硫化物会引发穿梭效应[①]。穿梭效应对电池的性能是极度不利的，不仅会造成活性物

---

① 电池循环过程中，生成的高价长链多硫化物溶解到电解液中，在浓度梯度的驱动下扩散到锂金属负极，并在单质锂表面被还原为低价短链多硫化物。这些多硫化物随后会因浓度梯度而扩散回正极，并在正极表面再次被氧化为高价长链多硫化物。这些不同价态的多硫化物在正、负极之间来被还原、氧化并往返迁移，形成穿梭效应。

质的损失，而且会引起电池循环寿命的衰减和库伦效率的降低。③活性材料的重复溶解和再沉积导致硫在正极内的重排，并且由于绝缘硫的分布不均匀，这往往会钝化正极并增加阻抗。尽管多硫化物的溶解会引起许多问题，但它对实现硫的高利用率至关重要。由于硫不导电，硫的还原只能在导电基体的表面进行以确保电子传输（这是电化学过程的一个关键因素）。通过多硫化物的不断溶解，剩余的硫暴露在导电基体中，从而使其还原得以持续进行。因此，需要合理平衡和控制多硫化物的溶解，以实现高硫利用率和高循环稳定性。

最后，锂化后从硫到 Li_2S 的体积膨胀问题。硫的密度（2.07g/cm³）高于 Li_2S 的密度（1.66g/cm³），这导致锂化后的材料存在较大的体积膨胀率（约为 80%）。电极体积的重复变化易导致阴极粉碎，使得硫从正极导电基体中分离，从而失去电接触。分离的硫很难被继续用于接下来的电化学反应，导致永久的电池容量衰减。因此，需要提供适当的空隙空间以适应活性材料的体积变化并保持正极的结构完整性，但这将导致电池的体积能量密度降低。事实上，由于硫的固有密度低，锂-硫电池的体积能量密度不会远高于最先进的锂离子电池。因此，需要控制电极的孔隙率，以实现体积能量密度和循环性能之间的平衡。

锂-硫电池为了获得能量密度的最大化，采用锂金属负极（理论比容量约为3860mA·h/g）而非传统锂离子电池所使用的石墨负极（理论比容量约为 372mA·h/g）。虽然锂金属负极的理论比容量比石墨负极的 9 倍还多，但是锂金属在循环过程中也面临很多问题，具体总结如下。①锂金属和多硫化物之间发生副反应。如上所述，多硫化物中间产物溶解在电解液中后容易从正极扩散到负极，随后在锂金属表面发生还原反应。这种副反应会导致低的库伦效率和较差的循环性能。②由于锂金属表面不平整并且表面电流密度分布不均匀，锂离子容易因尖端效应而在锂金属表面的突起上成核并形成锂枝晶。锂枝晶的生长会导致 SEI 的不断破裂及电解液的不断消耗，造成电池循环寿命的衰减及库伦效率的降低。更加严重的是，不断增长的锂枝晶可能会穿透隔膜，导致电池内部短路，从而造成严重的安全问题。③在电镀和剥离过程中，锂金属负极的体积变化非常大（约为 300%，石墨负极的体积变化约为 10%），因此在锂的电镀和剥离过程中，部分锂会被粉化并从主体的锂金属中分离出来，成为死锂，导致电池循环性能的下降。

3. 锂-硫电池中硫正极的种类

硫在正极中的初始状态可分为以下四类：S_8、短链硫、Li_2S 和正极电解液。

在大多数情况下，硫正极以 S_8 的形式存在，并显示出具有两个放电平台的多步骤电化学行为和可溶性多硫化物中间体的形成过程。这种类型的硫正极是研究最广泛的系统，其具有正极中潜在的高硫含量和相对较高的工作电压。基于多硫化物阴离子的强亲核反应性，这种类型的硫正极与用于目前锂离子电池的碳酸酯基电解液不兼容，即多硫化物在形成时会立即与碳酸酯溶剂发生不可逆反应。醚基电解液[通常以 1,3-二氧戊环（DOL）和二甲氧基乙烷（DME）的混合物为溶剂]可以通过溶解多硫化物中间体来实现硫的多步骤还原，因此通常被用于 S_8 正极体系。

短链硫通常分为两类：较小的硫分子（S_{2-4}）和硫化碳。具有链状结构的 S_{2-4} 至少有一个维度<0.5nm，而环硫分子（S_{5-8}）至少有两个维度>0.5nm，因此较小的硫原子可以容纳在孔径<0.5nm 的微孔碳基质中。硫化碳中的短硫原子链共价结合到碳基质的表面。例如，使用 S_8 对聚丙烯腈（PAN）进行脱氢，PAN 中的基团形成具有短硫链的杂环，短硫链接枝到共轭碳上以形成硫化的 PAN。与涉及固-液-固转化反应的 S_8 不同，短链硫完全通过从 S 到 Li_2S 的固-固相转变进行放电和充电，而不形成多硫化物中间体。因此，对应从 S_8 到 SO_4^{2-} 过渡的上部放电平台不再存在，只有一个约为 1.8V 的放电平台（$S_{2-4} \rightarrow S^{2-}$）。在这方面，短链硫与碳酸酯基电解液兼容，并且可以完全避免多硫化物的穿梭效应，从而具有库伦效率高和容量保持稳定的优点。但是短链硫正极通常具有较低的硫含量（质量分数<50%），导致锂-硫电池的实际比容量显著降低。此外，与 S_8 正极[≈2.2V（vs. Li^+/Li）]相比，短链硫正极具有较低的平均电压[≈1.9V（vs. Li^+/Li）]，这进一步降低了电池的能量密度。

如上所述，锂金属负极的使用使得锂-硫电池存在较大的安全隐患。因此，硫的最终放电产物 Li_2S 被探索作为正极的活性材料，完全锂化的 Li_2S 可以与更安全的无锂负极（如石墨负极）相匹配。但是 Li_2S 的电化学活性低于硫，并且在 Li_2S 充电开始时存在大的势垒（≈1V），因此需要更高的截止电压（≈3.8V）来克服该势垒并激活 Li_2S，导致第一次循环的库伦效率较低。此外，Li_2S 正极对水分敏感，在整个制造和操作过程中需要干燥和惰性的环境，这可能会影响其工业化生产。

劳（Rauh）等于 1979 年首次报道了以溶解的多硫化物（正极电解液）为起始活性材料的锂-多硫化物电池。这种配置中需要导电电极（通常是碳材料），导电电极同时作为电子传输的集流体。由于活性材料的分布更均匀，锂-多硫化物电池系统提供了更好的氧化还原动力学，液体多硫化物比固体硫的反应活性更高，从而提高了硫的利用率。但是由于活性多硫化物与电解液结合，锂-多硫化物电池中的电解液含量明显高于前三种类型的锂-硫电池，这导致电池非活性质量的增加及能量密度的降低。在实际应用中，锂-多硫化物电池系统显示出在固定液流电池体系中的潜力。

4. 锂-硫电池性能提升策略

提高锂-硫电池性能的最有效策略之一是将绝缘硫活性材料分散在其他导电基体中，这些基体能够物理限制和/或化学结合硫及其多硫化锂中间产物，提升锂-硫电池的循环稳定性。根据成分和性能，基体可分为碳材料、有机材料、金属氧化物和金属有机框架（MOF）等。

由于碳材料具有大比表面积、高导电性和纳米结构的多样性，在锂-硫电池研究的早期阶段，碳材料作为硫的基体材料得到了广泛研究。有机材料代表了一个新兴的能源应用材料家族，可以在分子水平上进行精确控制，具有多种有利于多硫化锂捕获的官能团。此外，有机材料的弹性和柔性可以适应循环时的体积变化。金属氧化物通常包括金属阳离子和极性金属-氧键中的氧阴离子，具有丰富的用于吸附锂离子的极性活性位点。此外，与碳和有机材料相比，基于金属氧化物固有的高振实密度，利用金属氧化物作为正极基体材料可能会增加锂-硫电池的体积能量密度。

为了实现具备实用化潜力的高性能锂-硫电池，理想的硫正极基体应满足以下条件：

①高导电性，实现电子和离子的快速传输；②大比表面积和多孔结构，以容纳硫和多硫化锂；③对多硫化锂适中的亲和力，太弱的结合能力将导致严重的穿梭效应，而太强的结合能力将导致多硫化锂缓慢的扩散过程；④丰富的催化活性位点，加速氧化还原动力学。

对锂金属负极进行改进也是有效提升锂-硫电池性能的策略之一，主要可分为通过构建保护层对锂金属表面进行钝化和在制备的基体中容纳锂金属。

稳定锂金属负极的一种常见策略是在锂金属表面形成双功能保护层，以阻挡多硫化锂并调节均匀的锂离子通量。保护层的构建可分为通过引入添加剂的原位方法和通过构建人工负极/电解液界面的非原位方法。利用锂金属的高化学还原活性，选择能够分解、聚合或吸附在锂金属表面的适当的电解液添加剂，从而提升 SEI 对多硫化锂的阻挡能力，是保护锂金属负极的一种很有前景的策略。除此之外，在电池组装前，在锂金属表面构建保护层，为操纵保护层的成分和控制反应条件提供了更多的选择。这种构建在锂金属表面的保护层与由电解液分解形成的 SEI 具有相似的功能，也称"人造 SEI"。

除了对硫正极及锂金属负极进行优化，还可以通过使用固态电解质、开发多功能黏结剂，以及对隔膜进行修饰来实现锂-硫电池性能的提升。

5. 其他金属-硫电池

其他金属-硫电池的原理与锂-硫电池类似，不同之处在于将负极换成了相对应的金属。由于不同金属的标准电极电势不同，其在电解液中的表现有所不同。镁金属较高的标准电极电势[$-2.36V$（vs. 标准氢电极）]使其在电解液中具有良好的稳定性，因此在许多电解液体系中可以实现高达 99.9%的沉积/剥离效率。锂、钠、钾和钙金属相对于标准氢电极的标准电极电势分别为$-3.04V$、$-2.71V$、$-2.92V$ 和$-2.87V$，过低的电势导致常用电解液的热力学不稳定。对于锂金属负极、钠金属负极和钾金属负极，电解液的不稳定性可由 SEI 来缓解。电解液在钙金属上形成的 SEI 会导致钙在沉积和剥离过程中的高过电势，使得电池的能量利用效率大打折扣。

2.6.3　金属-CO_2电池

在以化石燃料为基础的能源生产过程中，人们普遍认为温室气体的释放是导致全球气候变化的重要因素。除了可再生能源发电，碳捕获、转换或封存也已成为应对气候变化的一种紧迫方法。金属-CO_2 电池提供了一种将 CO_2 的捕获与储能相结合的机制。如图 2-35 所示，金属-CO_2 电池通常包含金属（Li、Na、K、Zn、Mg、Al 等）负极、电解液、隔膜和可吸收 CO_2 的多孔正极，其中，多孔正极通常负载降低电极过电势的电催化剂层。对于在水系中不稳定的高活性金属，如 Li、Na 和 K，通常需要非水非质子电解液；对于相对不活跃的金属，如 Zn、Al 和 Mg，广泛使用碱性水系电池电解液。电池操作涉及充放电过程中 CO_2 的吸收和释放，在可逆 CO_2 固定甚至潜艇操作、火星探测领域具有巨大的应用前景。

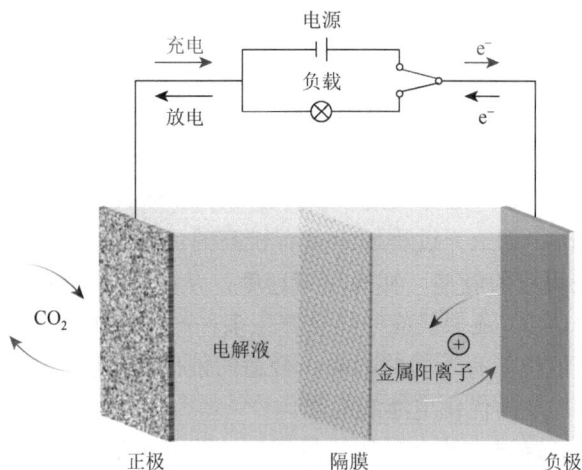

图 2-35　金属-CO_2 电池示意图

1. 金属-CO_2 电池反应机制

在放电模式中，金属负极被氧化以释放电子，电子通过外部电路到达正极。通过适当的电化学过程，正极能够利用进入的电子捕获 CO_2 并将其还原为其他化学物质。例如，在 Li-CO_2 电池中，发生如下反应。

负极：　　　　　　　　　$4Li \rightleftharpoons 4Li^+ + 4e^-$　　　　　　　　　　　(2-61)

正极：　　　　　$4Li^+ + 3CO_2 + 4e^- \rightleftharpoons 2Li_2CO_3 + C$　　　　　(2-62)

整体：　　　　　$4Li + 3CO_2 \rightleftharpoons 2Li_2CO_3 + C$　　　　　　　(2-63)

在 Na-CO_2 电池和 Al-CO_2 电池中发生的反应与 Li-CO_2 电池类似，而在 K-CO_2 电池、Zn-CO_2 电池和 Mg-CO_2 电池中发生的反应有所不同，根据文献报道具体列举如下。

K-CO_2 电池中，

放电：　　　　　　$2K + 2CO_2 \longrightarrow K_2CO_3 + CO$　　　　　　(2-64)

充电：　　　　　　$2K_2CO_3 + C \longrightarrow 4K + 3CO_2$　　　　　　(2-65)

Zn-CO_2 电池中，

放电：　$Zn + CO_2 + 2H^+ + 4OH^- \longrightarrow Zn(OH)_4^{2-} + CO + H_2O$　(2-66)

充电：　$2Zn(OH)_4^{2-} + 2H_2O \longrightarrow 2Zn + O_2 + 4H^+ + 8OH^-$　(2-67)

Mg-CO_2 电池中，

放电：　　　$Mg + 2H_2O + 2CO_2 \longrightarrow Mg(HCO_3)_2 + H_2$　　(2-68)

充电：　　　　$Mg(HCO_3)_2 \longrightarrow MgCO_3 + H_2O + CO_2$　　　(2-69)

在不同类型的金属-CO_2 电池中，Li-CO_2 电池被视为最佳的候选电池，其放电电压（≈2.8V）和理论能量密度（1876W·h/kg）最高；Na-CO_2 电池被认为是 Li-CO_2 电池最有力的竞争对手，这是因为钠资源丰富且成本低，在 2.35V 的平衡电势下可提供 1125W·h/kg 的高能量密度。

2. 正极催化剂

在金属-CO_2电池的循环过程中，正极处通常需要催化剂来提高电池整体的性能和效率，主要原因包含以下方面。

（1）降低反应能垒。CO_2还原反应（CO_2 reduction reaction，CRR）和CO_2析出反应（CO_2 evolution reaction，CER）过程通常具有较高的反应能垒，反应动力学缓慢。催化剂可以有效降低这些反应的能垒，加快反应速率，从而提高电池的能量转换效率。

（2）提高选择性。CO_2还原反应往往会产生多种产物（如一氧化碳、甲酸、甲醇），不同的反应路径对电池性能有不同的影响。合适的催化剂可以提高反应的选择性，促使生成特定的目标产物，从而优化电池的性能。

（3）降低过电势。高过电势会导致能量损失，降低电池的能量转换效率。催化剂可以降低反应所需的过电势，从而提高电池的整体效率。

（4）促进电荷转移。催化剂可以改善电荷转移过程，提高电子和离子的传输效率。这对于提高电池的功率密度和快速充放电能力至关重要。

根据以上描述，有效催化剂的设计和制造一直是金属-CO_2电池的热点，研究人员已经探索并使用了各种催化剂来改善反应动力学，这些催化剂大致可分为固体（多相）催化剂和可溶性催化剂（氧化还原介质）。与固体催化剂和产物之间的刚性固-固相互作用相比，可溶性催化剂与不溶性产物之间有更好的接触，可以提高电池在充电时的可逆性。此外，可溶性催化剂较大的流动性确保了扩散速率的加快和倍率性能的提高。但是，从正极侧迁移的可溶性催化剂可能与活性金属负极反应，导致电池性能的退化。

3. 电解质

由于金属-CO_2电池具有特殊的半开放体系，电解液的选择与使用对电池的性能具有显著的影响。含有醚或砜溶剂的非质子电解液因其与碳酸酯相比更宽的电化学窗口和更高的稳定性而被广泛应用于金属-CO_2电池。一般来说，用于金属-CO_2电池的理想非质子电解液应满足以下要求：①CO_2的高溶解性和扩散性；②高离子电导率；③高化学和电化学稳定性；④高沸点和低蒸气压；⑤无毒且环境友好。然而，目前还没有发现能够满足所有这些要求的非质子电解液。由于电池循环过程产生了高的充电极化和侵蚀性单线态氧或超氧化物自由基，电解液的分解或多或少仍然存在。同时，由于电池具有半开放操作系统，电解液可能存在泄漏和挥发的风险。

为了克服上述缺点并保证高安全性，研究人员使用准固态或固态电解质来代替传统的非质子电解液。这些准固态或固态电解质通常需要满足以下标准：①高化学稳定性和与正极及金属负极的兼容性；②宽电化学窗口；③高热稳定性和机械稳定性；④高离子电导率和低界面电阻；⑤制造工艺简单及低成本。

4. 金属负极

构建坚固的金属负极也是实现性能稳定的金属-CO_2电池的关键。由于金属负极与溶解的 CO_2、扩散的氧化还原介质分子及电解液分解产生的副产物之间存在相互作用，可能会形成枝晶和表面钝化，这将增加 CRR/CER 极化并导致电池性能的衰减。因此，需要对金属负极进行相应的改进以提升电池性能，总体改进策略与金属-硫电池体系对金属负极的改进策略类似，在此不进行赘述。

金属-CO_2 电池对缓解能源短缺和全球变暖问题具有重要的现实意义。尽管金属-CO_2 电池在技术上面临着诸多挑战，如催化剂设计、电极稳定性等，但随着科学家对其机理和材料的深入研究，相信这一技术将不断取得突破和进步，为人类应对能源和环境挑战提供新的解决方案。

2.6.4　金属-空气电池

金属-空气电池是由金属氧化和氧气还原提供动力的电化学电池家族，在理论能量密度方面表现出巨大优势。Li-空气电池和 Zn-空气电池是最受关注的两种金属-空气电池。Li-空气电池（以 Li_2O_2 为放电产物）可提供 11429W·h/kg 的高能量密度（基于锂金属质量）、3860mA·h/g 的高比容量（基于锂离子质量）和高达 2.96V 的电池电压的优异理论性能。Zn-空气电池的理论能量密度为 1350W·h/kg（基于锌金属质量）。此外，其他类型的金属-空气电池也有其自身的优势。例如，Al-空气电池表现出最高的比容量（8040A·h/L），Na-空气电池显示出比 Li-空气电池更小的充电过电势。因此，金属-空气电池具有作为下一代电化学储能设备的巨大潜力。金属-空气电池的构造与金属-CO_2 电池类似，包含空气电极、金属电极、电解质和隔膜四个主要部分，其中，空气电极通常由降低电极过电势的电催化剂层和增强环境空气与催化剂表面之间氧扩散的气体扩散层组成。

1. 金属-空气电池反应机制

可再充电金属-空气电池的电极反应随着金属电极和电解质的类型而变化。对于使用水系电解质的金属-空气电池，其正极反应基本相同：

$$O_2 + 4e^- + 2H_2O \rightleftharpoons 4OH^- \tag{2-70}$$

负极反应则各有区别。

对于 Zn-空气电池，负极发生如下反应：

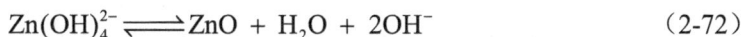

$$Zn + 4OH^- \rightleftharpoons Zn(OH)_4^{2-} + 2e^- \tag{2-71}$$

$$Zn(OH)_4^{2-} \rightleftharpoons ZnO + H_2O + 2OH^- \tag{2-72}$$

对于 Mg-空气电池，负极发生如下反应：

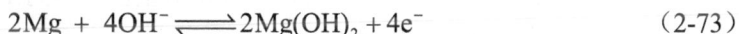

$$2Mg + 4OH^- \rightleftharpoons 2Mg(OH)_2 + 4e^- \tag{2-73}$$

对于 Al-空气电池，负极发生如下反应：

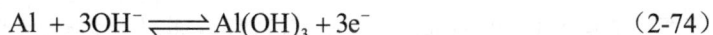

$$Al + 3OH^- \rightleftharpoons Al(OH)_3 + 3e^- \tag{2-74}$$

对于使用非质子电解质的 Li-空气电池、Na-空气电池和 K-空气电池，氧与空气电极上的金属离子反应，空气电极上的放电产物可以是金属超氧化物或过氧化物。在 Li-空气电池中，气态 O_2 首先在正极表面被还原，并与 Li^+ 结合，形成超氧化锂（LiO_2）中间体，该中间体被吸收在正极表面或溶解在电解质中，然后被还原或歧化为过氧化锂（Li_2O_2）。

Na-空气电池和 K-空气电池的电化学过程与 Li-空气电池相似，只是放电产物不同。在放电过程中，超氧化钠（NaO_2）和超氧化钾（KO_2）在动力学上比 LiO_2 更稳定，是 Na-空气和 K-空气电池中的主要放电产物，上述三种电池负极发生如下反应：

$$M \rightleftharpoons M^+ + e^- \tag{2-75}$$

对于 Li-空气电池，正极发生如下反应：

$$2Li^+ + O_2 + 2e^- \rightleftharpoons Li_2O_2 \tag{2-76}$$

整体反应如下：

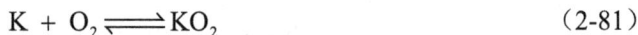

$$2Li + O_2 \rightleftharpoons Li_2O_2 \tag{2-77}$$

对于 Na-空气电池，正极发生如下反应：

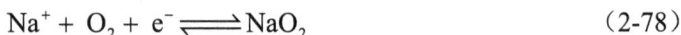

$$Na^+ + O_2 + e^- \rightleftharpoons NaO_2 \tag{2-78}$$

整体反应如下：

$$Na + O_2 \rightleftharpoons NaO_2 \tag{2-79}$$

对于 K-空气电池，正极发生如下反应：

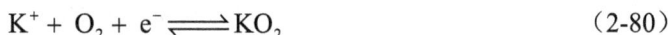

$$K^+ + O_2 + e^- \rightleftharpoons KO_2 \tag{2-80}$$

整体反应如下：

$$K + O_2 \rightleftharpoons KO_2 \tag{2-81}$$

针对金属-空气电池的优化策略与金属-CO_2 电池类似，也是从空气电极改性（催化剂优化）、电解液调控及金属负极保护等方面入手，以改善空气电极处的反应动力学、降低电极过电势、稳定电极界面及延长电池循环寿命等。

2. Zn-空气电池

目前已在实际应用中崭露头角的四种金属-空气电池有 Zn-空气电池、Al-空气电池、Mg-空气电池和 Li-空气电池。其中，Zn-空气电池在众多领域已经有了非常广泛的应用。例如，助听器基本都采用 Zn-空气电池，容量为 200~500mA·h，比同体积的锌锰电池高 3 倍以上，而且目前计算器、电子手表等小型电子消费品都推出了 Zn-空气电池的版本。此外，我国的锌储量位居世界第一，这也更加奠定了 Zn-空气电池在国内金属-空气电池中的地位。

Zn-空气电池主要有以下优点。

（1）电池能量密度高。Zn-空气电池的理论能量密度约为 1350W·h/kg，在某些领域应用中的能量密度达到 200~300W·h/kg。

（2）安全、环保性好。金属锌没有毒性，电池内的其他成分也没有易燃性。这就使得即使 Zn-空气电池内部短路，电解液泄漏，也不会燃烧或者爆炸，无论是对人还是对设备或对生态环境，基本无污染、无伤害。

（3）性能稳定。放电曲线平稳，正、负极的氧化还原反应不剧烈，放电时电压变化小，在 1.3V 电压的环境下会出现一个较长时间的放电平台。

（4）成本低。电池正极使用空气，负极使用锌，原料的成本都很低。

（5）补能时间快，换电解液或换锌即可使用。这个特性和其他金属-空气电池一样。

基于 Zn-空气电池的众多优点，在载具上面，实际已经率先有企业进行了商业化的试运行。以色列 Electric Fuel 公司早在 1995 年便把 Zn-空气电池装载到了电动邮政车上。该 Zn-空气电池能量密度为 207W·h/kg，能驱动 3.5t 的车体以最高速度为 120km/h 驾驶，支持续航为 200～300km，更换锌粒组件和更换电解液仅需 2min。除了 Zn-空气电池，以色列 Phinergy 公司也开发出了使用 Al-空气电池驱动的汽车。

目前汽车使用的动力电池依然以锂离子电池为主，而非 Zn-空气电池，这主要归因于商用 Zn-空气电池具有以下缺点。

（1）无法可逆地充放电。尽管实验室中的 Zn-空气电池具有可逆的充放电性能，但商业化的 Zn-空气电池在电能耗尽之后需进行换液、换锌，这意味着大量的前期投入。

（2）密封性不好。Zn-空气电池的工作需要依托空气中的氧气，电池无法密封，因此无论是 CO_2 进入电解液产生碳酸化还是水汽进入电池使得电解液稀释（或者高温下电解液中的水分蒸发），都会严重影响电池本身的放电能效。

（3）功率较低。空气电极处氧气的反应动力学缓慢，导致电池的功率密度受到限制。

（4）无法适应低氧环境。由于电池工作需要氧气维持，在高海拔等低氧地区，电池的性能将受到影响。

尽管金属-空气电池在技术上还存在一些挑战，如正极氧气还原反应的动力学限制、电极寿命限制等，但随着科学家对其机理和材料的深入研究，相信这一技术将不断取得突破和进步，未来能够在更多的场景得到应用，为能源领域的发展带来新的机遇和可能。

2.6.5 双离子电池

基于"摇椅"机制的锂离子电池由于具有相对较高的能量密度、稳定的循环性能和较低的自放电率，在过去几十年中一直主导着电动汽车和消费电子市场。原材料资源（Li、Co 等）的高成本及电极材料制备过程中的环境污染等问题促使人们设计出低成本、高性能和环境友好的新型潜在替代品。双离子电池就是近年来备受关注的储能装置之一。双离子电池是指在电池工作过程中，电解质中的阳离子和阴离子同时分别在负极和正极材料中进行嵌入和脱嵌反应（区别于锂离子电池中只有锂离子在正、负极之间的往返运动），其中，石墨类碳材料通常被选作双离子电池的正极材料。鲁多夫（Rüdorff）和霍夫曼（Hofmann）于 1938 年发现了 HSO_4^- 嵌入石墨的现象。由于高浓度的硫酸电解质带来了潜在安全隐患，这一技术的发展受到了阻碍。直到 1989 年，麦卡洛（McCullough）等在一项专利中报道了第一个基于阳离子和阴离子在非水系电解质中嵌入的双石墨电极电池。2012 年，温特（Winter）等提出了"双离子电池"的概念，并得到了广泛使用。

图 2-36 显示了使用石墨作为负极和正极材料的典型双离子电池工作原理示意图。在充电过程中，阳离子（如 Li^+）和阴离子（如 PF_6^-）分别同时嵌入石墨正极和负极；在放电过程中，嵌入的阳离子和阴离子同时从石墨中脱离，回到电解质中。显然，阳离子和阴离子都可以作为双离子电池中的活性离子。特别地，阴离子在正极材料中的脱嵌反应通常发生在高电压（4～5V）下，这有利于提高电池整体的能量密度。

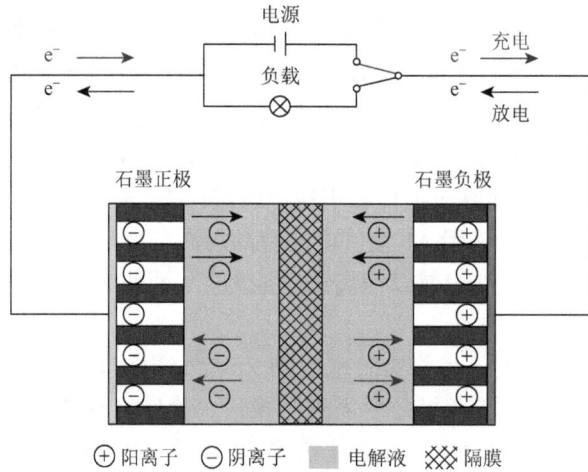

图 2-36　双离子电池工作原理示意图

　　目前双离子电池技术处于"年轻的发展阶段"，这为进一步的基础知识和技术改进提供了很大的空间。从商业应用的可能性来看，双离子电池是锂离子电池的潜在替代品。随着双离子电池研究的不断发展和电化学性能的进一步提高，双离子电池可能在未来实现具体应用。

2.7　超级电容器

2.7.1　超级电容器的结构及工作原理

　　超级电容器是一种结合电池和传统电容器特性的能量存储设备，通过在电极表面形成双电层来存储能量，这一过程依赖物理电荷积累而非化学反应。因此，与传统电容器相比，超级电容器具有更高的能量密度；与电池相比，超级电容器拥有更高的功率密度。超级电容器在能量存储和快速释放方面具有独特优势，在电动汽车、可再生能源存储、分布式发电系统等领域拥有广阔的应用前景。

　　超级电容器通常由活性物质、电解质、隔膜、集流体和外壳五部分组成。其中，活性物质由大比表面积的材料制成，如活性炭、碳纳米管、石墨烯、导电聚合物等碳基材料和过渡金属化合物，这些材料能提供大量的电荷存储空间，从而提高超级电容器的储能能力；电解质位于两个电极之间，其作用是传递离子，可以是液态、凝胶状或者固态，不同类型的电解质决定了超级电容器的工作电压和温度范围；隔膜通常采用具有微孔结构的功能材料，放置在两个电极之间，具有高离子电导率和低电子电导率特性，避免短路；集流体通常由金属材料制成，具有电导率高、化学与电化学稳定性好、与电极活性物质的兼容性和结合力好等特点，其作用是承载活性物质，并将其产生的电流汇集输出；外壳不仅保护内部结构，而且提供电气绝缘，封装时确保电解质不会泄漏，并保护超级电容器免受外部环境的影响。

　　超级电容器展现出许多传统电池所不具备的显著优势，以下是其关键特点。

（1）高功率密度。超级电容器的功率密度远超过传统电池，能达到约 10kW/kg，这意味着它们能够在短时间内释放大量电流，范围从几百安培到几千安培。这一特性使超级电容器特别适用于需要短时高功率输出的应用场景。

（2）快速充电能力。与传统电池相比，超级电容器通过物理的双电层充放电机制或电极表面的快速、可逆化学过程实现充电，允许使用大电流进行快速充电。充电过程可以在几十秒到几分钟内完成，远快于普通蓄电池所需的数小时或快充技术的几十分钟。

（3）长循环寿命。在充放电过程中，超级电容器中的电化学反应具有良好的可逆性，不会发生电池中常见的晶型转变、活性物质脱落或枝晶穿透隔膜等现象，极大地延长了其循环寿命。碳基超级电容器的理论循环寿命无限，实际循环寿命超过 100000 次，远超传统电池。

（4）宽广的工作温度范围。超级电容器在充放电时的电荷转移主要发生在电极活性物质表面，因此其容量随温度的衰减非常小，工作温度范围宽广（−40～85℃），优于二次电池−20～40℃的工作温度范围。

（5）较小的漏电流和优异的电压保持能力。超级电容器具有较小的漏电流和良好的电压记忆功能，内阻小，具备出色的抗过充、过放和短路性能。

（6）环境友好。碳基超级电容器不仅环境友好、成本低廉，而且可以作为真正的绿色能源解决方案。

超级电容器与传统电容器和电池的比较如表 2-15 所示。这些特点使得超级电容器在许多应用领域成为传统电容器和电池的优秀替代品。

表 2-15　超级电容器与传统电容器和电池的比较

特性	超级电容器	传统电容器	传统电池
充电时间	1～60s	$10^{-6}\sim10^{-3}$s	0.5～2h
放电时间	1～60s	$10^{-6}\sim10^{-3}$s	1～5h
能量密度/(W·h/kg)	5～10	约 0.1	150～250
功率密度/(kW/kg)	>10	>100	0.1～0.4
充放电效率/%	90～95	100	80～90
循环寿命/次	>10 万	>100 万	500～5000
工作温度/℃	−40～85	−20～85	−20～40
成本	中等	低	较高

按照储能原理，超级电容器可以分为双电层电容器、法拉第赝电容和混合型超级电容器三类（图 2-37）。双电层电容器利用纯粹的吸附和脱附来存储电荷，不发生任何氧化还原反应，因此通常以拥有大比表面积的碳材料作为电极；与双电层电容器不同，法拉第赝电容依靠活性材料在表面或近表面区域进行欠电势沉积、可逆的氧化还原反应来存储电荷，通常会因电子转移而引起材料化合价的变化，代表性电极材料有二氧化钌、二氧化锰等金属氧化物，以及导电聚合物等；混合型超级电容器利用双电层和电化学作用

共同储能，将一个电极设计为类似双电层电容器的大比表面积材料，另一个电极则使用法拉第赝电容材料，同时利用双电层电容器和法拉第赝电容机制，通常可以分为非对称超级电容器和电池型超级电容器。相比于其他类型的超级电容器，混合型超级电容器能实现更高的能量密度，同时保留了良好的功率密度。

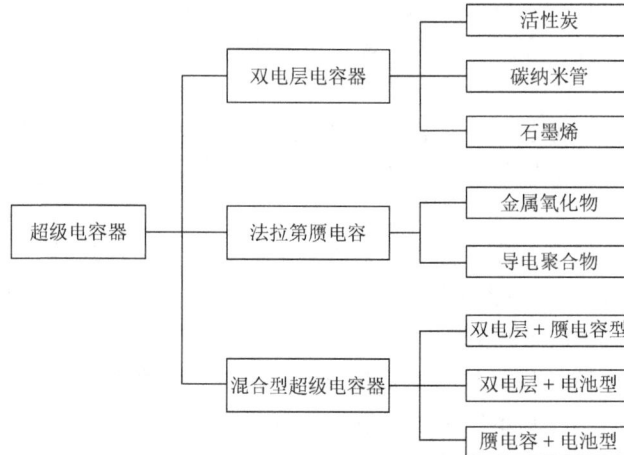

图 2-37　超级电容器的分类

1. 双电层电容器

双电层电容器利用电极表面与电解质离子间的静电吸引力，在其界面处形成一个带有相反电荷的空间电荷层来存储能量。这种能量存储机制发生在电极材料与电解液接触时，形成等量但符号相反的稳定双电层电荷。当电极施加外部电场时，电解质中的阴、阳离子分别向着正、负极迁移，在电极表面形成双电层结构。去除外电场后，电极上的电荷被电解液中相反电荷的离子吸引，形成稳定的双电层结构，从而改变两电极的电势，实现能量存储（图 2-38）。为了确保双电层的稳定性，双电层电容器的电极材料需具备良好的导电性能，并且不与电解质发生反应，同时需施加直流电压以促进极化。在双电层电容器电极材料中，碳材料因其大比表面积而被广泛应用。

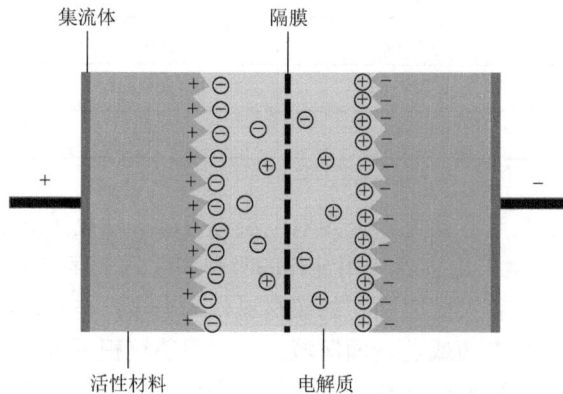

图 2-38　双电层电容器的结构

双电层电容器与化学电池相似，均由两个电极和电解质组成，但其工作原理基于非法拉第反应过程，与电池的电化学反应不同。双电层电容器的电荷存储是通过电极表面吸引电解质中异性离子形成的双电层实现的。根据施特恩（Stern）双电层模型，电极/电解质界面的双电层由吸附在电极表面的紧密层和分散在电极表面附近的分散层构成。如图 2-39 所示，当电荷在电极表面聚集时，会形成特定的电势分布，称为电极电势。整体的双电层电势表示为 φ，其中，分散层的电势表示为 ψ_1，紧密层的电势表示为 $\varphi-\psi_1$。

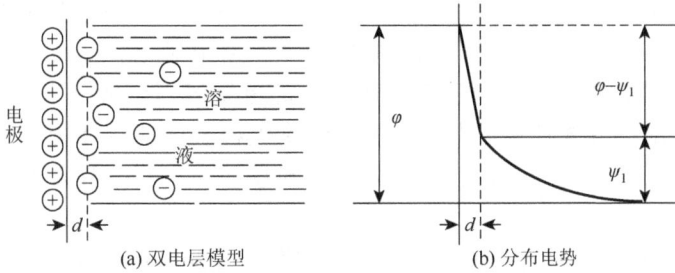

图 2-39 双电层模型及分布电势

依据 Stern 模型，可以解析分散层电势 ψ_1 与电极表面电荷密度 q 及溶液浓度 c 之间的关系：

$$q = \sqrt{2\varepsilon_r\varepsilon_0 RTc}\left[\exp\left(\frac{F\psi_1}{2RT}\right) - \exp\left(-\frac{F\psi_1}{2RT}\right)\right] \tag{2-82}$$

若 d 是不随电极电势变化的常数，则紧密层电容 $C_{紧}$ 为恒定值，有

$$q = C_{紧}(\varphi - \psi_1) \tag{2-83}$$

将式（2-83）代入式（2-82），可得

$$\varphi = \psi_1 + \frac{1}{C_{紧}}\sqrt{2\varepsilon_r\varepsilon_0 RTc}\left[\exp\left(\frac{F\psi_1}{2RT}\right) - \exp\left(-\frac{F\psi_1}{2RT}\right)\right] \tag{2-84}$$

式（2-84）能够分析双电层电势在紧密层和分散层中的分布情况，以及表面电荷密度和溶液浓度的变化对电势分布的影响。当电极表面电荷密度 q 和溶液浓度 c 都很小时，双电层中的静电作用能远小于离子热运动能，双电层几乎全部是分散层结构，可以认为分散层电容近似等于整个双电层电容；当电极表面电荷密度 q 和溶液浓度 c 都很大时，溶液中的电荷几乎完全集中在电极表面，主要是紧密层电容的贡献，分散层电势所占比例很小。

在实验条件下，当电解质和电极材料确定时，双电层电容可视为恒定值。此时，可以使用平行板电容器模型来进行等效处理。根据该模型，电容的计算公式为

$$C = \frac{\varepsilon_r S}{4\pi kd} \tag{2-85}$$

式中，C 为电容（F）；S 为电极板正对面积（m^2）；d 为两极板间的距离（m）；ε_r 为相对介电常数；k 为静电力常数。

由此可见，双电层电容器的容量与双电层的有效面积及厚度密切相关。双电层的有

效面积与碳材料的比表面积相关，双电层的厚度则受溶液中离子的影响。基于 Stern 双电层模型，电极表面的双电层比电容通常为 $20\sim40\mu F/cm^2$。因此，具有较大比表面积的电极理论上可以实现更高的双电层电容。

2. 法拉第赝电容

法拉第赝电容利用电极材料表面或近表面区域内活性物质快速而高度可逆的化学吸附/脱附或氧化还原反应来存储能量，展现出与电极极化电压相关的电容特性。这种储能机制不仅包括电解质离子在电极表面形成的双电层电容，而且涵盖电解质离子与电极活性物质间的氧化还原反应。当施加外部电场时，电解液中的离子（如 H^+、OH^-）会向电极/溶液界面迁移，并进一步渗透到电极表面的活性物质中，使电极能够存储大量电荷。在放电过程中，这些离子会逆向移动，回到电解质中，释放之前存储的电荷。

法拉第赝电容根据其储能机制可分为三种类型（图 2-40）：欠电势沉积赝电容、氧化还原赝电容和离子嵌入赝电容。欠电势沉积赝电容是指溶液中的金属离子在其标准电势以上时，在异种金属表面形成单层或亚单层沉积，此时沉积物与基底间的相互作用强于沉积物之间的相互作用。氧化还原赝电容是指电解质离子在电极表面或体相通过快速可逆的氧化还原反应产生的电容。离子嵌入赝电容是指离子进入氧化还原材料的通道或层间，伴随法拉第电荷传输而产生的电容。

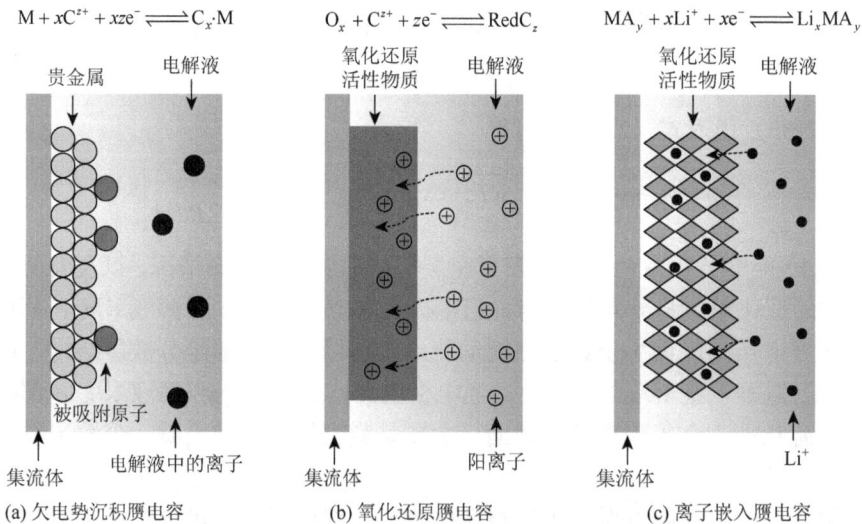

$$M + xC^{z+} + xze^- \Longrightarrow C_x \cdot M$$

$$O_x + C^{z+} + ze^- \Longrightarrow RedC_z$$

$$MA_y + xLi^+ + xe^- \Longrightarrow Li_xMA_y$$

(a) 欠电势沉积赝电容 (b) 氧化还原赝电容 (c) 离子嵌入赝电容

图 2-40 不同类型法拉第赝电容的储能机制示意图

随着对法拉第赝电容研究的深入，研究人员提出了一系列严格的识别标准。具有高能量密度和在高放电/充电速率下电化学特征的材料更可能表现出法拉第赝电容行为。值得注意的是，通过氧化还原反应实现的电荷存储可能发生在材料的体相中，而不仅仅局限于表面。这种插层赝电容的电荷存储机制虽然由氧化还原反应驱动，但其表面反应或受表面反应限制的动力学特性不受固态扩散限制，展现出快速的动力学响应，这与双电层电容器中观察到的现象类似。与赝电容相关的关键电化学特性包括电势与充电状态的线性依赖、充电存储的能量大部分与充电速率无关，以及具有窄电化学窗口的氧化还原峰。不具备这些特性的材料不应被视为法拉第赝电容材料。

典型的法拉第赝电容电化学行为介于双电层电容和二次电池之间。欠电势沉积赝电容和氧化还原赝电容的电化学曲线[循环伏安（CV）曲线呈方形]和动力学接近双电层电容。插层赝电容的离子嵌入过程中伴随的氧化还原反应与电池行为类似（CV曲线有明显的氧化还原峰），但其电化学反应的可逆性和动力学特性高于电池，其电荷存储行为与典型的赝电容行为接近，表现为近似线性的伏安响应。

3. 混合型超级电容器

混合型超级电容器大致可以分为两大类：非对称超级电容器和电池型超级电容器。非对称超级电容器由具有双电层电容特性的电极和具有法拉第赝电容特性的电极构成，电池型超级电容器则结合了高能量密度的电池材料和高功率密度的电容材料。这种设计使混合型超级电容器在充放电过程中展现出不同的储能机制，从而实现更高的工作电压和能量密度。

非对称超级电容器在双电层电容器和法拉第赝电容的共同作用下，可以产生更高的工作电压，获得更大的能量密度。通过优化电极材料的孔隙率、电导率和化学稳定性，以及采用低维纳米结构（如量子点、纳米棒、纳米片）和创新的电极设计（如复合材料、核/壳和异质结构），可以显著提高超级电容器的比电容，并进一步增加其能量密度。因此，非对称超级电容器展现出了优于传统电池和燃料电池的功率密度。

电池型超级电容器得益于电容型电极的存在和电池型电极的先进设计，不仅能够超越传统超级电容器的能量密度，而且能克服传统电池型电极引起的功率密度限制，确保了快速的电化学反应动力学。通过匹配合适的电池型电极和充分利用电容型电极的全部电容，增大电池型超级电容器的工作电压；通过提高电极容量，提升电池型超级电容器的能量密度。根据正、负极，可以将电池型超级电容器分为电池‖电容型超级电容器和电容‖电池型超级电容器两类。电池型正极材料包括碱金属、过渡金属氧化物及其衍生物，负极材料包括传统锂离子电池负极材料。电容型电极材料以碳基材料为主，但也有研究采用赝电容材料以进一步提高装置的能量存储能力。电池型超级电容器为未来的多功能电子设备（如混合动力电动汽车和工业设备）提供了一种具有更高能量密度和功率密度的供电解决方案，为实现高能量/功率密度和长循环寿命的储能器带来新的发展机遇。

未来混合型超级电容器的发展将集中在提高能量密度、优化电极材料和结构、降低成本及拓展应用领域等方面。一方面，开发新型高性能电极材料，如新型碳材料、高容量金属氧化物和先进的导电聚合物，将是提高混合型超级电容器能量密度的关键。另一方面，通过改进电极设计和制造工艺，优化电极材料之间的匹配和界面结构，可以进一步提高混合型超级电容器的整体性能。此外，降低材料和生产成本、提高混合型超级电容器的经济性将有助于其在电动车辆、可再生能源存储、便携式电子设备等领域的广泛应用。

2.7.2　超级电容器电极材料

电极材料的选择对超级电容器的性能起着决定性作用，各种材料根据其特性和潜在应用呈现出不同的优势。双电层电容器通过在导电多孔活性电极上可逆地吸附电解质离子来储能，这一过程在电极/电解质界面形成了一个双电层，没有涉及法拉第反应。双电层电容器通常采用具有高稳定性和大比表面积的碳基材料，如活性炭、碳纳米管和石墨烯等，这使得它们特别适用于需要高功率密度的场合。法拉第赝电容的储能则依赖离子在电极材料表面发生的可逆氧化还原反应，即法拉第反应。法拉第赝电容通常选用过渡金属氧化物和导电聚合物作为电极材料，这些材料有助于提升其能量密度。

1. 碳基材料

碳基材料因其独特的性能优势已广泛应用于双电层电容器中，这主要得益于它们独特的物理化学性质，如大的比表面积、高的电导率、优异的化学稳定性、材料来源广且价格相对低廉等。大比表面积意味着在电极/电解质界面上有更大的空间用于存储电荷，从而提高了电容器的储能能力；高电导率确保在快速充放电过程中电子能够迅速在电极材料内部传输，减小了内阻，从而提高了电容器的功率密度；碳基材料在大多数电解质中表现出优异的化学稳定性，这对于电力系统的能量存储、电动车辆的动力系统等要求长循环寿命的应用尤为重要；与其他高性能电极材料（如金属氧化物和导电聚合物）相比，碳基材料具有成本低廉的优势，在成本敏感的应用中更具吸引力，虽然石墨烯和碳纳米管等先进碳材料的成本相对较高，但生产技术的进步和规模化生产将进一步降低其成本。随着纳米技术和材料科学的进步，未来基于碳的超级电容器将进一步提高性能、拓展应用范围，为能量存储技术的发展带来新的机遇。碳基材料主要包括活性炭、石墨烯和碳纳米管等。

1）活性炭

活性炭在超级电容器领域的应用已经有相当长的历史，其作为一种电极材料，因具有独特的性质和优异的性能而备受青睐。活性炭是一种高度多孔的碳材料，独特的孔隙结构使其拥有极大的比表面积，通常可以达到 $1000\sim3000m^2/g$，甚至更高。超级电容器的储能能力在很大程度上取决于电极材料的比表面积，这一特性使得活性炭成为理想的超级电容器电极材料。

活性炭的制备方法多种多样，包括物理活化和化学活化两大类。物理活化通常涉及将碳原材料在高温下进行碳化，然后在惰性气体或者活化剂（如 CO_2、水蒸气）氛围中进行活化。化学活化则是在碳化前或碳化过程中，加入化学活化剂（如 KOH、$ZnCl_2$），以改变最终产物的孔隙结构和化学性质。不同的制备方法可以产生具有不同孔隙大小、孔隙分布和化学表面性质的活性炭，从而满足不同应用的需求。

活性炭电极材料的性能不仅依赖其比表面积，而且受到孔隙结构的影响。理想的活性炭应具有适当比例的微孔（直径小于 2nm）、中孔（直径为 2～50nm）和大孔（直径大于 50nm），这些孔隙大小直接影响电解质离子的传输效率和电极材料的电化学性能。微孔负责提供大的表面积以增加电荷存储的位点，中孔和大孔则有助于电解质离子的快速传输，从而提高超级电容器的功率密度。

除了孔隙结构，活性炭表面的化学性质也对超级电容器的性能有着重要影响。表面官能团，如羧基、羟基和酚基，可以增强活性炭与电解质之间的相互作用，从而提高超级电容器的电化学稳定性和电荷存储能力。通过后处理方法，如酸洗或碱洗，可以进一步改善活性炭的表面性质，提高超级电容器的性能。

活性炭的一个主要优势是成本相对较低，这使得基于活性炭的超级电容器在商业和工业应用中具有很强的竞争力。然而，活性炭的电导率相对较低，这可能限制了超级电容器的功率密度。为了克服这一限制，研究人员正在探索将活性炭与其他高导电性材料（如碳纳米管、石墨烯）结合的复合材料。这种复合材料不仅保留了活性炭大比表面积的优点，而且能通过其他材料提供的导电网络来提高电极的整体电导率。

活性炭在超级电容器中的应用前景非常广阔。随着对活性炭孔隙结构和表面性质的深入研究，以及新型活性炭材料的开发，基于活性炭的超级电容器将在能量密度、功率密度和循环寿命等方面获得显著改进。此外，通过优化活性炭的制备工艺和后处理方法，可以进一步降低成本，提高其在大规模储能系统中的应用潜力。随着可再生能源的快速发展和对高效、可靠储能技术的需求日益迫切，基于活性炭的超级电容器无疑将扮演越来越重要的角色。

2）碳纳米管

碳纳米管（carbon nanotubes，CNTs）自 1991 年由日本科学家饭岛澄男（Iijima Sumio）发现以来，就因其独特的物理、化学、电学性质而成为材料科学和纳米技术领域的研究热点。碳纳米管是一种由单层石墨烯卷曲成管状结构的碳基纳米材料，根据石墨烯层数，可以分为单壁碳纳米管和多壁碳纳米管。其直径从几纳米到几十纳米不等，长度可以达到几微米甚至更长。这种独特的一维结构赋予了碳纳米管极高的长径比，以及与之相关的优异性能。

碳纳米管在超级电容器中的应用主要得益于其极大的比表面积、优异的电导率和机械强度。碳纳米管的比表面积可以达到几百平方米每克至几千平方米每克，这为电荷的存储提供了充足的空间。同时，碳纳米管的一维纳米结构和碳原子的 sp^2 杂化使其具有接近金属的电导率，这对于提高超级电容器的功率密度至关重要。此外，碳纳米管的机械强度和柔韧性也显著优于许多其他纳米材料，这有助于提高超级电容器的耐用性和循环稳定性。

碳纳米管作为超级电容器电极材料的一个关键优势在于其独特的微观结构和宏观组装能力。通过控制碳纳米管的生长和排列方式，可以构建具有特定孔隙结构的三维网络，这种结构不仅可以增大电极的比表面积，而且可以优化电解质离子在电极内的传输路径，从而提高电荷的存储效率。例如，垂直排列的碳纳米管阵列可以形成开放而有序的孔隙结构，使电解质离子能够在电极表面快速传输，有助于提高超级电容器的充放电速率和功率密度非常有益。

碳纳米管的合成方法主要包括化学气相沉积（CVD）、电弧放电和激光蒸发等。其中，化学气相沉积是目前最常用的制备碳纳米管的方法，它允许通过调节生长条件（如温度、催化剂、气体流速）来精确控制碳纳米管的直径、长度和排列方式。此外，通过引入掺杂元素（如氮、硼）或进行化学修饰，可以进一步调节碳纳米管的电化学性能，以满足特定应用的需求。

尽管碳纳米管在超级电容器中展现出极具吸引力的性能，但其在商业应用中仍面临一些挑战。其中最主要的挑战是成本问题。碳纳米管的制备过程相对复杂，且对原材料和设备的要求较高，这导致其成本远高于传统的活性炭。此外，碳纳米管的分散性和加工性也是制约其大规模应用的因素之一。为了突破这些限制，研究人员正在探索更经济有效的碳纳米管合成方法，以及开发新的复合材料和加工技术。

随着合成技术的进步和成本的降低，预计未来碳纳米管将在超级电容器领域发挥更加重要的作用。特别是在需要高功率密度和长循环寿命的应用场景，如电动汽车、可再生能源存储和便携式电子设备，碳纳米管基超级电容器有望提供一种高效、可靠的能量存储解决方案。此外，通过与其他纳米材料（如石墨烯、金属氧化物）的结合，可以进一步拓展碳纳米管在超级电容器中的应用范围，实现更高的能量密度。

3）石墨烯

石墨烯自 2004 年由安德烈·盖姆和康斯坦丁·诺沃肖洛夫在曼彻斯特大学首次成功分离以来，就因其独特的二维结构和卓越的物理化学性质引起了全球科学界的广泛关注。作为一种单层碳原子以蜂窝状排列形成的二维材料，石墨烯展示出了极大的比表面积（理论值达到 $2630m^2/g$）、优异的电导率、卓越的机械强度及良好的导热性等特性，这些特性使其成为超级电容器电极材料的理想选择。

石墨烯的大比表面积为电荷存储提供了大量的活性位点，这是提高超级电容器能量密度的关键因素之一。在超级电容器中，电荷的存储主要通过电极材料表面与电解质之间的电荷积累实现，因此，电极材料的比表面积越大，其储能能力通常越强。石墨烯不仅提供了大量的电荷存储位点，而且其独特的二维结构有助于电解质离子的快速传输和分布，从而提高了电容器的充放电效率和功率密度。

石墨烯的优异电导率是其在超级电容器中表现出色的另一个原因。石墨烯展现出接近铜的电导率，在电荷传输过程中几乎没有能量损失，这对提高超级电容器的功率密度和减小内阻至关重要。此外，石墨烯的高电导率也使得超级电容器在高负载下仍能保持良好的性能，满足快速充放电的应用需求。

石墨烯的机械强度和柔韧性也是其成为理想电极材料的重要因素。石墨烯是已知强度最高的材料之一，其抗拉强度超过钢铁的 100 倍，这种卓越的力学性能保证了超级电容器在长期循环充放电过程中电极材料的稳定性和耐用性。同时，石墨烯的良好柔韧性使其能够在不同形状和大小的超级电容器中使用，为电容器设计提供了更大的灵活性。

尽管石墨烯具有众多令人期待的优点，但其在超级电容器中的应用仍面临一些挑战。首先，高质量石墨烯的大规模生产仍是一个技术难题，目前的化学气相沉积法和化学剥离法等生产方法要么成本较高，要么难以控制产物质量。其次，石墨烯的层间堆叠倾向会降低其有效比表面积，影响电荷存储性能。因此，开发新的合成方法和改性技术，以提高石墨烯的产量、降低成本并优化其结构，是当前研究的重点。

为了突破这些限制，科学家正在探索化学修饰、功能化处理及与其他材料（如金属氧化物、导电聚合物）复合的策略。这些策略不仅可以提高石墨烯的分散性和稳定性，而且可以进一步调节其电化学性能，使其更适合作为超级电容器电极材料。例如，通过引入含氧官能团或氮掺杂，可以有效提高石墨烯的亲水性和电化学活性，从而增强其与电解质的相互作用，提高电容性能。此外，石墨烯与其他纳米材料的复合不仅可以结合各自的优点，而且可以通过协同效应进一步提升超级电容器的整体性能。

随着石墨烯合成技术的进步和性能优化策略的不断发展，石墨烯在超级电容器领域的应用前景十分广阔。其大比表面积、优异的电导率和卓越的力学性能使其有望在高性能超级电容器的开发中发挥核心作用，特别是在需要快速充放电、高功率输出和长期稳定性的应用场景中，石墨烯基超级电容器将展现出巨大的潜力和优势。可以预见，随着相关技术和材料科学的不断进步，石墨烯将在能量存储领域，尤其是超级电容器的研究与应用中，扮演越来越重要的角色。

影响碳基超级电容器性能的主要因素包括比表面积、孔隙结构、导电性及表面的官能团。在这些因素中，比表面积和孔隙结构尤其关键，直接影响双电层的形成和电化学性能。根据双电层理论，随着碳材料比表面积的增大，其比电容应当提升。然而，实际观察发现，碳材料的比电容并非总是与比表面积成正比，这是因为一些过小的孔隙无法容纳电解质离子，从而导致实际可用比表面积远小于理论值。尽管微孔在增大比表面积方面起着重要作用，但电解质离子难以进入微孔，使得这部分比表面积对比电容的贡献十分有限。因此，有效的孔隙结构对促进电解液扩散和电解质离子迅速转移至关重要。此外，随着比表面积的增大，微孔孔壁上的碳含量减少，进而影响材料的导电性。碳材料的电导率还受到表面官能团的种类和数量、与电解质溶液的浸润性、孔隙的分布和深度、材料位置，以及材料间接触面积等因素的影响。为了提高电导率，研究人员探索了在碳材料中掺杂导电金属颗粒或增加石墨化程度等策略。

2. 过渡金属氧化物

过渡金属氧化物主要通过材料表面或近表面区域的快速可逆的氧化还原反应来实现能量的存储，属于法拉第赝电容电极材料或电池型超级电容器电极材料。由此制备的超级电容器的电荷存储的密度远高于仅靠电荷物理吸附的双电层电容器，通常比容量可以达到碳基材料的 10~100 倍。但过渡金属氧化物通常电导率较低，限制了其在高功率应用中的性能；同时，过渡金属氧化物在氧化还原反应过程中容易发生结构和化学性质的变化，导致电容随时间下降，循环稳定性差。目前通过材料的复合、纳米结构设计及新材料的开发等策略，有望突破这些限制，实现更高性能的超级电容器。随着材料科学和纳米技术的进步，过渡金属氧化物在能量存储领域的应用前景将更加广阔，为满足现代社会对高效、可靠能量存储解决方案的需求提供了新的可能性。

1）钌基氧化物

钌基氧化物，尤其是二氧化钌（RuO_2），因其出色的赝电容性能，成为超级电容器电极材料的重要组成部分。RuO_2 具有高的比电容、优异的电化学稳定性及良好的导电性，这些特性使得它在高性能超级电容器电极材料中占据重要地位。首先，RuO_2 的比电容远高于传统的碳基材料和大多数过渡金属氧化物，这使得基于 RuO_2 的超级电容器具有更高的能量密度。其次，在恒电流充放电过程中，RuO_2 展现出极佳的循环稳定性。最后，RuO_2 的优异导电性保证了电荷的快速传递，从而提高了超级电容器的功率密度。这些优势使得钌基氧化物成为高性能超级电容器领域的研究热点。

钌基氧化物的合成方法多样，包括溶胶-凝胶法、水热/溶剂热法、化学气相沉积法和电化学沉积法等。其中，溶胶-凝胶法因简便、成本较低及易于控制材料微观结构而广泛应用于 RuO_2 的制备。通过调整前驱体的浓度、溶剂类型、反应温度等参数，可以有效控制所合成 RuO_2 的粒径、形貌和比表面积，从而优化其电容性能。水热/溶剂热法是另一种常用的 RuO_2 合成策略，它能在较低的温度下通过溶剂的选择和反应条件的优化，实现 RuO_2 纳米结构的精确控制。电化学沉积法则提供了一种在电极表面直接生长 RuO_2 薄膜的途径，该方法能够精确控制膜的厚度和结构，对于制备高性能超级电容器电极材料具有重要意义。

尽管钌基氧化物展现出优异的电化学性能，但其在超级电容器应用中仍面临一些挑战。首先，RuO_2 较高的成本限制了其在商业化超级电容器中的广泛应用。其次，RuO_2 在某些情况下可能会因长时间工作而发生结构松弛，导致性能下降。为了解决这些问题，研究人员提出了多种性能优化策略。一种策略是与成本较低的碳材料、其他过渡金属氧化物等材料复合，既降低了成本，又通过协同效应提高了电化学性能。例如，RuO_2 与活性炭或石墨烯的复合材料展现出了比 RuO_2 更好的循环稳定性。另一种策略是通过纳米结构设计来优化 RuO_2 的性能，如制备纳米颗粒、一维纳米线、二维纳米片等，这些特殊的纳米结构不仅提供了更多的活性位点，而且有助于电解质离子的快速传输和电荷的迅速收集。此外，通过控制合成条件，引入掺杂元素或构建多孔结构等手段，可以进一步调控 RuO_2 的电化学活性和稳定性，实现超级电容器性能的全面优化。

钌基氧化物因其优异的赝电容性能而在超级电容器电极材料中占有重要地位。通过不断优化合成方法和采取性能优化策略，未来钌基氧化物电极材料有望在成本、性能和稳定性方面取得更大的突破，从而在能量存储领域发挥更加重要的作用。

2）锰基氧化物

锰基氧化物由于其优异的电化学性能、丰富的资源和环境友好性，成为超级电容器领域的研究热点。首先，锰基氧化物具有较高的理论比电容（最高可达 1370F/g），并且由于其丰富的价态变化（Mn^{2+}、Mn^{3+}、Mn^{4+}等），MnO_2 能够通过多电子转移反应进行电荷存储，这使其成为理想的赝电容材料。其次，锰基氧化物在多种电解质中展现出良好的化学稳定性，这对于保证超级电容器的长期工作稳定性至关重要。最后，与其他过渡金属氧化物（如 RuO_2）相比，MnO_2 具有较低的成本，这对于降低超级电容器的整体制造成本具有显著意义。这些优势使得锰基氧化物成为研究和开发高性能、低成本、环境友好型超级电容器的重要材料。

锰基氧化物的合成方法多样，包括化学沉淀法、溶胶-凝胶法、水热/溶剂热法、电化学沉积法等。这些方法可以有效控制 MnO_2 的晶体相、形貌和微观结构，从而优化其电化学性能。例如，化学沉淀法是一种简单高效的合成策略，通过调整反应条件（如 pH、温度、沉淀剂种类）可以控制产物的形貌和晶体结构，从而影响其电化学性能。溶胶-凝胶法则通过有机或无机金属盐前驱体的水解和聚合反应，形成均匀的凝胶，经过干燥和热处理后得到具有多孔结构的氧化物,该方法适合制备具有特定形貌和大比表面积的 MnO_2。水热/溶剂热法能够在封闭系统中通过溶剂的热分解合成出具有大比表面积和多孔结构的 MnO_2,该方法可以有效控制颗粒大小和形状,进而影响材料的离子传输效率和电荷存储能力。电化学沉积法则允许在电极表面直接生长 MnO_2 薄膜,简化了材料的制备过程,并且可以通过调节电化学参数来精细控制薄膜的厚度和结构。

尽管锰基氧化物在超级电容器领域展现出诸多优势,但其应用仍然面临一些挑战。首先,MnO_2 的低电导率限制了其在高功率应用中的性能。其次,MnO_2 在长期充放电过程中可能会发生结构坍塌,导致电容性能下降。为了解决这些问题,研究人员提出了多种性能优化策略。

(1)复合材料开发。通过将 MnO_2 与高导电性材料(如碳纳米管、石墨烯、导电聚合物)复合,可以显著提高复合材料的整体导电性,并提供更多的活性位点,从而增强其赝电容性能。

(2)纳米结构设计。通过控制 MnO_2 的纳米结构(如纳米棒、纳米片、多孔或空心纳米结构),可以提供更多的活性位点,增加电解质与电极材料的接触面积,改善离子传输路径,从而提高其比电容和循环稳定性。

(3)离子掺杂。通过将其他元素(如 K^+、Na^+、Al^{3+})掺杂到 MnO_2 晶格中,可以调节其电子结构和离子扩散能力,进一步提高电化学性能。

随着研究的不断深入,锰基氧化物电极材料在超级电容器领域的应用前景十分广阔。通过不断优化材料的结构和性能,未来锰基氧化物有望在能量存储设备中发挥更加重要的作用,特别是在需要高能量密度和长循环寿命的应用场景中。此外,锰基氧化物的环境友好性和资源丰富性也使其成为实现可持续能源技术的理想选择。

3)导电聚合物

导电聚合物是一类具有导电性能的高分子材料,具有独特的电化学性能和力学性能,在超级电容器电极材料领域占据了重要地位。这些材料包括聚吡咯、聚苯胺、聚噻吩(PTh)等,它们具有可调节的电化学性质、良好的导电性、较高的比电容及优异的环境稳定性,被广泛研究用于超级电容器电极材料。

导电聚合物在超级电容器中的应用主要得益于以下优势:首先,导电聚合物具有较高的比电容,这归功于其独特的电化学活性,能够通过多种机制(如电氧化还原反应、离子吸附/脱附)进行电荷存储。其次,导电聚合物具有良好的电导率,能够有效地传输电子,从而提高超级电容器的功率密度。再次,导电聚合物具有优异的化学稳定性和机械弹性,可以在不同的化学环境和物理状态下保持性能稳定,提高超级电容器的循环寿命。最后,导电聚合物的合成方法灵活多样,可以通过化学或电化学聚合等方式在不同的基底上直接生长,便于制备具有特定结构和功能的复合材料。

导电聚合物的合成方法主要包括化学聚合和电化学聚合两种。化学聚合是指在含有单体和氧化剂的溶液中,通过化学氧化剂引发单体的聚合反应,生成导电聚合物。这种方法可以在室温下进行,操作简单,易于大规模生产,但可能会引入杂质,影响材料的电化学性能。电化学聚合是指通过在电解质溶液中施加电压,利用电流驱动单体在电极表面直接聚合形成薄膜。这种方法可以精确控制薄膜的厚度和形貌，且薄膜纯度高、电化学性能好。除此之外，还可以通过引入掺杂剂、调节聚合条件等方式，调控导电聚合物的电化学性质和结构，以优化其在超级电容器中的性能。同时，导电聚合物的结构可通过化学或电化学方法进行调节，使其具备优异的柔性和可加工性，这为开发可穿戴电子设备和柔性能量存储设备提供了可能。

尽管导电聚合物具有上述优势，但在超级电容器应用中仍然面临一些挑战。首先，导电聚合物在长时间充放电过程中容易发生结构损坏，导致电化学稳定性下降。其次，导电聚合物的导电性虽然较好，但离子扩散速率相对较低，限制了其在高功率应用中的性能。最后，导电聚合物的吸水性可能会影响其在湿度变化大的环境中的性能。为了解决这些问题，研究人员采取了多种性能优化策略。一种策略是构建导电聚合物与其他材料（如碳材料、金属氧化物）的复合结构，既可以提高导电聚合物的结构稳定性，又可以借助其他材料的高电导率和大比表面积提高整体电化学性能。另一种策略是通过纳米结构设计，制备纳米纤维、纳米管、多孔结构等，这些结构有利于缩短离子扩散路径，提高离子传输速率，从而提升超级电容器的功率密度。此外，通过引入功能化掺杂剂或采用交联、支架等方法，可以进一步提高导电聚合物的电化学稳定性和机械弹性，实现超级电容器性能的全面优化。

随着新型导电聚合物的开发、高效的合成方法的探索及复合材料技术的进步，基于导电聚合物的超级电容器有望实现更高的能量密度、更好的循环稳定性和更广泛的应用前景。特别是在新兴的柔性电子和可穿戴设备领域，导电聚合物电极材料凭借其独特的性能和优势，将为这些设备的能量存储提供重要的支持。

4）其他电极材料

在超级电容器领域，MOF 和共价有机框架（COF）作为新兴的多孔材料，因其独特的结构和性能，正在成为电极材料研究的前沿方向。基于其大的比表面积、可调节的孔隙结构及优异的化学稳定性等特点，这些材料展现出了在超级电容器中应用的巨大潜力。

MOF 是由金属离子或金属团簇与有机配体通过强的共价或配位键连接形成的多孔材料。MOF 具有极大的比表面积（可超过 6000m²/g），这为电荷存储提供了大量的活性位点。此外，MOF 的孔隙大小和形状可以通过选择不同的金属中心和有机配体来精确调控，这使得它们在调节离子传输动力学和优化电化学性能方面具有独特优势。COF 则是由有机构建单元通过共价键连接形成的有序多孔网络结构，同样具有大比表面积和可设计的孔隙结构。与 MOF 相比，COF 在某些情况下展现出更好的化学稳定性和热稳定性，这对于提高超级电容器的工作稳定性和循环寿命非常重要。此外，MOF 和 COF 还可以通过引入功能性组分（如导电聚合物、碳材料）来进一步提高其电导率和电化学性能，这些复合材料在超级电容器中展现出了优异的性能。

尽管 MOF 和 COF 展现出了在超级电容器中应用的巨大潜力，但它们仍然面临一些挑战，主要包括低电导率和在某些条件下的稳定性问题。为了克服这些挑战，研究人员采取了多种性能优化策略。一种策略是通过与高电导率材料（如石墨烯、导电聚合物）的复合来提高整体电导率。这种策略不仅可以利用 MOF 或 COF 大比表面积的优势，而且可以借助其他材料的高电导率来提升电荷传输效率。另一种策略是通过后修饰方法（如金属离子掺杂、有机功能化）来提高 MOF 和 COF 的化学稳定性和电化学活性。此外，通过优化合成条件，如控制反应温度、时间、溶剂，也可以有效改善 MOF 和 COF 的微观结构和电化学性能。

2.7.3 超级电容器电解质

超级电容器电解质是决定超级电容器性能的关键组成部分之一，其重要性体现在其对超级电容器的工作电压、电导率、工作温度范围、电容性能及循环稳定性等多个方面的影响。电解质主要分为液态电解质、固态电解质和准固态电解质三大类，其中，液态电解质包括水系电解质、有机液体电解质、离子液体电解质等。电解质的选择对超级电容器的应用范围、能量与功率密度，以及安全性都有着直接的影响。首先，电解质的离子电导率是一个关键指标，它直接影响超级电容器的充放电速率和功率密度。高电导率的电解质有助于减小内阻，从而提高器件的充放电效率。其次，电解质的电化学窗口决定了超级电容器的工作电压范围，电化学窗口宽的电解质能够支持更高的工作电压，从而提高超级电容器的能量密度。再次，电解质的热稳定性和化学稳定性也是重要考量因素，它们直接关系超级电容器的循环寿命和安全性。最后，电解质的选择需要考虑其与电极材料的相容性及其对环境的影响。例如，水系电解质具有成本低廉、环境友好和电导率高等优点，但其电化学窗口较窄，限制了能量密度的提高；有机液体电解质虽然具有较宽的电化学窗口，但成本相对较高，且对环境的影响较大；固态电解质和离子液体电解质提供了更好的安全性和更宽的工作温度范围，但它们的电导率通常低于其他液态电解质。因此，在设计和优化超级电容器时，必须综合考虑电解质的这些关键指标和特性，以实现在特定应用场景下的最佳性能。下面将对典型的电解质体系进行介绍。

1. 水系电解质

水系电解质主要是指以水作为溶剂的电解质体系，包括各种无机盐、酸、碱溶液等。与有机液体电解质或固态电解质相比，水系电解质具有成本低廉、电导率高、环境友好等显著优点。首先，由于水的介电常数高，水系电解质能够更有效地溶解电解质离子，从而提供较高的离子浓度和电导率，这对于提高超级电容器的功率密度具有重要意义。其次，水系电解质的制备和处理过程相对简单，有利于降低生产成本和减弱环境影响。最后，水系电解质的热容大，有助于超级电容器在充放电过程中的热管理，提高其安全性能。

水系电解质的关键指标包括电解质的离子电导率、电化学窗口、pH，以及与电极材料的相容性等。电导率直接影响超级电容器的充放电速率和内部能量损耗，是衡量电解质性能的重要指标之一。电化学窗口决定了超级电容器的最大工作电压，从而影响其能量密度。理想的水系电解质应具有较宽的电化学窗口，以支持更高的工作电压。pH 的控制对于维持电极材料的稳定性和优化电化学性能非常关键。此外，电解质与电极材料的相容性对于保证超级电容器长期稳定运行同样重要，需要通过精细的电解质设计和电极材料选择来实现。

水系电解质的分类和制备方法多种多样，可以根据其化学成分和所需应用进行选择和调配。常见的水系电解质包括硫酸、氯化钠、硝酸钾等无机盐溶液，以及氢氧化钠、氢氧化钾等碱性溶液。这些电解质的制备通常涉及将去离子水与特定比例的化学试剂混合并充分搅拌，以确保电解质离子的均匀分布。在一些高性能应用中，还可能采用特殊的添加剂（如缓冲剂、稳定剂）来优化电解质的稳定性。水系电解质的应用范围广泛，既包括各类便携式电子设备、能量存储系统和电动汽车等传统领域，也逐渐扩展到智能纺织品、柔性可穿戴设备和大规模储能等新兴领域。

尽管水系电解质在超级电容器中展现出了巨大的应用潜力，但仍面临一系列挑战。最主要的挑战之一是其相对较窄的电化学窗口（通常不超过 1.23V），这限制了超级电容器的能量密度。此外，水系电解质在高温或极端环境下的稳定性，可能会影响超级电容器的可靠性和循环寿命。为了解决这些问题，未来的研究方向可能包括开发具有更宽电化学窗口的新型水系电解质、设计更加稳定和兼容的电极/电解质体系，以及探索新的电容机制和材料来提高超级电容器的能量密度和工作稳定性。此外，随着人们对材料影响环境的日益关注，开发更加环境友好的水系电解质制备方法和循环利用策略也将成为未来研究的重要方向。通过这些努力，水系电解质基超级电容器有望在能量存储领域实现更广泛的应用和更大的发展。

2. 有机液体电解质

有机液体电解质在超级电容器领域扮演着至关重要的角色，它们提供了比水系电解质更宽的电化学窗口，这使得超级电容器可以在更高的电压下工作，从而显著提高其能量密度。有机液体电解质通常由有机溶剂和其中溶解的一种或多种电解质盐组成。这类电解质的特点包括良好的化学稳定性、较高的电导率及较宽的工作温度范围。这些特性使得有机液体电解质成为提升超级电容器性能的关键因素之一。然而，与此同时，有机液体电解质也面临着易燃、挥发性强及对环境潜在危害等问题，这些问题限制了它们的应用范围和普及速度。

有机液体电解质的主要优势在于它们能够支持超级电容器在更高的工作电压下运行，进而提高能量密度。此外，与水系电解质相比，有机液体电解质通常具有更好的化学和热稳定性，这使得它们能够在更广泛的温度范围内工作，从极寒到极热的环境都能保持性能稳定。此外，有机液体电解质的电导率较高，可以有效减小内阻，从而提高超级电容器的功率密度。但是，有机液体电解质的成本相对较高，且某些有机溶剂的挥发性和易燃性增加了使用时的安全风险。

有机液体电解质的分类主要基于所使用的有机溶剂类型，常见的有机溶剂包括丙烯腈（ACN）、EC、PC 和二甲基亚砜（DMSO）等。这些溶剂与不同的电解质盐（如 $LiBF_4$、$LiPF_6$）混合后，可以制备出不同性能的有机液体电解质。制备方法通常涉及将精确计量的电解质盐溶解在选定的有机溶剂中，并进行充分搅拌以确保均匀混合。在一些高性能应用中，可能还会加入特定的添加剂以优化电解质的性能，如提高其电导率、改善与电极材料的界面相容性。

有机液体电解质在便携式电子设备、电动汽车、储能系统等领域的应用日益增多，这得益于它们能提供的高能量密度和高功率密度。然而，面对挑战，提高安全性、降低成本及提升环境友好性等仍然是其未来发展的关键。未来的研究方向可能包括开发新型的有机溶剂或电解质盐，以进一步扩大电化学窗口，提高电导率和降低挥发性。同时，探索更环保的有机溶剂，减弱其对环境的影响，是另一个重要的研究方向。此外，研究如何在保持高性能的同时，通过创新的制备工艺和材料选择来降低成本，也将是推动有机液体电解质基超级电容器技术向前发展的关键。随着这些挑战的逐步克服，有机液体电解质基超级电容器有望在更广泛的应用领域实现更大的突破。

3. 离子液体电解质

离子液体电解质在超级电容器领域的应用近年来受到了极大的关注，这主要得益于其独特的物理化学性质。离子液体是一种由离子组成的液态盐，它们在室温或接近室温下就呈现出液态。离子液体电解质的最大特点之一是具有非常宽的电化学窗口，通常可达到4V甚至更高，这使得在其基础上构建的超级电容器能够在更高的电压下工作，从而显著提升能量密度。此外，离子液体还具有良好的热稳定性和化学稳定性，几乎不挥发，且不易燃，这些特性使其成为超级电容器理想的电解质材料。但是，离子液体的黏度相对较高，这可能会影响其离子传导性能，而且成本相对较高，这些都是当前使用离子液体作为超级电容器电解质需要面对的挑战。

离子液体电解质的优势主要体现在其能够为超级电容器提供更高的安全性和稳定性。由于离子液体具有不挥发性和不易燃性，基于离子液体电解质的超级电容器在高温环境下工作时安全风险大大降低。此外，宽广的电化学窗口使超级电容器能够在更高的工作电压下运行，进一步提高了其能量密度。离子液体电解质还展现出对多种电极材料的良好兼容性，这为超级电容器的设计和优化提供了更多的灵活性。但是离子液体电解质的高黏度和相对较低的离子传导性是其主要劣势，这可能会限制超级电容器的充放电速率。

离子液体电解质在超级电容器领域的应用前景广阔，它们不仅可以用于便携式电子设备、电动汽车和储能系统，而且可以在航空航天、军事和其他要求高安全性和稳定性的领域发挥重要作用。面对挑战，未来的发展方向将集中在降低离子液体的黏度、提高其离子传导性及降低成本上。通过化学修饰、设计新型离子液体或开发新的合成方法等策略，可以有效解决这些问题。此外，探索环境友好型离子液体的合成和应用也将是未来研究的重要方向。随着对离子液体电解质性能的不断优化和成本的降低，预期它们将在超级电容器领域发挥更加重要的作用，推动能量存储技术向更高效、更安全、更环保的方向发展。

4. 准固态电解质和固态电解质

准固态电解质和固态电解质在超级电容器领域起着至关重要的作用，它们各自具有独特的物理化学特性，为提高超级电容器的储电性能和安全性提供了新的方案。准固态电解质结合了液态电解质的高离子传导性和固态电解质的机械稳定性与安全性的优点，通常由聚合物基质、液态溶剂和电解质盐组成，聚合物基质在其中起到三维网络结构的作用，能够"锁住"液态溶剂和电解质盐，形成具有高离子传导性的凝胶态。准固态电解质的主要优点是具有良好的柔韧性和可塑性，能够应用于柔性和可穿戴设备中的超级电容器。此外，即使在物理损伤或高温条件下，准固态电解质也不易泄漏，能够显著提高超级电容器的安全性。

与准固态电解质相比，固态电解质完全处于固态形态，可以是聚合物基、无机基或两者的复合材料。固态电解质的主要优势在于其极高的化学稳定性和机械强度，这使得基于固态电解质的超级电容器具有更长的循环寿命和更高的安全性。此外，固态电解质消除了电解质泄漏的风险，进一步提升了超级电容器的安全性。然而，固态电解质的离子电导率通常低于液态电解质或准固态电解质，这是限制其在高性能超级电容器中应用的主要因素。

准固态电解质和固态电解质的制备方法各有特点。准固态电解质的制备通常涉及聚合物溶液与电解质盐的混合，随后通过加热、紫外光固化或化学交联反应使聚合物凝胶化，形成三维网络结构。这一过程中，液态溶剂和电解质盐被有效"锁定"在聚合物网络中，形成准固态电解质。固态电解质的制备则依赖不同的技术路线，例如，聚合物基固态电解质可以通过溶液浇铸法或热压法制备，无机基固态电解质则常通过陶瓷技术如烧结法制备。复合固态电解质的制备则结合聚合物和无机材料的加工技术，以实现高离子电导率和优异的力学性能。

准固态电解质和固态电解质在超级电容器领域的应用和未来发展方向面临着诸多挑战和机遇。准固态电解质的研究将集中在进一步提高其离子电导率和机械稳定性，同时降低成本和提高环境友好性。固态电解质的研究则将致力于提高离子电导率和优化电极/电解质界面的相容性，以实现更高的充放电效率和更长的循环寿命。此外，开发新型材料和创新制备技术也是推动准固态电解质和固态电解质在超级电容器中应用的关键。

2.7.4 超级电容器未来展望

超级电容器作为一种高效的能量存储设备，因其快速充放电能力、高功率密度和长循环寿命等优点，在能量存储领域占有越来越重要的地位。随着科技的进步和社会对可持续能源解决方案的需求增加，超级电容器的未来展望呈现出多方面的发展机遇与挑战。

材料创新是推动超级电容器性能提升的关键因素。目前，研究人员正致力于开发新型电极、电解质及隔膜材料，以实现超级电容器能量密度的大幅提高和成本的降低。在电极材料方面，新型碳材料（如石墨烯、碳纳米管）、导电高分子及过渡金属氧化物和硫化物等被广泛研究，这些材料以独特的物理化学性质，如大比表面积、良好的电化学稳定性和优异的导电性，展现出极大的潜力。在电解质材料方面，固态电解质和准固态电解质以高安全性和良好的热稳定性成为研究的热点。此外，隔膜材料的创新也不容忽视，其目标是减小内阻、提高离子传输效率，从而提升超级电容器的整体性能。

技术进步是实现超级电容器性能飞跃的另一个驱动力。随着纳米技术、界面科学和电化学技术的发展，超级电容器的设计和制造方法不断革新。例如，通过优化电极结构设计，如开发多孔结构或核壳结构，可以有效增大电极与电解质的接触面积，提高电荷存储效率。同时，采用先进的制造技术，如原子层沉积（ALD）和电纺丝技术，能够实现电极材料的精确控制和高度均匀，从而提升超级电容器的性能。此外，通过改进电解质的离子传导机制和优化电极/电解质界面，可以有效减小内阻，提高充放电速率。

应用拓展是超级电容器未来发展的重要方向。随着电动汽车、可再生能源和智能电网等领域的快速发展，对高效、可靠的能量存储系统的需求日益增加。超级电容器以快速响应、高充放电效率和长期稳定性成为这些应用领域的理想选择。在电动汽车中，超级电容器可以作为辅助动力源，提供瞬时高功率输出，延长电池循环寿命。在可再生能源系统中，超级电容器可以用于平衡负载和存储短期能量，提高系统的稳定性和效率。此外，随着物联网和可穿戴设备的发展，对小型化、高性能的能量存储设备的需求也在不断增加，这为超级电容器的应用提供了新的机遇。

尽管超级电容器的未来充满希望，但在实现这些潜力的过程中仍面临着一系列挑战。首先，提高能量密度是超级电容器发展中的核心挑战之一。尽管通过材料和技术创新取得了一定进展，但是超级电容器的能量密度仍然低于电池，限制了其在一些能量密集型应用中的竞争力。其次，成本问题是制约超级电容器广泛应用的一个重要因素。高性能电极材料和先进制造技术的成本较高，需要通过规模化生产和工艺优化来降低成本。最后，超级电容器的回收和环境影响是未来需要重点关注的问题，发展绿色、可持续的超级电容器产品将是行业的共同目标。

超级电容器作为一种高效的能量存储解决方案，其未来发展前景广阔。通过不断的材料创新、技术进步及应用拓展，超级电容器有望在电动汽车、可再生能源、智能电网及物联网等多个领域发挥重要作用。这需要行业共同克服提高能量密度、降低成本及实现可持续发展等挑战。未来，随着研究的深入和技术的进步，超级电容器将在全球能量存储领域扮演越来越重要的角色。

习　题

1. 描述锂离子电池的工作原理。为什么石墨是常用的负极材料？

2. 比较钴酸锂（$LiCoO_2$）和磷酸铁锂（$LiFePO_4$）作为正极材料的电化学性能，包括电压、容量和安全性。

3. 描述电解质在电化学储能系统中的作用，并讨论不同类型电解质的特点。

4. 比较不同电化学储能技术在大规模储能应用中的适用性，如电网储能或电动汽车。

5. 解释超级电容器的工作原理，并描述双电层电容器和法拉第赝电容的区别。

6. 解释为什么超级电容器具有较长的循环寿命，并给出至少两个相关的材料或设计因素。

7. 描述液流电池在充电和放电时电解质溶液的流动方向。

8. 在液流电池放电过程中，正极和负极的电化学反应分别是什么？

储热材料

第 3 章　储 热 材 料

　　储热技术是指通过各种物理或化学手段存储热能，并在需要时释放这些能量的技术。储热材料在能源管理、可再生能源利用及提高能源效率方面起着关键作用。储热技术的工作包括两个过程：第一个过程是热量的存储阶段，即把高峰期多余的动力、工业余热废热等热能通过储热材料存储起来；第二个过程是热量的释放阶段，即在需要时通过储热材料释放出热量，用于采暖、供热等。热量存储和释放阶段循环进行，就可以利用储热材料解决热能在时间和空间上的不协调问题，达到能源高效利用和节能的目的。随着全球对可持续能源解决方案的需求日益增加，储热材料的研究和应用正在迅速发展。储热材料可以分为三大类：相变储热材料、热化学储热材料和显热储热材料，如图 3-1 所示。每种类型的储热材料都有其独特的存储机制和应用场景，涉及建筑、工业、航空航天及空调等领域。

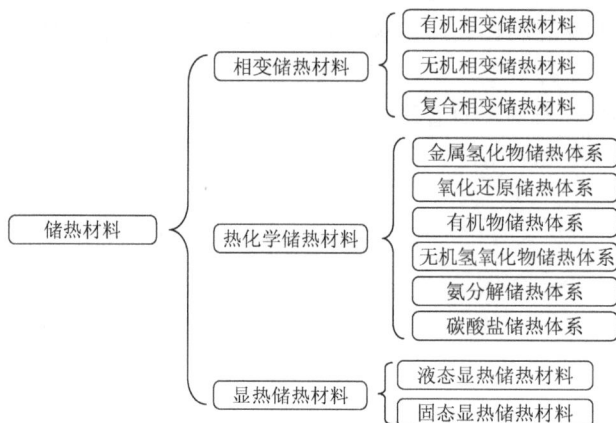

图 3-1　储热材料的常见分类示意图

　　本章将从相变储热材料、热化学储热材料及显热储热材料的分类、各类材料的特点（包括各种储热材料的衡量因子：熔点、相变焓、比热容和能量密度等的对比）、材料的优缺点分析，以及发展前景展望等方面详细地阐述储热材料，并列举一些储热材料的应用实例。

3.1　相 变 储 热

　　相变储热是利用物相变化过程中从环境中吸收热/冷或者向环境中释放出冷/热，从而实现热量的存储和释放的目的，其中的材料称为相变储热材料。

　　按照相变的种类，相变储热材料可以分为固-固相变储热材料、固-液相变储热材料、液-液相变储热材料及液-气相变储热材料等五类。其中,固-液相变储热材料能量密度大、稳定性好、价格低廉,具有广泛的研究和实际应用。本章重点介绍固-液相变储热材料。根据固-液相变储热材料的化学组成,可以将其分为有机相变储热材料、无机相变储热材料和复合相变储热材料。

相变储热材料的储热原理示意图如图 3-2 所示,相变储热材料在熔化之前,以显热的形式存储热量,当温度升高到 T_2 时,相变储热材料开始熔化,以潜热的形式存储热量,T_2 也就是材料的熔点。当材料完全熔化后,相变储热过程完毕,材料以液态的形式存在,并且以显热的形式存储热量。材料的相变储热过程是可逆的,可以反复使用。

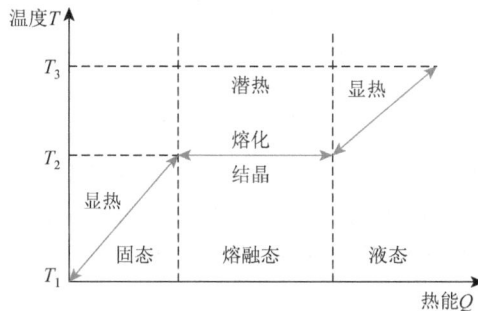

图 3-2 相变储热材料的储热原理示意图

相变温度、相变焓、导热系数、比热容和能量密度是衡量相变储热材料的重要指标。

(1)相变温度(phase change temperature,T_p)。相变温度是指材料在发生相变时的温度,它是材料的特征温度。例如,水在 0℃凝固成冰,那么 0℃就是水的相变温度。相变储热材料的相变温度范围比较广,可以从零下几十摄氏度到上千摄氏度。因此,选择合理的相变温度是储热应用的第一步,应根据不同的应用场景选取具有合适相变温度的相变储热材料。

(2)相变焓(enthalpy of phase transformation,γ)。相变焓是指单位质量的相变储热材料发生相变时所吸收或者释放的热量,它反映了相变储热材料的储热能力,单位是千焦/千克,即 kJ/kg。在存储热量一定的情况下,若材料的相变焓较小,则使用量比较多,会造成体积笨重、庞大;若材料的相变焓较大,则使用量比较少,体系比较紧凑。相变焓通常为几十千焦/千克到几百千焦/千克,有些材料相变焓较高,能达到 300kJ/kg。

(3)导热系数(thermal conductivity,κ)。导热系数是指在稳定的传热条件下,在温差为 1K 的 1m 厚的材料两端,在 1s 内通过 $1m^2$ 面积传递的热量,单位为瓦/(米·开),即 W/(m·K)。导热系数决定了物质传导热量的速率,也就是决定了相变储热材料储热的快慢。导热系数对相变储热材料是非常重要的,直接关系热量存储和释放过程的快慢。导热系数比较高的相变储热材料在储热过程中能够迅速地吸收或者释放热量,缩短储热或者释热的时间。如果相变储热材料的导热系数比较低,则在相同的条件下,相变储热材料需要花费更长的时间去吸收热量或者释放热量,换热慢,导致储热速率慢,储热效率比较低。一般相变储热材料的导热系数为 0.2~1.5W/(m·K)。为了满足不同的换热要求,可以对相变储热材料的导热系数进行相应的调控。

（4）比热容（specific heat capacity，c_p）。比热容是指一定质量的某种物质在温度升高（降低）时吸收（放出）的热量与它的质量和升高（降低）的温度的乘积之比，单位为千焦/（千克·开），即 kJ/(kg·K)，即令 1kg 的物质的温度上升 1K 所需的热量。比热容是衡量材料显热能量密度的一个重要指标，水的比热容是最大的，为 4.18kJ/(kg·K)。其他材料的比热容通常低于水，例如，石蜡的比热容约为 2.5kJ/(kg·K)，氯化钠的比热容为 4.03kJ/(kg·K)。

（5）能量（储热）密度（energy density）。能量密度是指单位质量或者单位体积的材料能够存储或者释放的热量，单位为千焦/千克或者千焦/米^3，即 kJ/kg 或者 kJ/m^3。相变储热材料的能量密度主要取决于相变焓，这是因为相变过程中存储的热量远大于温度变化过程中存储的热量。相变储热材料一般利用反应焓（ΔH_r）表示在反应过程中放出或者吸收的热量，反应焓的计算通常需要实验数据，包括反应前后的温度变化、压力变化等。通过实验测定反应前后系统的内能变化，可以计算得到反应焓。

以上指标是相变储热材料的重要考量指标。这些参数在选择和设计相变储热系统时非常关键，它们直接影响系统的储热效率和经济性。在特定的相变储热体系中应该综合考虑这几个参数，从而达到优化相变储热体系的目的。

3.1.1　有机相变储热材料

有机相变储热材料是以有机物为主的相变储热材料，主要包括高级脂肪酸类相变储热材料、高级脂肪烃类相变储热材料、有机糖醇类相变储热材料和脂类化合物相变储热材料。有机相变材料具有很多优点，如合适的相变温度（熔点）、较高的相变焓、较好的化学稳定性及原料廉价易得，在相变储能中得到广泛的应用。下面针对常见的有机相变储热材料进行介绍。

脂肪酸类（fatty acids）相变储热材料的通式为 $CH_3(CH_2)_{n-2}COOH$，其中，n 是碳原子数。其中，饱和直链脂肪酸的熔点和相变焓随相对分子质量的增大按交替顺序依次升高。常见的脂肪酸有癸酸（CA）、月桂酸（LA）、肉豆蔻酸（MA）、棕榈酸（PA）和硬脂酸（SA）等，其熔点、导热系数、比热容和相变焓如表 3-1 所示。

表 3-1　常见脂肪酸类相变储热材料的性质

脂肪酸类相变储热材料	分子式	熔点/℃	导热系数/[W/(m·K)]	比热容/[kJ/(kg·K)]	相变焓/(kJ/kg)
乙酸	CH_3COOH	16.7	0.159	2.09	184
癸酸	$CH_3(CH_2)_8COOH$	30.1~36	0.153	2.27	150.8~168
月桂酸	$CH_3(CH_2)_{10}COOH$	41~52.5	0.147	2.30	178~217.29
肉豆蔻酸	$CH_3(CH_2)_{12}COOH$	52.32~54.7	0.150	2.33	178.79~182.6
正十五烷酸	$CH_3(CH_2)_{13}COOH$	52.5	0.21	2.34	178
棕榈酸	$CH_3(CH_2)_{14}COOH$	57.8~61	0.162	2.35	185.4/203.4
硬脂酸	$CH_3(CH_2)_{16}COOH$	52~69	0.172	2.38	180.56~211
二十酸	$CH_3(CH_2)_{18}COOH$	76.5	0.24	2.40	227

脂肪酸类相变储热材料的特点如下：第一，脂肪酸类相变储热材料的相变性能优异，具有高热容量，在凝固过程中无过冷现象，具有熔化一致性；第二，脂肪酸类相变储热材料的熔点低，可以用于精确的温度控制和较低温度范围的储热场景；第三，大多数脂肪酸来源于可再生的植物、动物油等，资源丰富并且可生物降解，符合环境友好的要求；第四，脂肪酸类相变储热材料无毒、无腐蚀性，具有良好的热稳定性。因此，脂肪酸类相变储热材料在建筑节能、电子和军工领域具有很高的应用价值。单一脂肪酸相变储热材料的熔点受限，通常将脂肪酸和脂肪醇进行复合，得到相变温度适宜的二元低共熔混合物，或者将多种脂肪酸混合形成多元共熔混合物，如月桂酸-棕榈酸-硬脂酸混合物，其相变温度最大可降低 36.4℃，相变焓为 151.6kJ/kg，拓展了脂肪酸类相变储热材料的应用范围。另外，脂肪酸类相变储热材料的导热系数较低，使得储热系统的热传导缓慢，需要通过纳米技术或者复合材料制备的方式来改善脂肪酸类相变储热材料的热物理性能和循环稳定性。

高级脂肪烃类相变储热材料的通式是 C_nH_{2n+2}，其中，n 是碳原子数，以石蜡（paraffin）为代表，在正常条件下，$C_1 \sim C_4$ 的烷烃为气态，$C_5 \sim C_{17}$ 的烷烃为液态，C_{18} 及以上的烷烃为固态。其中，直链烷烃相变储热材料的熔点随碳原子数的增加而增加，如表 3-2 所示。

表 3-2 常见直链烷烃相变储热材料的性质

直链烷烃相变储热材料	分子式	熔点/℃	导热系数/[W/(m·K)]	比热容/[kJ/(kg·K)]	相变焓/(kJ/kg)
十二烷	$C_{12}H_{26}$	−9.6	0.15	2.27	135
十四烷	$C_{14}H_{30}$	5.5	0.14	2.20	228
十五烷	$C_{15}H_{32}$	10	0.15	2.25	205
十六烷	$C_{16}H_{34}$	16.7	0.15	2.25	237.1
十七烷	$C_{17}H_{36}$	21.7	0.15	2.26	213
十八烷	$C_{18}H_{38}$	25.32~27.7	0.15	2.27	199.7、243.5
十九烷	$C_{19}H_{40}$	32	0.15	2.28	222
二十烷	$C_{20}H_{42}$	36.7	0.15	2.29	246
二十二烷	$C_{22}H_{46}$	44	0.15	2.30	249
二十八烷	$C_{28}H_{58}$	61.6	0.25	2.32	253
固体石蜡	—	32	0.2~0.25	2.50	251
切片石蜡	—	44~46	0.2~0.25	2.50	146
石蜡 RT60	—	55~60	0.2~0.25	2.50	214~232

高级脂肪烃类相变储热材料也具有能量密度高、温度控制容易和环境友好的特点，但是低的导热系数限制了储热系统的换热速率，熔点较低也限制了其在高温区间的应用。

最具有代表性的高级脂肪烃类相变储热材料是石蜡。石蜡是由长链烷烃组成的混合物，通常是从石油中提取的。根据碳链长度，石蜡的熔点可以在 20~70℃ 变化。石蜡族相变储热材料的特点是相变焓较高、化学性质不活泼、熔点范围大、无腐蚀性、熔融蒸气压低，可作为储热材料在储热系统中长期反复利用，适用于大规模的储热场景，通常选取工业级石蜡。石蜡族相变储热材料存在两个主要缺陷：①石蜡的导热系数较低，只有约 0.2W/(m·K)，延缓了其吸收和释放热量的速度；②石蜡在使用过程中易发生泄漏，熔化后石蜡的体积将增加 1/10，该现象会引起基质的收缩和破裂。为解决上述问题，研究人员采用一些高导热系数填料及多孔载体与石蜡进行掺杂。但是，复合材料成分的复杂化会导致经济成本的升高，并且不同材料间存在相容性问题，因此寻找合适的改性物质成为石蜡族相变储热材料工业化应用的关键问题。

有机糖醇类相变储热材料是一类基于多元醇化合物的材料，能够在相变过程中（如固态到液态，或反之）吸收或释放大量热能。这些材料主要适合热能存储和温度控制应用。常见有机糖醇类相变储热材料的性质如表 3-3 所示。

表 3-3 常见有机糖醇类相变储热材料的性质

有机糖醇类相变储热材料	分子式	熔点/℃	导热系数/[W/(m·K)]	比热容/[kJ/(kg·K)]	相变焓/(kJ/kg)
甘油	$C_3H_8O_3$	18	0.29	2.43	190
环己烷	C_6H_{12}	6～12	0.2	2.1	170
赖洛醇	$C_{18}H_{38}O$	23	0.18	2.5	247
萘酚	$C_{10}H_8O$	28～30	0.23	2.4	245

此外，有机相变储热材料还包括脂类化合物相变储热材料、芳香烃/酮类相变储热材料等。

综上所述，有机相变储热材料的优势和特点如下：①有机相变储热材料相变焓较高，基本可以达到 150～250kJ/kg，因此具有比较大的能量密度；②有机相变储热材料熔点范围广，可以满足太阳能中低温热利用、工业余热回收等应用需求；③有机相变储热材料热稳定好，一方面自身不易分解，在热循环过程中熔点、相变焓等特性变化较小，另一方面不易对金属管道产生腐蚀，不存在过冷现象，有利于热量的释放。

但是有机相变储热材料也存在很多不足和缺点：①有机相变储热材料导热系数比较低，通常低于 0.5W/(m·K)，严重影响储热系统交换热量的速率；②有机相变储热材料具有可燃性，遇明火或者高温时会存在一些安全隐患；③有机相变储热材料的价格比较高，在大规模应用中处于劣势。因此，有机相变储热材料具有很大的发展和提升空间。

有机相变储热材料的发展趋势如下：①开发复合相变储热材料，从而提高有机相变储热材料的导热系数。有机相变储热材料导热系数较低，相变过程中传热性能差。在实际应用中，通常采用添加各高导热系数材料（如铜粉、铝粉或石墨），以提高导热系数。例如，在 RT-42 石蜡中添加质量分数为 26.6%的膨胀石墨，可以将原材料的导热系数从 0.2W/(m·K)提高到 16.6W/(m·K)。②针对应用比较广泛的石蜡，开发高纯度的石蜡相变储热材料，发展提纯工艺。石蜡的熔点、相变焓受其组分和纯度影响非常大。传统的石蜡提纯工艺不仅能耗高，而且效率低。需要开发简单的石蜡提纯工艺，使石蜡在非常窄的温度段完全相变，同时大大提升相变焓，这对降低石蜡成本、增加其附加价值、提升有机相变储热材料的能量密度具有重要的意义。

3.1.2 无机相变储热材料

无机相变储热材料主要由无机分子组成，主要分为水合盐相变储热材料、熔盐类相变储热材料、合金类相变储热材料。其中，水合盐类相变储热材料主要应用于低温区域（8～120℃），如光伏、热回收、建筑节能、冷链物流等多种场合。熔盐类相变储热材料、合金类相变储热材料等其他无机相变储热材料主要用于高温区域（120～1000℃）。

水合盐类相变储热材料的分子式为 $A_xB_y \cdot nH_2O$，其中，A_xB_y 表示盐的类型，有碳酸盐、硫酸盐、磷酸盐、硝酸盐及氯化物等，n 为水分子数。

水合盐类相变储热材料的工作原理如下：水合盐在加热过程中会吸收外界热量，使得水合盐中的结晶水分子从晶格中释放，变成自由水分子，这部分自由水分子可以作为溶剂把金属盐离子溶解成液相，这个过程是热量的存储过程。反之，在冷却过程中，金属盐遇到水分子重新结合成水合盐的形式，同时释放热量。具体的反应过程如下：

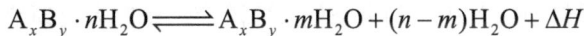

$$A_xB_y \cdot nH_2O \Longrightarrow A_xB_y \cdot mH_2O + (n-m)H_2O + \Delta H$$

式中，n 为水合盐中原有的水分子数；m 为水合盐在反应过程中失去的水分子数；ΔH 为反应过程中的焓变，水合盐的热能存储过程是可逆的。表 3-4 列出了常见水合盐类相变储热材料的性质。

表 3-4　常见水合盐类相变储热材料的性质

水合盐类相变储热材料分子式	熔点/℃	导热系数/[W/(m·K)]	比热容/[kJ/(kg·K)]	相变焓/(kJ/kg)
$CaCl_2 \cdot 6H_2O$	30	0.52	2.5	125
$Na_2SO_4 \cdot 10H_2O$	32.4	0.50	2.1	180
$Ba(OH)_2 \cdot 10H_2O$	78	0.55	2.3	280
$Mg(NO_3)_2 \cdot 6H_2O$	89	0.48	2.0	140
$MgCl_2 \cdot 6H_2O$	117	0.51	2.1	150

水合盐类相变储热材料的主要特点如下：①水合盐类相变储热材料的相变焓和密度比较高，使得其能量密度较大；②与有机相变储热材料相比，水合盐类相变储热材料的导热系数略高，使得储热体系的传热较快；③水合盐类相变储热材料价格比较低廉，是在 100℃下储热应用比较广泛的相变储热材料。

水合盐类相变储热材料的主要缺点如下：①水合盐类相变储热材料易产生相分离。水合盐在储热过程中不断进行加热和冷却循环，经过多次循环后，容器内会分为三层，底层为固态无水颗粒，中间层为水合盐晶体，顶层为液体，发生相分离。这种现象会影响水合盐类相变储热材料的能量密度和循环寿命。②水合盐类相变储热材料存在过冷现象。过冷是指当温度低于凝固点时相变储热材料仍然不结晶的现象。水合盐类相变储热材料中无机盐与水分子重新形成晶核的过程中，需要克服形成微小晶体所产生的较高的表面能。通常水合盐类相变储热材料的过冷温度可达 30～50℃，这导致相变储热效率比较低。③水合盐类相变储热材料的导热性差，导热系数约为 0.5W/(m·K)。④水合盐类相变储热材料存在失水和泄漏问题。水合盐类相变储热材料的结晶水会在相变过程中损失，发生失水现象，这使得水合盐类相变储热材料的组分发生变化，其储热性能会受到严重影响。另外，水合盐类相变储热材料在熔化过程中很容易出现泄漏问题。

水合盐类相变储热材料的发展趋势如下：①针对水合盐类相变储热材料的相分离问题，可通过添加增稠剂、搅拌振动、共晶等策略进行缓解，其中，添加增稠剂是常用方法。添加增稠剂可以抑制水分子的自由移动。纤维素类增稠剂（如 CMC）广泛应用于抑制三水合醋酸钠（$CH_3COONa \cdot 3H_2O$，SAT）的相分离。研究人员通过在醋酸钠的共晶混合物中添加 CMC 和焦磷酸钠（$Na_4P_2O_7$，TSPP）制备了 SAT 复合相变储热材料，结果表明，添加了质量分数为 1%CMC 和质量分数为 0.4%TSPP 的 SAT 复合相变储热材料几乎不发生相分离，并且过冷温度降低了 0.3℃。此外，研究人员在 SAT/Nano-Cu 中加入 CMC 和 NaCl，研发了新型 SAT 复合相变储热材料，结果表明，添加质量分数为 3%的 CMC 可抑制 SAT 的相分离，并且过冷温度从 30℃降低到 5℃以下。②针对过冷现象，通常在水合盐类相变储热材料中加入成核剂来降低过冷温度。研究人员研究了纳米 TiO_2 改性共晶水合盐类相变储热材料（简称 EHS-PCMs）储能过程的热行为，采用 $SrCl_2 \cdot 6H_2O$ 作为辅助成核剂，结果表明，纳米 TiO_2 和 $SrCl_2 \cdot 6H_2O$ 的协同效应可优化 EHS-PCMs 的结晶过程，并将 EHS-PCMs 的过冷温度降低至 1.7℃。③针对水合盐类相变储热材料导热性差的问题，可通过添加高导热系数材料来解决，主要涉及碳材料和金属。例如，采用泡沫铜为支撑基体，以克服 SAT 导热系数低的缺陷，结果表明，泡沫铜/SAT 复合相变储热材料的有效导热系数是 SAT 的 11 倍左右。④对于失水和泄漏问题，通常采用封装策略，通过胶囊封装或者支撑基体将水合盐类相变储热材料封装起来。研究人员合成了一种共晶盐和聚合物凝胶的复合材料，分别以 $Na_2SO_4 \cdot 10H_2O$-$Na_2CO_3 \cdot 10H_2O$ 共晶盐（SCES）为相变储热材料、聚丙烯酸钠（PAAS）为增稠剂和包装材料、硼砂为成核剂、片状石墨为导热增强剂，结果表明，PAAS 形成的交联网络可以解决 SCES 的相分离和泄漏等问题，复合材料的储热性能很稳定，在循环 300 次之后，潜热损失仅为 2.2%。

熔盐类相变储热材料主要利用盐类在高温下的熔化和凝固过程来存储和释放热能。熔盐类相变储热材料和水合盐类相变储热材料非常相似，只是结构中没有结晶水，是成本比较低的储热材料之一。熔盐类相变储热材料主要包括硝酸盐、氯盐、氟盐、碳酸盐和部分碱。熔盐类相变储热材料主要应用于温度比较高的储热体系，熔点通常为 250～1600℃，相变焓为 60～1000kJ/kg。常见熔盐类相变储热材料的性质如表 3-5 所示。

表 3-5　常见熔盐类相变储热材料的性质

熔盐类相变储热材料 分子式	熔点/℃	导热系数 /[W/(m·K)]	比热容 /[kJ/(kg·K)]	相变焓 /(kJ/kg)
$ZnCl_2$	290	0.6	0.84	170
$NaNO_3$	308	0.5	1.33	180
NaOH	318	0.5	1.48	250

熔盐类相变储热材料分子式	熔点/℃	导热系数/[W/(m·K)]	比热容/[kJ/(kg·K)]	相变焓/(kJ/kg)
KNO_3	334	0.5	1.09	170
KOH	360	0.5	1.51	246
$NaCl-KCl$	658~801	0.6~0.8	1.0~1.2	100
$Na_2CO_3-Li_2CO_3$	723~851	0.5~0.9	1.2~1.5	120
$NaF-MgF_2$	988~1010	0.7~1.1	1.0~1.3	140
$MgCl_2$	714	0.6	1.0	170
$LiF-CaF_2$	780	1.0~1.5	1.0~1.5	100~200
$NaCl$	801	0.6	1.54	165
Na_2CO_3	851	0.6	1.36	280
K_2CO_3	891	0.6	1.09	200

熔盐类相变储热材料的优点如下：①熔点高，适用于高温热存储和传输场景；②热稳定性较高，在高温下稳定，不易分解；③导热性较好，相较于有机相变储热材料，熔盐类相变储热材料通常具有更好的导热性。例如，$NaCl-Na_2SO_4$ 应用于太阳能热能存储系统的工作温度为 200~500℃。但是熔盐类相变储热材料还存在一些不足：①腐蚀性，熔盐可能对存储和传输设备的材料产生腐蚀作用；②启动温度高，需要较高的温度才能使熔盐熔化，可能需要额外的能源来加热；③存在成本和安全问题，某些熔盐的成本较高，且在处理和运输过程中可能存在安全风险。熔盐类相变储热材料被广泛应用于太阳能热电站和核能发电中的储热系统。当前研究主要集中在提高其热稳定性和减少腐蚀性。

合金类相变储热材料通过金属或合金在固态和液态之间的转变来存储和释放热能。包括低熔点金属合金，如镓基合金、铋基合金。这些材料具有良好的导热性和相对较高的熔点。常见合金类相变储热材料的性质如表 3-6 所示。

表 3-6　常见合金类相变储热材料的性质

合金类相变储热材料	熔点/℃	导热系数/[W/(m·K)]	比热容/[kJ/(kg·K)]	相变焓/(kJ/kg)
铝	660	237	0.89	397
铜	1085	401	0.38	205
钢	1425	60	0.42~0.5	250
镍	1455	90	0.44	297
钛	1668	22	0.52	300
铝-硅合金	577~1414	100~150	0.7~0.8	397
铁-镍合金	1435~1455	30~90	0.45~0.5	290

合金类相变储热材料	熔点/℃	导热系数 /[W/(m·K)]	比热容 /[kJ/(kg·K)]	相变焓 /(kJ/kg)
铜-锌合金	900~940	120	0.38~0.42	110
镍-铬合金	1400~1450	11	0.44	300
铁-铬-镍合金	1400~1450	15~30	0.50	280

合金类相变储热材料的主要优势如下：①能量密度高，合金类相变储热材料具有较高的能量密度，可以在相变时释放或吸收大量的热量，具有较高的储热效率；②稳定性好，合金类相变储热材料具有较好的稳定性，能够经受多次相变循环而不失效，具有较长的循环寿命；③导热性好，合金类相变储热材料通常具有较好的导热性，可以快速地吸收或释放热量，具有较高的热响应速度；④可调节性好，合金类相变储热材料的相变温度可以通过调整合金成分来控制，可以根据具体需求设计不同相变温度的材料。合金类相变储热材料在太阳能集热、储能系统及建筑节能等高温储热领域有着广泛的应用前景，可以有效提高能源利用效率，减少能源消耗。但是合金类相变储热材料的主要缺点如下：①合金类相变储热材料的生产成本通常较高，特别是含有稀有金属的合金，这可能限制了其大规模商业应用；②某些合金类相变储热材料可能在特定环境下表现出腐蚀性，这需要额外的防护措施，增加了维护成本。

合金类相变储热材料的主要发展方向如下：①进行成本优化，研究开发成本更低的合金类相变储热材料，或改进生产工艺以降低现有合金类相变储热材料的生产成本；②对合金类相变储热材料的性能进行提升，通过材料科学的进步，提高合金类相变储热材料的热稳定性、循环稳定性及导热性；③开发环境友好、智能的合金类相变储热材料，开发更加环境友好的合金类相变储热材料，减弱其在生产和使用过程中对环境的影响，结合智能控制技术，开发高效的储能系统，优化能源使用效率，响应能源消费的实时需求。

3.1.3 复合相变储热材料

复合相变储热材料是由多种物质（可以是不同类型的相变储热材料或相变储热材料与其他辅助材料的混合）组成的储热材料。复合相变储热材料包括有机/聚合物定形复合相变储热材料、有机/无机定形复合相变储热材料和无机/无机定形复合相变储热材料，可以有效地调节其相变温度、导热系数、过冷温度等热物理参数及相分离现象。相比之下，有机/无机定形复合相变储热材料克服了单一无机或有机相变储热材料的缺点，从而提高了应用效果，扩大了应用场景。复合相变储热材料工作时，通过物质的相变（如固态到液态的转变）吸收或释放大量的潜热。这种材料通常结合高潜热的相变储热材料和高导热系数的填充材料（如金属纳米粒子、石墨烯）以提高整体的热响应速度和导热性，克服了单一材料的缺点。复合相变储热材料在提高能量密度和导热性方面显示出优异的性能，适用于多种温度范围的热能存储，研究重点在于材料的界面设计和热响应优化。下面主要介绍有机/无机定形复合相变储热材料、无机/无机定形复合相变储热材料及有机/聚合物定形复合相变储热材料，并介绍复合相变储热材料的制备、工作原理和应用场景。

有机/无机定形复合相变储热材料是一类特殊的相变储热材料，通过将有机相变物质与无机支架材料相结合，以保持相变物质在熔化时的形状稳定性。常见有机/无机定形复合相变储热材料的性质如表 3-7 所示。具体的材料有聚乙烯醇（PVA）/硼酸盐复合材料[以PVA 为有机相变物质、硼酸盐（如硼砂）为无机支架材料]、石蜡/膨胀石墨复合材料（以石蜡为有机相变物质、膨胀石墨为无机支架材料）、脂肪酸/硅藻土复合材料[以脂肪酸（如癸酸、月桂酸）为有机相变物质、硅藻土为无机支架材料]。

表 3-7　常见有机/无机定形复合相变储热材料的性质

有机/无机定形复合相变储热材料	质量分数/%	熔点/℃	导热系数/[W/(m·K)]	比热容/[kJ/(kg·K)]	相变焓/(kJ/kg)
聚乙烯醇/硼酸盐	60/40	58	0.2	1.5	102.5
石蜡/膨胀石墨	70/30	54	0.5	2.5	152.5
脂肪酸/硅藻土	80/20	45	0.3	2.0	182.5

有机/无机定形复合相变储热材料的发展趋势主要集中在提高热稳定性、提升导热性和增加相变焓。研究人员正在探索将更多种类的有机相变物质和无机支架材料组合，以及通过纳米技术和表面改性技术来优化材料性能。

无机/无机定形复合相变储热材料是由两种或多种无机物质组合而成的相变储热材料，它们通过固定化的方式将相变物质包裹在无机基体或框架中。常见无机/无机定形复合相变储热材料的性质如表 3-8 所示。具体的材料有硫酸钠/硅藻土复合材料（以硫酸钠为无机相变物质，以硅藻土为无机支架材料）、氯化钙/膨胀珍珠岩复合材料（以氯化钙为无机相变物质，膨胀珍珠岩为无机支架材料）、硝酸钠/膨胀石墨复合材料（以硝酸钠为无机相变物质，膨胀石墨为无机支架材料）等。

表 3-8　常见无机/无机定形复合相变储热材料的性质

无机/无机定形复合相变储热材料	质量分数/%	熔点/℃	导热系数/[W/(m·K)]	比热容/[kJ/(kg·K)]	相变焓/(kJ/kg)
硫酸钠/硅藻土	70/30	31	152.5	0.6	102.5
氯化钙/膨胀珍珠岩	60/40	52.5	182.5	0.4	152.5
硝酸钠/膨胀石墨	80/20	302.5	202.5	1.0	182.5

无机/无机定形复合相变储热材料的研发趋势集中在提高相变焓、改善热稳定性、增强机械强度和提升导热性方面。研究人员正在探索新的无机材料组合，以及通过纳米技术和表面改性技术优化材料性能。

有机/聚合物定形复合相变储热材料结合了有机相变储热材料和聚合物基体的优势，以实现更好的热稳定性、形状稳定性和机械强度。常见有机/聚合物定形复合相变储热材料的性质如表 3-9 所示。这类材料通常用于温控包装、建筑材料的温度调控及电子设备的热管理。例如，石蜡/高密度聚乙烯（HDPE）复合材料，将石蜡和 HDPE 颗粒混合后挤出或注塑成型；肉豆蔻酸/聚甲基丙烯酸甲酯（PMMA）复合材料，将肉豆蔻酸和 PMMA 溶于适当的溶剂中，通过蒸发溶剂使材料凝固；月桂酸/聚氯乙烯（PVC）复合材料，将月桂酸与 PVC 粉末混合后在高温下热压成型。

表 3-9 常见有机/聚合物定形复合相变储热材料的性质

有机/聚合物定形复合相变储热材料	质量分数/%	熔点/℃	导热系数/[W/(m·K)]	比热容/[kJ/(kg·K)]	相变焓/(kJ/kg)
石蜡/HDPE	70/30	26	0.2	2.3	102
肉豆蔻酸/PMMA	60/40	25	0.25	1.8	152
月桂酸/PVC	80/20	36	0.3	2.1	172

有机/聚合物定形复合相变储热材料的研究和开发正在向着提高热稳定性、增加储热容量、改善导热性和提高循环稳定性的方向发展。这些材料在建筑节能、温控运输包装、电子设备冷却等领域展示出广阔的应用前景。随着技术的进步，这些材料的性能和应用范围将进一步扩展。

综上所述，复合相变储热材料的优势如下：①复合相变储热材料结合了相变储热材料的优势，具有高的能量密度，相变过程中能够吸收和释放大量的热能；②复合相变储热材料改善了传统相变储热材料的热传导缺陷；③复合相变储热材料的可塑性比较强，可以通过不同材料的组合调整其熔点、相变焓等性能，以适应不同的应用需求。但是复合相变储热材料会面临一些挑战：①复合相变储热材料的制备可能涉及更高的成本，尤其是当使用稀有或昂贵的填充材料时；②复合相变储热材料的复杂性会增加，某些复合相变储热材料可能会在长时间循环过程中出现分离或者性能衰减的问题，导致后期维护难度提高。

复合相变储热材料的发展方向如下：①复合材料的进一步优化，通过纳米技术等先进技术提高复合相变储热材料的导热性和热稳定性；②成本效益的提高，研究更经济的制备方法和更便宜的材料替代品，以降低整体成本；③应用领域的拓展，探索复合相变储热材料在建筑、交通、电力等新领域的应用，将复合相变储热材料与智能控制系统集成，实现更有效的能源管理和使用。

3.2 热化学储热

热化学储热（thermochemical storage，TCS）是指利用可逆的化学反应来存储和释放热量，本质上是在吸热过程中，物质将热量通过化学键的形式存储起来；在放热过程中，能量通过生成化学键释放出来。热化学储热的核心是可逆的化学反应，热化学储热的原理示意图如图 3-3 所示。

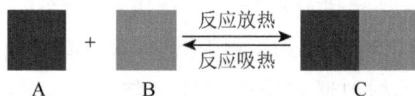

图 3-3 热化学储热的原理示意图

在化学反应中，A 和 B 发生反应，产生 C，这个过程中放出热量，将化学能转化为热能释放出来。反过来，C 在一定条件下分解为 A 和 B，吸收热能，可以将热能存储起来。将 A 和 B 放置在适当的容器中，就能实现热能以化学能形式的存储和运输。当需要使用热能时，A 和 B 再次发生反应，实现化学能转化为热能。对应的反应如下：

$$A + B \Longleftrightarrow C + \Delta H_r$$

式中，A、B、C 分别代表不同的化学物质；ΔH_r 为化学反应的焓变（kJ/mol）。

热化学储热系统的效率通常较高，理论上可以在不损失能量的情况下无限期地存储热能。然而，热化学储热系统的实际效率会受到反应速率、反应器设计、材料稳定性等多种因素的影响。按照反应机理，可以将热化学储热体系分为金属氢化物储热体系、氧化还原储热体系、有机物储热体系、无机氢氧化物储热体系、氨分解储热体系和碳酸盐储热体系等。下面具体分析各种热化学储热体系和其对应的材料特性及发展。

3.2.1　金属氢化物储热体系

金属氢化物储热体系是一种利用金属与氢气反应形成金属氢化物的过程来存储和释放热能的系统。这种体系通常涉及吸氢（放热）和放氢（吸热）的可逆化学反应，将热能存储在金属与氢之间的化学键中：

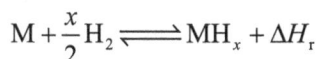

$$M + \frac{x}{2}H_2 \Longleftrightarrow MH_x + \Delta H_r$$

式中，M 为金属、合金或者金属间化合物；ΔH_r 为反应焓，即单位物质在反应过程中释放或吸收的热量。利用 ΔH_r 可以计算材料的理论能量密度 E：

$$E = \frac{x \cdot \Delta H_r}{M_{H_2}}$$

式中，x 为单位质量材料的储氢量；M_{H_2} 为氢气的相对分子质量，2g/mol。

金属氢化物可分为离子型氢化物和金属型氢化物两类。离子型氢化物一般由碱金属或碱土金属与氢元素化合形成，其主要特征是氢原子 H 获得电子变为 H^-。代表性的离子型氢化物有 LiH、MgH_2、CaH_2、$NaAlH_4$ 和 $LiAlH_4$ 等。金属型氢化物一般由过渡金属元素与氢结合形成，具有部分金属的特征。代表性的金属型氢化物有 $LaNi_5H_6$、$TiFeH_2$ 和 $TiMn_{1.5}H_{2.5}$ 等。此外，一些合金基金属氢化物，如镍金属杂化物（NiMH），通过改变金属氢化物的组成，可以使其在特定的温度和压力下工作。例如，$TiFeH_2$、$LaNi_5H_6$ 等适用于低温储热、制冷和热泵等；MgH_2 的反应温度为 300～480℃，反应焓为 2884kJ/kg，$MgNiH_4$ 的反应温度为 253～523℃，反应焓为 1174kJ/kg，这两种氢化物都适用于中温储热。

金属氢化物储热体系具有能量密度高、稳定性好、易于控制、反应速度快、热损失小等优点，是一种极具应用前景的新型储热技术。但是金属氢化物储热体系存在以下缺点：①某些金属氢化物的成本比较高；②某些金属氢化物的反应条件比较苛刻，需要在高温高压环境下才能进行。

金属氢化物储热体系未来发展方向如下：①合理地开发和设计高性能的储氢合金，提高金属能量密度，优化储热系统的设计，提高整体效率和安全性；②加强储热系统的传热传质性能，并通过纳米技术或者表面改性技术提高反应动力学，提高储热效率；③降低材料的制作成本，寻找更经济的材料或合成方法，提高金属氢化物储热系统的竞争能力。

3.2.2 氧化还原储热体系

氧化还原储热体系是一种利用氧化还原反应进行能量转换和存储的系统。这种系统通过在不同的氧化态之间转换材料来存储和释放热能。储热材料发生释氧反应，吸收热量，存储热量；反之，储热材料被空气氧化，释放大量的热量，使存储的热量得以利用。反应如下：

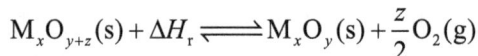

$$M_xO_{y+z}(s) + \Delta H_r \rightleftharpoons M_xO_y(s) + \frac{z}{2}O_2(g)$$

氧化还原储热体系的工作温度范围广泛，从室温到几百摄氏度甚至上千摄氏度，具体取决于所使用的材料和反应类型。根据材料组成，氧化还原储热体系可以分为纯金属氧化物储热材料和混合金属氧化物储热材料。

纯金属氧化物储热材料涉及 BaO_2/BaO、CuO/Cu_2O、Co_3O_4/CoO、Mn_2O_3/Mn_3O_4 和 Fe_2O_3/Fe_3O_4 等氧化还原对。其中，BaO_2/BaO 氧化还原对具有能量密度大、价格合适等优势，是最早应用于热化学储热的材料。但是 BaO_2/BaO 体系的熔化烧结问题导致反应的可逆性比较差。例如，利用 BaO_2 进行储热实验，循环 20 次后材料的性能开始衰退。CuO/Cu_2O 的反应温度约为 1030℃，反应焓为 202kJ/kg。CuO/Cu_2O 氧化还原对具有能量密度大、可逆性高等优点，但是其还原温度较高，而 Cu_2O 熔化温度为 1232℃，在反应器中必须保证温度均匀分布，避免某些点的过度烧结。例如，研究人员报道了一种多储热机理的 CuO/Cu_2O 储热体系，在热化学储热的同时通过 Cu_2O 的熔化进行相变储热。该系统中 29% 的热能由化学反应存储，37% 的热能由显热存储，其余热能由潜热存储。Mn_2O_3/Mn_3O_4 氧化还原对具有成本低、储量大等优点，但是其能量密度在目前所研究的高温储热氧化还原体系中相对较低。Mn_3O_4 与氧气反应的氧化动力学较为缓慢，且由高温引起的颗粒烧结会导致材料形态发生变化。研究人员发现，其循环次数超过 30 次后，Mn_2O_3/Mn_3O_4 体系容易丧失循环能力。研究人员评估了晶粒对该体系循环性能的影响，发现虽然增大初始晶粒有利于提高循环稳定性，但最终都会由高温烧结而丧失再氧化能力。此外，Mn_2O_3/Mn_3O_4 体系表现出较高的热滞后，使得体系热损失较大。

研究人员通常将多种功能性的金属氧化物混合，制备出复合金属氧化物储热材料，从而增强材料的循环稳定性，增强反应动力学，改善能量密度。例如，以金属氧化物作为基底，掺杂其他金属氧化物制备复合材料。研究人员将 Fe_2O_3 掺杂入 Co_3O_4，结果表明，与纯 Co_3O_4 相比，掺杂质量分数约 10% 的铁的材料在微观结构稳定方面有很大的提升，同时降低了材料的制备成本和毒性，但会造成还原反应速度慢、烧结等问题。研究人员在 Mn_2O_3/Mn_3O_4 中掺杂 Fe_2O_3，结果表明，当铁的摩尔分数为 20.8% 时，提高了样品的循环稳定性，还原和再氧化反应之间的温差降低了 113℃，远低于纯 Mn_2O_3/Mn_3O_4 的热滞后温度，但是造成样品的反应温度整体升高。因此，利用混合的方法能够对材料进行一定程度的改善，但是会带来新的问题，混合的金属氧化物体系不能克服所有纯金属氧化物的缺点，需要进一步开发和研究金属氧化物体系。

具有钙钛矿结构（ABO_3，其中，A 和 B 为多价态阳离子）的金属氧化物是新型的氧化还原储热材料。相比于纯金属氧化物，钙钛矿材料具有高的氧迁移率，因此还原氧化动力学更快，可在几秒内在空气中实现再氧化。因此，具有较强氧化能力和结构稳定性的钙钛矿材料是高温储热应用的一类重要材料。但是钙钛矿材料的能量密度偏低。

综上所述，氧化还原储热体系的特点如下：①储热温度范围广，由于金属氧化物体系的反应温度高，可满足高温储热的需求；②能量密度高，氧化还原储热体系可以在较高的温度下存储大量的热能；③热量损失少，氧化还原储热体系可以利用空气作为传热介质和反应物，无须配置换热器和气体存储罐等设备。氧化还原储热体系存在的问题如下：①反应温度高，许多氧化还原反应需要较高的温度才能进行，限制了其应用范围；②某些氧化还原材料（如稀有金属氧化物）成本较高。未来将研究成本更低的氧化还原材料，以促进技术的商业化，并且通过材料改性技术加快氧化还原储热体系的反应速度。

3.2.3　有机物储热体系

有机物储热体系是指使用有机化合物作为储热介质，通过化学反应进行热能的存储和释放的系统。在有机物储热体系中，有机化合物在吸热时发生化学变化（通常为分解或重组），形成新的化学物质。这个变化过程存储了热能。当需要释放热能时，这些化学物质会通过逆反应重新组合或转变，释放出存储的热能。这种反应是可逆的，允许多次的能量存储和释放。例如，利用便宜且丰富的 CH_4 和 CO_2 气体进行反应，对热能进行存储和释放，这个体系也称 CH_4 重整体系，反应如下：

$$CH_4(g) + CO_2(g) + \Delta H_r \rightleftharpoons 2CO(g) + 2H_2(g), \quad \Delta H_r = 247kJ/mol$$

$$CH_4(g) + H_2O(l) + \Delta H_r \rightleftharpoons CO(g) + 3H_2(g), \quad \Delta H_r = 250kJ/mol$$

CH_4 重整体系是一个吸热反应，需要外部热能来维持。在反应过程中，系统从外部环境（如太阳能、工业废热）吸收热能，反应焓为 247kJ/mol 或者 250kJ/mol。热能通过化学反应转化为化学能，存储在生成的气体（CO 和 H_2）中。在需要热能时，可以通过燃烧这些气体或在燃料电池中使用它们来产生电力和热。CH_4 重整体系的优势是能效高，可以将高温废热或太阳能有效转化为高价值的化学能，而且可以利用 CO_2，有助于减少温室气体排放。在未来的研究中应该开发更有效、更耐用的催化剂，以提高反应效率和降低操作成本。

生物质气化也能够存储热能，生物质（如木材、农业废弃物）在高温下与有限的氧气或蒸汽反应，产生一种称为合成气的混合气体，主要成分是 CO 和 H_2。该过程同样可以吸收热能并将其转化为化学能，存储在合成气中。此外，有机化合物（如烃类）在高温下进行裂解，生成较小的分子（如烯烃和氢气）。裂解过程通常是吸热的，可以存储来自高温热源的能量。

3.2.4　无机氢氧化物储热体系

无机氢氧化物储热体系利用无机氢氧化物材料在相变过程中吸收和释放热量的特性

来进行能量的存储和释放。无机氢氧化物储热通常涉及固-液相变，即当无机氢氧化物从固态转变为液态时吸收热量，从而存储能量；反之，在凝固时释放热量。常见的无机氢氧化物主要包括 NaOH、$Mg(OH)_2$、$Ca(OH)_2$ 和 $Al(OH)_3$ 等，主要的反应如下：

$$X(OH)_2(s) + \Delta H_r \rightleftharpoons XO(s) + H_2O(g)$$

$Mg(OH)_2/MgO$ 和 $Ca(OH)_2/CaO$ 储热体系能量密度大，能够在较小的体积内存储大量的热能。例如，$Ca(OH)_2/CaO$ 体系的反应温度为 400～600℃，反应焓为 1411kJ/kg。无机氢氧化物储热材料通常无毒，且不会产生有害气体，适用于高温的热化学储热。但是无机氢氧化物储热体系的缺点如下：①反应物和生成物之间的热传递性能差，使得系统的效率低；②生成物 MgO 和 CaO 的烧结温度较低，会导致材料的空隙减小和晶粒长大，最终影响材料的性质；③某些氢氧化物（如 NaOH）对容器材料有腐蚀性，需要特殊的容器材料。近年来，研究人员一直在探索改善无机氢氧化物的导热系数和减少其腐蚀性的方法。例如，通过纳米复合材料的开发或添加热稳定性更好的添加剂来提升材料性能。具体而言，可以在 $Mg(OH)_2$ 中引入碳纳米管，提高材料的导热性，提高储热效率；也可以通过结构设计策略，在 $Ca(OH)_2/CaO$ 中引入带翅片的塔板，加强系统的传热，改善氢氧化物的受热分解过程。针对材料容易烧结的问题，可以在材料中添加一些颗粒材料。例如，研究人员利用高岭石 $[Al_2(Si_2O_5)(OH)_4]$ 作为黏结剂制备高岭石/CaO 复合球团，在经过多次水化/脱水反应后，仍表现出良好的反应活性和机械稳定性。

3.2.5　氨分解储热体系

氨分解储热体系是一种利用氨气（NH_3）的热化学反应来存储和释放能量的系统。氨分解储热体系通常涉及氨的分解和合成反应。氨分解储热体系通常在高温条件下工作，分解反应需要的温度为 450～600℃。具体的反应如下：

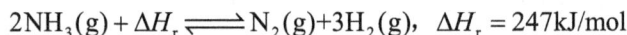

$$2NH_3(g) + \Delta H_r \rightleftharpoons N_2(g) + 3H_2(g), \quad \Delta H_r = 247kJ/mol$$

氨分解储热材料根据催化剂的类型主要分为铁基催化剂、钌基催化剂和镍基催化剂。其优势如下：①氨的化学键具有高的能量密度，氨的分解和合成可以可逆进行，便于循环使用；②氨分解产生的氢气可以作为清洁能源使用。其不足之处如下：①氨分解需要高温，对热源要求较高；②高效催化剂通常价格昂贵，且在高温下的稳定性是一个挑战；③氨具有一定的毒性和腐蚀性，需要特殊的安全措施。

目前研究主要集中在开发更高效、更稳定的催化剂，以及优化氨分解储热系统的整体设计。通过纳米技术、表面改性技术等手段提升催化剂的性能，同时探索低成本的催化剂替代品。此外，科学家也在研究降低氨分解储热系统工作温度的方法，以便更广泛地利用低品位热源。澳大利亚国立大学建立了一套完整的太阳能驱动的氨基化学储热体系。NH_3 白天在太阳能作用下热分解为 H_2 和 N_2，热反应物在逆流热交换器中与液氨交换热能后进入存储器。液氨自动与 H_2 和 N_2 发生相分离，分别存储在容器的底部和顶部。当 N_2 和 H_2 发生合成氨反应时释放出热能，加热工作介质，进而推动涡轮机发电。

3.2.6　碳酸盐储热体系

碳酸盐储热体系是一种利用碳酸盐在高温下的熔融过程进行热能存储和释放的系

统。碳酸盐储热体系主要利用碳酸盐的熔点高、相变焓大的特性，通过其熔化和凝固过程来吸收和释放热能。这些无机氧化物在与 CO_2 反应时，会放出较高的化学反应热，反应如下：

$$MCO_3(s) + \Delta H_r \rightleftharpoons MO(s) + CO_2(g)$$

碳酸盐储热材料的工作温度通常为 400～1000℃，这使得它们非常适合高温工业过程、集中太阳能发电和其他需要高温热源的应用。

其中，碳酸镁分解反应生成 MgO/CO_2，反应温度为 320～431℃，反应焓为 1386kJ/kg。碳酸钙分解反应生成 CaO/CO_2，反应温度为 973～1273℃，反应焓为 1780kJ/kg。碳酸钙价格低廉、来源广泛且无毒害、环境友好，因此是一种具有发展潜力的热化学储热材料。碳酸盐储热材料的优势如下：①碳酸盐储热材料的能量密度大，可以在较小的体积内存储大量的热能，应用在高温工业过程中；②碳酸盐储热材料通常无毒，对环境影响小。其缺点如下：①需要高温达到熔点，可能需要额外的能源支持；②存在材料稳定性问题，在反复熔化和凝固过程中可能会出现材料性能退化；③某些盐酸盐材料如碳酸锂成本较高。最新的研究主要集中在提高碳酸盐储热材料的热稳定性和降低成本上。例如，通过添加稳定剂或开发新的复合材料来提高材料的循环稳定性。研究人员也在探索低成本的碳酸盐替代品，以及提高系统的整体热效率。此外，还有一些研究致力于将碳酸盐储热技术与其他类型的储能技术（如相变储热材料或热电转换）结合，以实现更高效的能量管理。

3.3 显 热 储 热

显热储热技术是一种通过物质的温度变化来存储和释放热能的方法，这种技术利用物质在吸热和放热过程中的显热变化，即在物质的相态保持不变的情况下，通过温度的升高或降低来存储或释放能量，在该过程中只有材料自身温度发生变化。显热储热的原理相对简单，其核心在于选择适当的储热介质，这些介质能够在加热时吸收大量的热能，并在冷却时释放这些热能。储热量与储热材料质量、比热容和储热过程的温度变化这三个参数成正比，其公式如下：

$$Q = c_p \cdot m \cdot \Delta T$$

式中，Q 为储热量；m 为储热材料质量；c_p 为储热材料比热容；ΔT 为温度变化量。显热储热材料在能量存储中的性能主要取决于其比热容、热稳定性和导热系数等物理化学特性。比热容大，单位质量的材料能够存储更多的热能；热稳定性好，材料能够在广泛的温度范围内稳定工作；高导热系数有助于热能的快速传递和均匀分布。显热储热技术的应用非常广泛，从日常生活中的水暖系统到工业过程中的热能回收，再到太阳能和风能等可再生能源的存储，显热储热因技术成熟、操作简便及成本相对较低而被广泛采用。

显热储热材料的特点和优势体现在多个方面。首先，显热储热材料通常具有较高的比热容，意味着它们能够在单位质量下吸收或释放大量的热能，这对于提高储热系统的能量密度具有重要意义。其次，显热储热材料通常具有良好的热稳定性，能够在循环使用过程中保持稳定的物理和化学性质，确保储热系统的长期稳定运行。再次，显热储热材料具有良好的导热性，便于热能的快速传递和均匀分布，从而提高储热系统的热效率。最后，显热储热技术具有广泛的适用性，几乎所有固体、液体和气体材料都可以作为显热储热介质，这为不同应用场景下的热能存储提供了极大的灵活性。

显热储热材料可以根据其物态和应用领域进行分类。在固态显热储热材料中，金属和非金属材料因其高的比热容和良好的导热性而被广泛研究，例如，铜和铝是常用的金属储热材料，岩石和混凝土则是典型的非金属储热材料。液态显热储热材料主要包括水和各种有机液体，其中，水因高的比热容、无毒和易得等特点而成为最常用的液态显热储热介质。此外，气态显热储热材料（如空气和蒸汽）也在某些特定的工业应用中发挥着重要作用。显热储热材料的选择需要综合考虑其热物理性质、成本、环境影响及应用场景的具体需求，以实现高效、经济和可持续的热能存储。下面将重点对液态显热储热材料和固态显热储热材料进行介绍。

3.3.1　液态显热储热材料

液态显热储热技术是一种通过液态物质在加热或冷却过程中的温度变化来存储和释放能量的方法。这一技术的基本原理基于物理学中的显热传递，即物质在不发生相变的情况下，通过其内能的变化实现能量的存储与释放。液态显热储热材料在吸收热能时温度升高，在放出热能时温度降低，这一过程伴随着能量的转移但不涉及物质状态的改变。液态显热储热系统的核心在于选择合适的储热介质，这些介质需具备高的比热容、良好的热稳定性和可靠的化学性质，以便在循环使用过程中保持性能稳定，实现高效的能量存储和释放。

液态显热储热材料按照其化学成分和物理性质可以分为水基液体、有机液体、无机盐溶液及特种液态金属。其中，水因丰富性、非毒性、高比热容及环境友好性而成为最常用的液态显热储热介质；有机液体（如矿物油和某些合成油）由于在较宽的温度范围内具有良好的热稳定性和化学稳定性，也广泛应用于储热系统中；无机盐溶液（如硝酸盐和碳酸盐溶液）具有较高的比热容和良好的导热性，也是重要的液态显热储热介质；特种液态金属（如钠和钾）虽然应用范围相对有限，但在高温热能存储领域展现出独特的优势。

液态显热储热材料的应用领域十分广泛，从住宅和商业建筑的供暖和制冷系统、太阳能热水系统，到工业热能回收和存储，再到大规模的太阳能热发电站，液态显热储热技术均能发挥重要作用。例如，在太阳能热水系统中，水作为储热介质，可以在白天吸收太阳能转换的热能，并在夜间或阴天提供热水使用；在工业领域，通过有机液体或无机盐溶液存储废热，可以有效提高能源利用效率，减少能源消耗；特种液态金属在高温下具有优异性能，被用于高温热能存储系统，为太阳能热发电站等提供稳定的热能供应。

尽管液态显热储热技术具有众多优势，但在实际应用过程中仍面临一系列挑战。首先，提高储热介质的能量密度是一个关键问题，这直接关系到储热系统的体积和成本。目前，研究人员正致力于开发新型高比热容的液态显热储热介质，以提高系统的能量存储效率。其次，储热介质的长期稳定性也是一个挑战，尤其是在高温或极端工作条件下，液态显热储热介质可能会发生化学分解或性能退化，影响系统的可靠性和寿命。最后，对于某些特殊应用，如特种液态金属的高温热能存储，材料的腐蚀性和安全性也是需要重点考虑的问题。

总之，液态显热储热技术以其独特的优势在能源存储和管理领域展现出广阔的应用前景。通过不断的材料研发和技术创新，提高液态显热储热介质的性能，优化储热系统的设计，可以有效克服现有挑战，进一步拓展液态显热储热技术的应用范围。未来，随着对高效能源利用和可持续发展需求的增加，液态显热储热技术将在能源转换、存储与利用领域发挥更加重要的作用。

3.3.2 固态显热储热材料

固态显热储热材料是一类在固态下通过物质的显热变化来存储和释放热能的材料。与液态或气态显热储热材料相比，固态显热储热材料具有稳定的化学和物理性质、易于处理和存储等特点。固态显热储热材料的核心特性是在吸收或释放热能时不发生相变，这意味着能量的存储和释放仅与材料的温度变化有关。固态显热储热技术的优势在于操作简单、稳定性高、材料种类丰富，这使其成为一种广泛应用于能量存储系统中的技术。

固态显热储热材料根据其化学组成和物理性质可以分为金属、陶瓷、石墨及复合材料等。金属材料（如铜、铝）因其优异的导热系数和较好的比热容而被广泛应用于显热储热系统中；陶瓷材料（如氧化铝、氧化锆）以其高的熔点和良好的化学稳定性在高温储热领域展现出独特的优势；石墨和碳基材料因其特殊的微观结构和优异的热物理性能，尤其是在高温下的稳定性，也被广泛研究和应用；复合材料将不同类型的材料结合起来，综合各自的优点，以实现更高效的储热性能。

固态显热储热材料的应用领域十分广泛，涵盖了建筑供暖和制冷、太阳能热能利用、工业废热回收等多个领域。在建筑供暖和制冷领域，固态显热储热材料可以被集成到墙体、地板或天花板中，用于调节室内温度，提高能源效率。例如，在建筑材料中添加固态显热储热材料，可以有效地调节室内温度，减少能源消耗，提升建筑的能效。在太阳能热能利用领域，固态显热储热材料可用于太阳能集热器中，存储白天收集的太阳能热量，用于夜间或阴天的供暖和热水供应。此外，工业废热回收是固态显热储热技术的另一个重要应用领域，通过使用高温稳定的固态显热储热材料，可以有效地回收和利用工业过程中产生的废热，提高能源利用效率。

尽管固态显热储热技术具有诸多优势，但在实际应用中仍面临一系列挑战。首先，提高储热材料的能量密度是当前研究的重点之一，这直接关系到储热系统的体积和成本。为了实现更高的能量密度，需要开发具有更高比热容和优异导热系数的新型固态显热储热材料。其次，材料的长期热稳定性和循环寿命也是关键因素，特别是在高温应用中，材料的热稳定性直接影响系统的可靠性和经济性。最后，固态显热储热系统的设计和集成也面临着挑战，如何有效地集成储热材料到目标系统中，确保热能的高效传递和利用，是实现固态显热储热技术广泛应用的关键。

固态显热储热技术在能源存储和利用领域（特别是在促进可再生能源利用和提高能

源效率方面）展现出巨大的潜力。开发新型高效的固态显热储热材料，优化储热系统的设计和应用，可以有效克服现有挑战，进一步拓展固态显热储热技术的应用范围。

3.4 应 用 实 例

按照温度，热能可以分为低温热能（10～100℃）、中温热能（100～400℃）和高温热能（＞400℃）三个区间。相变储热、热化学储热、显热储热是三种主要的储热技术，各自具有独特的工作原理和工作温度范围、应用领域。表 3-10 列举了三种常见储热技术的性能指标对比。例如，水合盐类相变储热体系主要工作温度为 8～120℃，适合低温热能存储；有机相变储热材料的熔点通常为 150～300℃，适合中温热能存储；熔盐类相变储热材料的工作温度为 120～2000℃，适合高温热能存储；热化学储热体系主要适用于中高温热能存储。这些储热技术在能源存储、管理和利用方面发挥着重要作用，特别是在提高能源效率、促进可再生能源利用等方面展现出巨大的潜力。下面列举一些实用的储热材料的应用案例。

表 3-10 三种常见储热技术的性能指标比较

比较指标	相变储热	热化学储热	显热储热
能量密度/(GW/m³)	较高（0.3～0.5）	高（0.5～3.0）	低（约 0.2）
导热系数	中低	低	低
工作温度	恒定	不恒定	不恒定
稳定性	中高	中等	高
成本	中等	高	低

3.4.1 相变储热实例

相变储热技术利用物质在相变过程中吸收和释放大量热能的特性，为能源存储领域提供了一种高效的解决方案。相变储热材料在达到一定温度时发生相变，相变过程中吸收或释放的热量远大于物质在正常加热或冷却过程中的热交换量。相变储热技术的应用实例广泛，涵盖了建筑能源、太阳能系统、电子产品温控、纺织品等多个领域。

在建筑能源领域，相变储热材料通过调节室内温度，显著提升能源使用效率和居住舒适度。例如，将相变储热材料集成到建筑材料如墙体、地板或天花板中，可以有效地吸收和存储白天过剩的热量，在夜间环境温度下降时释放这些存储的热量，以保持室内温度的稳定。这种方法不仅减少了对传统暖通空调系统的依赖，而且显著降低了能源消耗，特别是在极端气候条件下的建筑物中，通过合理设计和应用，相变储热材料可以极大地提升能源效率和舒适度。

在太阳能系统领域，相变储热材料也展现出其独特的优势。太阳能热水器和太阳能热发电系统常利用相变储热材料进行热能的高效存储，以解决太阳能供应的间歇性问题。

在白天，当太阳辐射充足时，系统通过集热器收集热能并传递给相变储热材料，促使其发生相变并存储大量热能。到了夜间或阴天，当太阳辐射不足以维持系统运行时，之前存储的热能可以被释放出来，保证热水供应或发电系统的连续运行。这种方法显著提高了太阳能系统的整体效率和可靠性，使得太阳能成为一种更加稳定和实用的可再生能源。

此外，相变储热技术还被应用于电子产品温控领域，如计算机处理器冷却系统，利用相变储热材料的相变特性，有效地管理处理器在高负载工作时产生的热量，保持设备在最佳工作温度下运行，从而提高性能和延长循环寿命。

在纺织品领域，将相变储热材料整合到服装材料中，可以制造出能够根据环境温度调节保暖或散热性能的智能服装，为用户提供更加舒适和适宜的穿着体验。

相变储热材料的应用实例不仅体现了其在能源存储和温度控制方面的巨大潜力，而且展现了这项技术如何促进可持续发展和提高生活质量。随着材料科学和工程技术的进步，相变储热技术正不断开拓新的应用领域，通过创新设计和应用，相变储热技术有望在未来为能源和环境问题提供更多高效、可靠的解决方案。

3.4.2 热化学储热实例

热化学储热技术通过化学反应的吸热和放热过程来存储和释放能量，这一技术基于可逆化学反应的热力学特性。在热化学储热系统中，当需要存储热能时，系统利用外界热源驱动一个吸热的化学反应，将热能转化为化学能并存储起来；当需要释放热能时，通过触发一个放热的逆化学反应，之前存储的化学能被转换回热能。热化学储热技术因高能量密度和长时间存储能力而备受关注，尤其适用于需要长期存储大量热能的应用场景，如太阳能热发电和工业废热回收等领域。

在太阳能热发电领域，热化学储热材料能够有效地解决太阳能供应间歇性的问题，提高太阳能发电系统的连续运行能力。例如，通过使用 Na_2SO_4 和 H_2O 反应体系，太阳能集热器在白天收集的太阳热能可以驱动 Na_2SO_4 和 H_2O 的化学反应，产生 $NaHSO_4$ 和热量 Q。这个过程中，大量的热能被转化为化学能并存储。到了夜间或阴天，当太阳能不足以支持发电时，通过向系统中注入热量，触发逆化学反应，$NaHSO_4$ 分解为 Na_2SO_4 和 H_2O，同时释放出之前存储的热能，用于发电。热化学储热系统不仅能够延长太阳能发电站的发电时间，而且能提高整个系统的能源利用效率。

在工业废热回收领域，热化学储热技术同样展现出了巨大的应用潜力。工业生产过程中产生的大量废热往往因温度不稳定或利用效率低而被排放至环境中。热化学储热系统可以将这些废热通过化学反应转化为化学能进行存储。例如，在一些化工厂或钢铁厂，可以利用废热驱动特定的化学反应（如碳酸钙分解为二氧化碳和氧化钙的反应），将热能存储在化学物质中。当工厂需要热能时，再通过逆化学反应释放存储的热能，用于满足加热或其他热能需求，从而实现了能源的回收利用和效率的提高。这不仅有助于降低能源消耗和运营成本，而且对减少环境污染和促进可持续发展具有重要意义。

总之，热化学储热材料通过独特的化学反应机制，为高效的能源存储和利用提供了新的途径。无论是在太阳能利用、工业废热回收，还是在其他需要长期或大规模储热的应用场景中，热化学储热技术都展现出了其不可替代的优势和广阔的发展前景。随着研究的深入和技术的进步，热化学储热材料的应用范围进一步扩大，效率将不断提高，为全球能源转型和可持续发展贡献重要力量。

3.4.3　显热储热实例

显热储热技术是一种利用物质在加热或冷却过程中的温度变化来存储和释放能量的方法。这种技术通过改变材料的温度而不改变其相态（如从固态变为液态或气态）来实现能量的存储和释放。显热储热材料广泛应用于各个领域，如建筑能源管理、工业热能回收、太阳能热能利用和温控系统等，因其简单高效和成本相对较低而受到青睐。

在建筑能源管理领域，显热储热材料可以有效地调节室内温度，提高能源效率。例如，将具有高比热容的材料（如水或特定的固体材料）作为建筑结构的一部分，可以在白天吸收和存储过剩的太阳能热量，在夜间当室外温度下降时释放这些存储的热量，以维持室内的温度稳定。这种被动式的温度调节方法减少了对传统供暖和制冷系统的依赖，从而降低了能源消耗和运营成本。此外，这种方法还有助于提高居住和工作环境的舒适度，减少室内温度的剧烈波动，创造更加温和的室内环境。

在工业领域，显热储热技术被用于回收和再利用废热，特别是在那些产生大量热能的生产过程中，如钢铁制造、水泥生产和化学工业等。通过将废热存储在显热储热材料中，工厂可以在需要时将这些热能重新引入生产过程中，或用于建筑供暖、热水供应等其他用途。这不仅有助于提高能源效率和降低生产成本，而且对环境保护产生了积极影响，减少了对化石燃料的依赖和温室气体的排放。例如，一些工厂利用高温热存储系统，将废热存储在特殊设计的储热罐中，这些储热罐内装有能够在高温下稳定工作的显热储热材料，如熔融盐或特定的固体材料。当需要热能时，存储的热能可以被有效地回收利用，支持工厂的持续运营，实现能源的循环利用。

通过这些应用实例可以看出，显热储热技术在提高能源效率、促进可持续发展方面发挥着重要作用。随着材料科学和工程技术的不断进步，显热储热材料的性能和应用范围将进一步扩大，为各个领域提供更加高效、环保的能源解决方案。

习　　题

1. 根据储热原理，储热技术可以分为哪几类？各种储热技术的优势是什么？

2. 利用某种相变储热材料进行热量存储，初始温度为 25℃，相变温度为 50℃，相变储热材料的质量为 600kg，相变潜热为 247kJ/kg，比热容为 2.3kJ/(kg·K)。材料最终保持在相变温度，求其存储的热量。

3. 分别写出金属氢化物、金属氧化物及氨分解储热体系的反应式。

4. 调研一种储热技术的应用场景，评估其优缺点。

第 4 章 储 光 材 料

光是人类对世界的第一感知，随着现代化的发展，光/光源在各行各业中起着重要作用，例如，在黑夜降临时，马路两边亮起路灯，给人们的出行带来了很大方便；激光从诞生起，以其单色性、方向性、大功率等特点，广泛应用于工业、科研、军事、医疗卫生等方面，对人们的生活具有重大深远的意义。随着材料科学的迅速发展，储光技术及其应用场景也在不断拓展。本章将重点介绍光学数据存储技术及相关的储光材料、国内外发展动向、类别、作用及其应用场景。储光材料作为新型储能材料的一个分支，占据不可忽视的地位，其储能原理与材料晶格陷阱密切相关。储光材料晶格中的陷阱可以吸收高能射线、紫外线、自然光或人工可见光，将光能存储起来，并在需要时通过热刺激、光刺激或者应力刺激将存储的能量进行释放。

4.1 电子俘获材料

"会发电的玻璃"
制作流程

电子俘获储能技术中大部分使用的是电子俘获材料（electron trapping material, ETM）。电子俘获材料的概念在 1988 年由林德梅尔（Lindmayer）提出，它通常是指在宽带隙的化合物中掺杂一种或一种以上的稀土元素形成的材料。这种材料能将受激发后产生的电子或空穴以陷阱的形式较长时间地固定在高能级上，形成对受激能量的客观存留。电子俘获材料按读出光波长可分为紫外储能材料、可见光储能材料、近红外储能材料；按照储能类型可分为长余辉发光储能材料、光激励发光储能材料、应力发光储能材料及玻璃光储能材料。图 4-1 给出了通用的电子俘获材料的储能示意图。材料中具有深浅不同的陷阱能级 T，处于基态的电子吸收入射光子（X 射线、γ 射线、紫外线）离开价带（VB），跃迁到发光中心的激发态或者导带（CB），处于激发态的电子返回基态时会发光，部分电子在移动过程中被深浅不同的陷阱能级（T）捕获。处于陷阱能级（T）

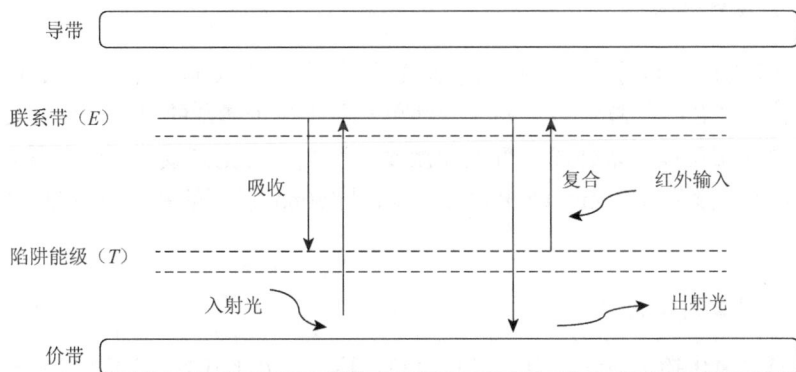

图 4-1　电子俘获材料的储能示意图

以内的电子不能移动和交换，这就好比一个电子陷阱，电子一旦落入其中，就能跃迁至激发态进而返回基态进行复合。只有在一些热扰动或者光、应力刺激下存储的能量才能被释放。基于电子俘获材料这种特有的储能性质，电子俘获储能技术得以提出、研究和发展。

4.1.1　电子俘获材料的分类

1. 稀土掺杂氧化物

稀土掺杂氧化物电子俘获材料是最常见的能量存储媒介，包括微米级的稀土掺杂氧化物（如 $SrAl_2O_4:Eu^{2+},Dy^{3+}$、$CaAl_2O_4:Eu^{2+},Nd^{3+}$）和纳米级的稀土离子掺杂氧化物（如 $ZnGa_2O_4:Cr^{3+}$ 等）。在这些稀土掺杂氧化物中，稀土离子通常作为发光中心或陷阱中心，例如，Eu^{2+} 作为发光中心，Dy^{3+}、Nd^{3+} 作为陷阱中心，Cr^{3+} 既作为发光中心，又作为陷阱中心。陷阱能态由晶体结构中的缺陷决定，最佳陷阱能态取决于陷阱的深度、浓度和种类，陷阱的深度会影响能量存储的持续时间，电子或空穴的释放速率则决定了能量存储的时长。

2. 氟化物玻璃陶瓷

氟化物玻璃陶瓷电子俘获材料的研究是近几年才开始的。作为储光材料时，氟化物玻璃陶瓷材料的分辨率优于粉末材料，但是玻璃陶瓷基质中存在大量的无辐射跃迁，这对光激励发光的效率产生了严重的影响。尽管如此，为了提高分辨率，牺牲一定的效率也是值得的。

3. 碱金属卤化物

典型的碱金属卤化物电子俘获材料包括 $KCl:Eu^{2+}$、$NaCl:Eu^{2+}$、$KBr:Eu^{2+}$ 等。碱金属卤化物可以用紫外线激发，发光在蓝光或者绿光波段。一般认为，碱金属卤化物中电子陷阱是阴离子空位，发光中心是 Eu^{2+}。

4. 碱土金属硫化物

碱土金属硫化物电子俘获材料的研究也较早，较为典型的有 $SrS:Eu^{2+},Sm^{2+}$、$CaS:Eu^{2+},Sm^{2+}$、$CaS:Ce^{3+},Sm^{2+}$ 等，还有一些单一稀土离子掺杂的材料，如 $CaS:Ce^{2+}$。碱土金属硫化物通常可以用紫外线或可见光激发，可发出可见光或者近红外线，响应光谱范围较宽。非稀土掺杂材料 $ZnS:Cu,Pb,Mn$ 可以用 460nm 以下的紫外及可见光激发，可发出可见光。

5. 碱土金属氟卤化物

碱土金属氟卤化物是另一种电子俘获材料，其固定分子式为 MFX（M = Ba，Sr，Ca；X = Cl，Br），Eu^{2+} 或者 Sm^{2+} 是其主要掺杂稀土离子。其中，典型代表是 $BaFCl:Eu^{2+}$，这种材料用 X 射线激发，能够发射波长 400～700nm 的光。碱土金属氟卤化物与碱金属卤化物有相似之处，电子陷阱也是阴离子空位，发光中心是掺杂的稀土离子。

4.1.2　常见电子俘获材料

长余辉发光储能材料是最常见的一类储能材料，它可以吸收高能射线、紫外线、自然光或人工可见光并将光能存储起来，在光源撤去以后较长时间内，以可见光的形式将能量缓慢释放，余辉时间可以达到几十小时。陷阱捕获是长余辉发光储能材料能量存储的基本过程。这种能量存储是通过在导带/价带附近的受激载流子的空间定位来完成的。当被捕获的电子或空穴被释放到导带/价带中时，它可以自由移动，直到被一个复合中心或另一个陷阱捕获。导带/价带模型（长余辉发光储能材料能量存储模型）是基于导带或价带参与载流子的激发、捕获、迁移和释放过程，涉及的陷阱应该在导带/价带附近。主要的导带/价带模型包括空穴模型、电子模型和能带工程模型。

1. 空穴模型

Matsuzawa 等（1996）解释了 $SrAl_2O_4:Eu^{2+},Dy^{3+}$ 长余辉发光储能材料的长余辉发光起源，如图 4-2 所示。他们假设空穴是主要载流子。这与 Abbruscato（1971）基于 $SrAl_2O_4:Eu^{2+}$ 的早期测试结果一致，即价带中的空穴是主要载流子，也显示了微弱的长余辉发光。Matsuzawa 等（1996）进行了光电导率测量，以支持空穴模型。他们进一步指出，当一个 Eu^{2+} 被一个光子激发时，可能有一个空穴逃到价带，从而留下一个 Eu^+。这个空穴被三价稀土离子（如 Dy^{3+}）捕获，从而产生 Dy^{4+}，长时间的照射形成更多的空穴陷阱。经过一段时间，热能使被困的空穴再次释放到价带中，又与一个 Eu^+ 结合，使其恢复到 Eu^{2+} 基态，并发射一个光子。

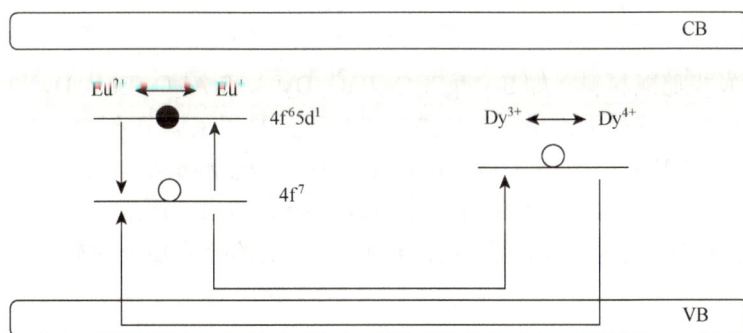

$$\text{图 4-2 空穴模型}$$

图 4-2　空穴模型

2. 电子模型

Aitasalo 等（2001）提出电子直接从价带被激发到未指明来源的陷阱能级，如图 4-3 所示。由于导带位于高于氧空位陷阱能级的更高位置，热辅助跃迁到导带。他们假设电子和空穴复合时释放的能量通过能量转移（ET）直接传递到 Eu^+。电子模型也成功地阐述了三价稀土离子共掺杂的影响。但他们不认为铝酸盐或硅酸盐化合物中存在

Eu^+和Dy^{4+}，指出Eu^{2+}还原为Eu^+和Dy^{3+}氧化为Dy^{4+}会导致化学性质不稳定，认为三价稀土离子共掺杂占据了二价碱土位点，导致由电荷补偿引起的自发缺陷的产生，增加了晶格缺陷的数量。

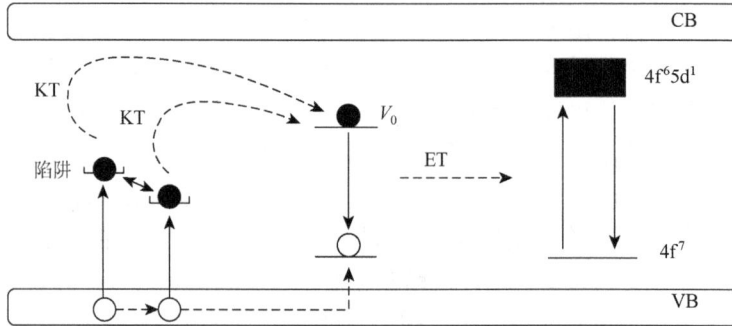

图 4-3　电子模型

KT 指热漂白作用

　　Aitasalo 等（2003）也认为Eu^+在铝酸盐中不稳定，认为三价稀土离子（如Dy^{3+}）共掺杂可能只是作为陷阱中心，通过电荷补偿来调节陷阱分布。他们还制备了$SrAl_2O_4:Eu^{2+}$，Sm^{3+}长余辉发光储能材料，发现在$SrAl_2O_4:Eu^{2+}$中加入Sm^{3+}不利于长余辉发光时间。其原因是在$N_2 + H_2$气氛中，Sm^{3+}容易还原为Sm^{2+}，从而导致捕获中心浓度较低。在此基础上，他们给出了$CaAl_2O_4:Eu^{2+}$, Nd^{3+}和$ZrO_2:Ti$的长余辉发光机理。在研究中，他们使用电子顺磁共振（electron paramagnetic resonance，EPR）、X 射线光电子能谱（X-ray photoelectron spectroscopy，XPS）和 X 射线吸收近边结构（X-ray absorption near edge structure，XANES）技术，除了激发过程中的Eu^{2+}-Eu^{3+}氧化，在余辉发光实验中，没有观察到共掺杂离子的价态变化。事实上，与单掺杂的长余辉发光储能材料相比，一些共掺杂的长余辉发光储能材料（如$Sr_2MgSi_2O_7:Eu^{2+}$, Dy^{3+}、$SrAl_2O_4:Eu^{2+}$, Dy^{3+}）显示出更长的长余辉发光时间。这是因为引入的共掺杂剂Dy^{3+}只是用来调节陷阱的参数。

　　Clabau 等（2005）也不接受 Matsuzawa 模型。EPR 测量结果显示，Eu^{2+}浓度在激发过程中降低，在激发结束时升高并一直持续到余辉结束。因此，他们认为Eu^{2+}参与了载流子的捕获和释放的过程，这与 Aitasalo 等提出的捕获后能量转移到Eu^{2+}的观点相矛盾。

3. 能带工程模型

　　Dorenbos（2003）赞同 Aitasalo 模型，并且进一步指出载流子从Eu^{2+}基态被激发是基于错误的推理，如图 4-4 所示。镧系元素的能级是局域的，而非局域的价带和导带的布洛赫（Bloch）态相反。Dorenbos（2005）修正了电子模型，并提出了一个新模型。在这个模型中，电子是从Eu^{2+}激发的，而且是从价带激发的。由于 5d 水平的Eu^{2+}位于非常接近导带的位置，这些激发电子很容易被释放到导带中，随后被三价稀土离子捕获。修正的电子模型也不能解释Eu^{2+}单掺杂$SrAl_2O_4$材料中能量存储的过程。

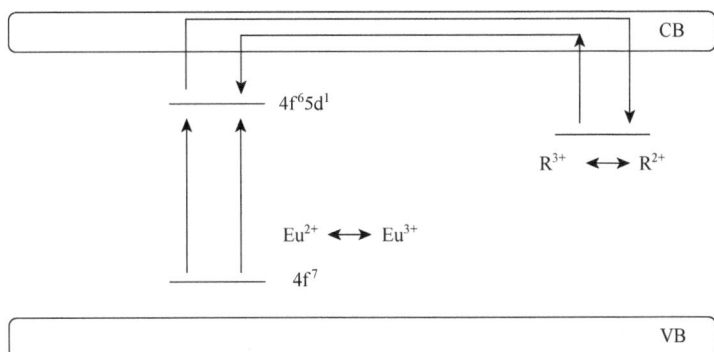

图 4-4 Dorenbos 推测的余辉机理模型及稀土离子的能级位置

R^{2+}-二价稀土离子；R^{3+}-三价稀土离子

此外，研究人员还提出了定量计算不同长余辉发光储能材料中镧系元素能级的策略和方法，涉及的因素包括 R^{2+} 和 R^{3+} 的能级位置、基质材料的带隙能量和相对于基质材料的导带底部的陷阱能级位置。漫反射光谱给出了宿主带隙能量的数据，而陷阱能级的位置可以通过测量热释光曲线来评估。一个大问题是如何得到 R^{2+} 和 R^{3+} 的能级位置。Rodrigues 等（2012）以 $CdSiO_3$:Tb^{3+} 为例，提供了估算基质材料结构中 R^{2+} 和 R^{3+} 的基态能级和激发态能级能量的途径。他们指出，之前的经验模型是基于 R^{2+} 和 R^{3+} 的基态能量趋势与宿主无关的假设。一旦发现一个宿主中 R^{3+} 的基态能量，根据 Dorenbos 模型很容易获得任何其他 R^{3+} 的这些数据，如图 4-4 所示。例如，尽管由实验数据只能确定 $CdSiO_3$ 中 Eu^{3+}($^7F_0$)的能量，但是可以通过 $CdSiO_3$ 中 Eu^{3+}($^7F_0$)基态能量的相应数据来估计 Tb^{3+}($^7F_6$)基态能量的位置。此外，为了准确判断余辉激发带，需要考虑不同激发峰的跃迁强度。例如，当 $4f^75d^1$ 能级位于宿主导带时，Tb^{3+} 激发光谱中的 $4f^8$-$4f^75d^1$（或 $4f^1$-$5d^1$）跃迁强度受到抑制。

4.1.3 光激励发光储能材料

光激励发光储能材料是另一类储能材料。光激励发光储能材料受到辐照时，产生的自由电子和空穴被俘获在晶体内部的陷阱中，从而将辐照能量存储起来，当受到光激励时（波长比辐照光长），这些电子和空穴脱离陷阱而复合发光。存储起来的能量也会受到陷阱深度的影响，随着陷阱深度的增加，存储起来的能量会稳定存在。如果材料中的陷阱较深（一般应大于 1.0eV），存储于深陷阱中的能量（电子）在室温下很难越过能垒，脱离陷阱束缚的概率非常低，该电子在室温下被"冻结"，称为亚稳态，深陷阱中的电子将长时间保留，如图 4-5 所示。只有在较大的刺激作用下，例如，在光刺激（光子能量大于 1.0eV）或高温（一般为 200℃以上）热激活下，电子才能获得足够的能量并脱离陷阱，进而与发光中心复合并发射出光子，存储的能量被读出。

光激励发光储能材料的光写入（激发）、读出（激励）的波长范围受基质的晶格影响，也受杂质原子、晶格缺陷及一些破坏晶格周期性的界面等的影响。易受晶体场环境影响的 Eu^{2+}、Ce^{3+}、Bi^{3+}、Mn^{2+} 等离子受晶体场环境改变，发光颜色会发生较大的变化。甚至

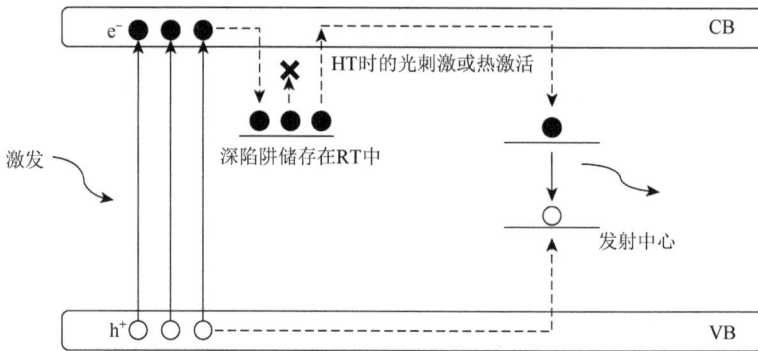

图 4-5　光激励发光储能材料能级图

RT-室温（room temperature）；HT-高温（high temperature）

通过改变晶体场环境，Eu^{2+} 的发光颜色能从紫外变化到近红外区域。杂质原子能够改变储能材料的内部结构，只要破坏晶格的周期性，就可能在禁带中形成一些定域能级，不同的定域能级直接影响了不同的激发、激励及激励发光。电子俘获材料正是选择了不同的基质及掺杂，才获得了不同波段的存取能力。电子俘获材料的读写波长由材料中的发光中心决定，根据不同的陷阱中心，532nm、808nm、980nm、1532nm 光源是光激励发光储能材料常用的读出媒介。光激励发光储能材料在 19 世纪被发现，之后的很长一段时间一直被忽略。1985 年，Takahashi 等在单晶 $BaFX:Eu^{2+}$（X = Cl，Br，I）荧光材料中实现了光激励发光储能。X 射线辐照 $BaFX:Eu^{2+}$ 单晶体，材料内部产生 $F(F^-)$ 和 $F(X^-)$（F 代表弗伦克尔缺陷）能够俘获电子，充当储能中心。当相应的荧光材料被 F 中心吸收带的可见光照射时，存储的电子被释放，实现储能材料的能量释放。在硫化物体系中也能实现光激励发光储能。1996 年，Nanto 利用 X 射线诱导 $CaS:Eu^{2+}, Sm^{3+}$ 和 $SrS:Eu^{2+}, Sm^{3+}$ 电子-空穴分离，Eu^{2+} 和 Sm^{3+} 分别作为空穴陷阱中心和电子陷阱中心，分别俘获空穴和电子并变成 Eu^{3+} 和 Sm^{2+}，实现储能；在长波长光（通常是可见光或者近红外线）刺激下表现出短波长发光，实现能量释放。20 世纪末，卤化物和硫化物等光激励发光储能材料能够满足当时计算机处理器的数据存储密度、数据传输速度和数据擦写速度等要求，也被应用于计算机逻辑运算设计中。例如，Jutamulia 等（1990）以 $(Ca_xSr_{1-x})S:Eu^{2+}, Ce^{3+}, Sm^{3+}$ 为记录介质设计了一种可进行并行布尔逻辑运算的空间光调制器，以紫外线为写入光束、近红外线为读出光束，在 2×2 平面矩阵中验证了 16 种并行布尔逻辑运算操作，如图 4-6 所示，并实现了 $40000bit/cm^2$ 的存储密度，该存储密度为当时的较大值。尽管硫化物作为光激励发光储能材料的研究和应用时间较长，但是随着光激励发光储能材料的不断推进，硫化物和卤化物的应用缺陷逐渐暴露：①硫化物和卤化物的陷阱容纳有限，能量存储率较低；②物理化学稳定性较差，在空气中易潮解，不利于长时间应用存储；③在制备过程中会产生许多有害气体，危害环境。因此，硫化物和卤化物光激励发光储能材料逐渐被氧化物等光激励发光储能材料所替代。相比于硫化物和卤化物，氧化物具有更大的禁带宽度，可以被紫外线填充，免去高能 X 射线填充的麻烦，尤其避免了 X 射线对人体的危害。

(a) 光激励发光储能16种并行布尔逻辑运算操作

(b) 紫外线激发能量存储和近红外线激励
能量读出的电子能级模型图

(c) 光激励发光储能的能量读出成像图

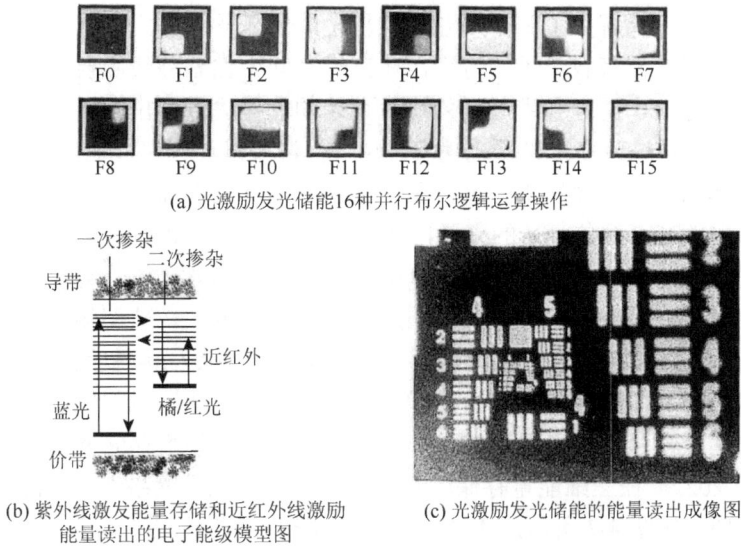

图 4-6 利用$(Ca_xSr_{1-x})S:Eu^{2+}, Ce^{3+}, Sm^{3+}$实现的光储能示意图

1. 玻璃多维光储能材料

传统荧光粉体电子俘获储能技术实现了二维平面的能量存储。随着数字化时代的发展，人类正进入一个大数据纪元，二维的电子俘获储能技术显然不能满足目前的能量存储要求。据估算，现有的数据载体已不足以存储人类产生数据的一半，如果该现状得不到改善，那么大量数据将会被强制舍弃。玻璃作为目前常用的材料，具有透光性好、化学稳定性好、力学性能好等特点，在人类生活的各个方面及医疗和国家安全等尖端科技领域有着广泛的应用，不仅能当作存储介质，而且其能量存储容量是其他能量存储材料的上千倍甚至上万倍，并且能量存储寿命较长。其原理是利用激光诱导玻璃内部的结构与性能发生变化，特别是在玻璃内部形成大量的陷阱中心，俘获载流子进行能量存储。其中，微晶玻璃有着很高的电击穿强度和中等的介电常数，是一类十分有潜力的储能电介质材料。利用玻璃直接进行光学存储，可以降低成本，而且存储寿命可达几千年甚至超亿年。

玻璃多维光储能技术最早源自 2003 年的一篇文章。基于纳米光栅的多维度光存储器件结构尺寸小、透过率高、层数与存储容量不受限，因此存储容量高、写入阈值低、寿命长，系统整体成本低、非常稳定。

Lin 等（2020）发展了一种新型光存储介质——光激励发光透明玻璃陶瓷，实现三维的能量存储，其制备方式简便、制作成本低廉、在长时间的激光辐照下性能稳定，这得益于全无机玻璃陶瓷优异的物理化学稳定性。该透明玻璃陶瓷是由前驱体玻璃通过低温热处理的方式，诱导非晶玻璃网络结构弛豫，在玻璃基体中形成了高度有序分布的$LiGa_5O_8:Mn^{2+}$纳米晶；由于在刚性玻璃网络中玻璃基体的黏性比较大，阻止离子自发迁移，离子迁移率低。$LiGa_5O_8:Mn^{2+}$在较低热处理温度下自限性生长，玻璃基体中形成了具有合适深度和浓度的陷阱中心（如氧空位）作为储能中心，因此材料呈现了优良的光激励发光性能，在某种程度上解决了离子尺寸与性能之间的矛盾。利用该具有光激励发光特性的透明玻璃陶瓷能够俘获载流子的特性，在三维空间中由紫外线照射实现了图像、二进制代码等信息的存储，同时利用近红外线对存储的能量进行读出，实现了能量在三维空间的存储及释放。通过改变激光器光功率，调节光激励发光强度，引入光信息强度维度，可赋予不同基体像素点不同的灰度值，在能量强度维度上实现了能量的读出。Mn^{2+}作为易受晶体场环境改变而颜色可变的离子，通过调控Mn^{2+}周围的配位环境，在颜色维度上实现光激励发光颜色宽幅可调。利用玻璃陶瓷基体作为储能介质，解决了传统光激励发光储能材料中纳米尺度分辨率难以突破的瓶颈问题，并首次在玻璃陶瓷中实现了三维光储能，有望在该领域使储能容量大幅提升。该材料兼具强度/光频复用、安全性高、鲁棒性等多种优势，在成本和储能方面呈现了其他储光材料无法比拟的优势，据估算，这种光存储介质的理论光存储密度可达$130Tbit/cm^3$，比传统的硬盘存储密度提升了数千倍。

　　Tang 等（2022）在三维能量存储的基础上，在玻璃三维网络中引入温度维度，实现了四维能量存储，如图 4-7 所示，其中，能量存储陷阱可以由蓝光写入。具体地，他们在玻璃三维网络中通过低温退火结晶的方式析出$LiGa_5O_8:Cr^{3+}$纳米晶，在纳米晶形成过程中形成了能够俘获电子的陷阱，该陷阱可以俘获紫外或者蓝光激发的电子并进行储能，写入的能量信息可以通过加热或者 980nm 激光读出，实现三维信息的写入与读出。由于连续陷阱深度的储能中心能够在不同的温度下捕获电子并将能量存储起来，他们利用对应温度的陷阱俘获电子的深度不同来写入昆明理工大学的校徽信息。在室温下，陷阱将电子存储起来，实现校徽信息能量的存储。随着温度升高到 323K，首先出现"1954"的图案，这对应温度陷阱内的电子释放，使存储的信息逐渐被读出；继续升高温度，校徽内部的楼房、昆明理工大学中英文字样即外圈的轮廓线逐渐呈现；温度升高到 487K，昆明理工大学校徽图案完整呈现。基于玻璃体内电子的存储及释放，在温度维度上实现了信息的写入及读出，将三维空间提升到了四维空间，提高了能量存储率。

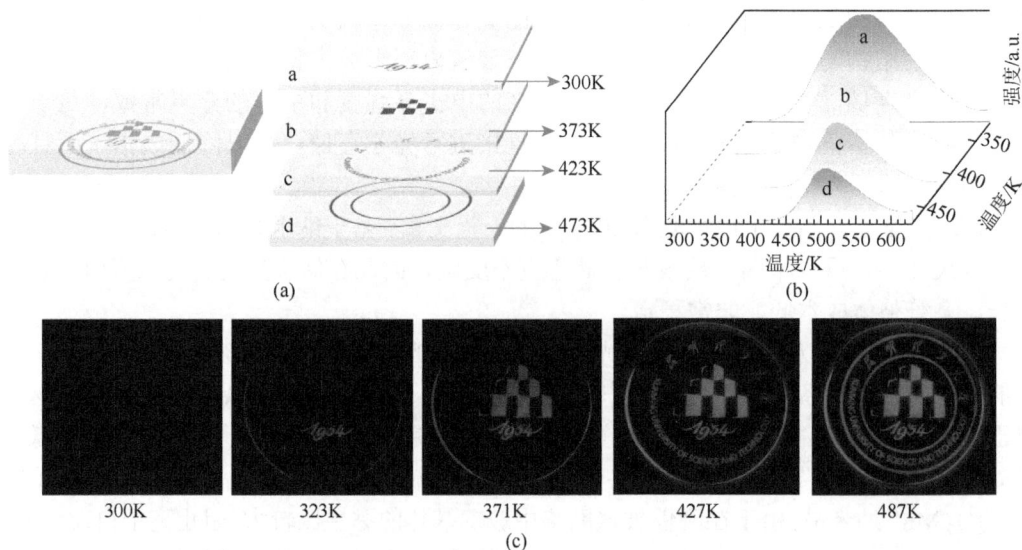

(a)　　　　　　　　　　　　　　　(b)

(c)

图 4-7　四维信息读出示意图

2. 应力发光储能材料

应力发光储能材料是一类新型储能材料，它在受到机械作用（如摩擦、加压、冲击、破碎及超声等作用）时将存储的能量释放出来。应力发光储能材料最早记录于 1605 年，自 1999 年 ZnS:Cu、$SrAl_2O_4$:Eu^{2+}问世以来，具有储能作用的应力发光储能材料得到快速发展。其作用机理是材料内部的陷阱在高能光源辐照下俘获自由移动的电子或空穴，能量被存储；在机械作用下，被俘获的电子或者空穴从陷阱中释放，存储的能量以光能的形式释放。

应力发光储能材料的储能功能与陷阱息息相关。Xu 等（1999）发现 $SrAl_2O_4$:Eu^{2+}的应力发光强度随着负载的重复加载而降低，在室温下用 365nm 紫外线持续照射后，应力发光强度完全恢复，证实了其能量存储具有可重复性。同时，Xu 等利用霍尔效应证实了 $SrAl_2O_4$:Eu^{2+}存储能量的陷阱由空穴组成，陷阱深度（$0.2eV \pm 0.1eV$）高于室温热激活能量（0.03eV），不能在室温下释放。在 KCl 晶体中，形变产生的激活能能够激活 0.1eV 陷阱存储的电子并将其释放到导带。根据以上结果，Xu 等提出了 $SrAl_2O_4$:Eu^{2+}应力发光储能材料的能量存储及释放的动力学模型，如图 4-8 所示。$SrAl_2O_4$:Eu^{2+}具有可被紫外线辐照填充的陷阱，在变形过程中，位错运动激发了充满的陷阱将空穴释放到价带。空穴激发 Eu^+生成 Eu^{2+}，通过发射约 520nm 的绿光返回基态，实现了存储能量的读出过程。其后的很长时间，人们一直沿用该机理解释陷阱控制的应力发光储能材料。

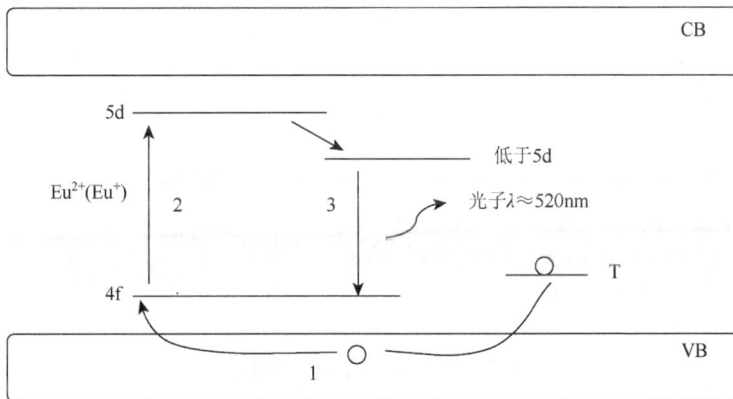

图 4-8　$SrAl_2O_4$:Eu^{2+}应力发光储能材料的能量存储及释放的动力学模型

T-Traps；1-陷阱将空穴释放到价带；2-空穴激发 Eu^+生成 Eu^{2+}；3-通过发射约 520nm 的绿光返回基态，实现了存储能量的读出过程

应力发光可以描述机械作用于固体过程中发光的现象，这种机械作用通过捕获的载流子释放先前存储在材料晶格中的能量，可以通过应力发光发射记录压力事件的发生。Petit 等（2019）利用 $BaSi_2O_2N_2$:Eu^{2+}应力发光储能材料研究储能磷光体中电荷载流子跃迁，提出以应力记忆某些事件的发生。机械作用不仅可以导致直接发光，而且可以导致储能的陷阱重新排布。机械力和载流子脱陷之间的特定相互作用导致应力记忆特性。将记忆功能添加到应力发光储能材料中，在压力事件发生后 72h 内进行位置和强度的光学读出，

这主要与应力发光储能材料中陷阱的深度有关。陷阱的深度也会影响应力发光储能材料的储能时间。Liu 等（2022）在 $Sr_4Al_{14}O_{25}:Eu^{2+}$ 应力发光储能材料中也提出了类似的模型。共掺杂调节陷阱的深度，使材料存储的能量能够长期稳定存在，并提出了利用应力记忆效应记录齿轮工作过程中的应力分布情况。

Zhuang 等（2020）结合应力记忆模型，提出了新的应力发光储能机理，如图 4-9 所示。他们提出了在深陷阱的应力发光储能材料中力诱导的载流子存储效应，认为当发光中心的载流子被力激发时，在深陷阱中被捕获，并在室温下存储在材料中。存储的载流子在高温热刺激下可以释放，产生发射。该效应使应力发光（mechanoluminescence，ML）材料能够在施加机械刺激时存储能量，并在需要时将其转化为光子，从而使无需连续电子电源的新型应力记录设备的开发成为可能。力诱导的载流子存储效应使部分机械能转化为与深陷阱相关的状态。该效应也要求材料具有显著的应力发光特性，其载流子跃迁与深陷阱长余辉发光储能材料在光照下的载流子存储相似，不同之处在于该效应可能源于摩擦电场的激发。

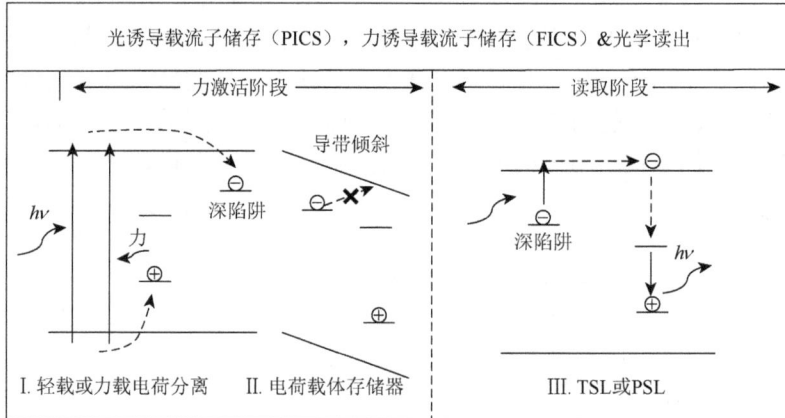

图 4-9　应力发光储能机理

TSL-热激励发光（thermal stimulation luminescence）；PSL-光激励发光（photo stimulated luminescence）

4.2　光致变色材料

光致变色材料近年来已经成为先进光子应用的重要材料，包括荧光成像、智能透镜、光学数据存储和防伪。目前在这一领域的研究重点是开发新型光致变色体系，以实现光致变色行为的灵活可控，从而满足不同光学数据存储应用的需求。

4.2.1　光致变色材料的研究进展

光致变色材料是指在高能射线或光辐照下具有颜色变化功能的一类材料。光致变色分为可逆光致变色与不可逆光致变色，本节主要针对可逆光致变色材料进行介绍。可逆光致变色是指材料在 A 状态吸收特定的光而转变为 B 状态，B 状态可在某一特定波长光辐照或者热刺激下重新恢复到 A 状态，如式（4-1）所示。简单来说，可逆光致变色材料是某种化合物在两种颜色状态下发生可逆变化,而且这个变化是由外界的光刺激或者热刺激引起的。这一现象于 1958 年被希尔舍格(Hirsherg)提出,并且用 photochromism 来命名。在光致变色的过程中,材料的电子结构或者吸收光谱会发生相应的变化。人们熟知的就是感光照相所使用的卤化银体系。在卤化银体系中,分散在玻璃或胶片中的银微晶在紫外线照射下呈黑色,在黑暗条件下加热又可以发生逆转,呈无色。将光致变色色素加入透明树脂中,制成光致变色材料,可用于太阳眼镜及变色眼镜的制备。此外,光致变色材料在光电技术和光控装置中具有较大的应用前景,例如,将光致变色材料与聚合物复合,所制备的复合材料可用于光信息存储、光调控、光开关、光学器件、光信息基因、修饰基因芯片等领域。中国研究人员利用新型热稳定螺恶嗪类材料,在可擦除高密度光学信息存储研究方面取得新进展。这类新型光致变色材料用于光学信息存储表现出良好的稳定性,且可进行信息的反复写入和擦除,可应用于基于双光子技术的多层三维高密度光学信息存储领域,表现出广阔的应用前景。

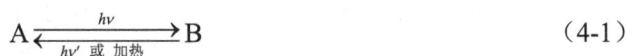

$$A \underset{hv' \text{ 或 加热}}{\overset{hv}{\rightleftharpoons}} B \tag{4-1}$$

4.2.2 常见光致变色材料

1. 无机光致变色材料

无机光致变色材料主要包括过渡金属氧化物、金属卤化物、金属硫化物和一些稀土配合物。其中,过渡金属氧化物主要有 WO_3、MoO_3、TiO_2 等。大多数过渡金属氧化物具有较好的稳定性及较低的生产成本,但其光致变色效率相对较低。金属卤化物也具有一定的光致变色性能。另外,当在萤石(CaF_2)中掺杂 La、Gd、Ce 或 Tb 时,在特定波长和强度光的辐照下也会发生显色反应,这可归因于稀土杂质光谱的特征吸收反应。无机材料的光致变色现象主要基于晶格中的电子跃迁和电荷转移反应。材料中的一些杂质离子能够俘获缺陷中由于光照而释放出的一些电子,这是电子转移的条件。无机材料光致变色机理分为以下两种。

(1)色心模型。色心模型由德布·纳特(Deb Nath)提出。材料在 X 射线或者特定波段光的辐照下,由于基质中存在氧空位缺陷,基质价带的电子(被视为载流子)在向导带跃迁的过程中被陷阱捕获,形成色心,使材料产生光致变色现象。在加热或者更长波段光的辐照下,陷阱中的载流子被释放,与空穴进行复合,材料存储的光学信息被读出,光致变色现象消失。适用于色心模型的无机材料有 $BaMgSiO_4$、Sr_2SnO_4、$Na_{0.5}Bi_{2.5}Nb_2O_9$ 铁电陶瓷和 $K_{0.5}Na_{0.5}NbO_3$ 压电陶瓷等半导体化合物。

(2)电子-离子双注入模型。电子-离子双注入模型由福格南(Faughnan)提出,通常用于解释钨酸盐或钼酸盐等过渡金属氧化物及具有不同离子价态的化合物的光致变色现象。例如,WO_3 在受到光辐照时,价带中的电子被激发到导带,产生电子-空穴对,电子被 W^{6+} 捕获,生成 W^{5+},同时,WO_3 表面吸附的 H_2O 被空穴分解成 H^+,H^+ 与被还原的氧化物结合成钨青铜 H_xWO_3,W^{5+} 与 W^{6+} 间发生电荷转移,WO_3 表现出光致变色现象。

2. 有机光致变色材料

有机光致变色材料具有可修饰性高、色泽丰富、光响应快等优点，大多数可以在200～400nm的紫外线下活化。对于某些有机物，该范围可以扩展到430nm，但可见光可以激活的有机物很少。颜色变化机制主要包括双键的断裂和组合（键的均裂、键的分裂）、异构体形成（质子转移互变异构化、顺反异构化）、酸诱导变色、周环反应、氧化还原反应等。在有机光致变色材料中引入特定的官能团进行改性可以实现不同的研究目的。目前典型的有机光致变色材料是二芳基乙烯、俘精酸酐、螺吡喃（SP）、螺噁嗪、偶氮苯、席夫碱。二芳基乙烯和俘精酸酐均表现出不可逆的光致变色性质，并且可用于光学存储器、开放式光学开关装置和显示器；通过光照产生的螺吡喃、萘并吡喃、螺噁嗪和偶氮苯的异构体表现出热力学不稳定性。

有机光致变色材料种类很多，根据化学过程及其反应机理，大致可以分为以下几类：①化学键异裂型，如螺吡喃、螺噁嗪；②化学键均裂型，如六苯基双咪唑；③电子转移互变异构型，如水杨缩醛苯胺类；④顺反异构型，如芳香族偶氮类；⑤氧化还原反应型，如稠环芳香化合物、噻嗪类；⑥周环反应型，如俘精酸酐类、芳基乙烯类。

3. 有机-无机杂化变色材料

近些年，研究人员在有机、无机光致变色材料的基础上对多组分光敏体系展开了研究，主要通过将光色团嵌入一些功能单体或者低聚体中来完成。有机光致变色材料具有光响应快、光电效率高的优点，但是存在热稳定性和耐疲劳性低的缺点。无机光致变色材料具有热稳定性及耐疲劳性高等优点，缺点是光电效率低。基于有机和无机光致变色材料的优缺点，通过有机-无机复合制备多功能光致变色材料成为研究热点。有关研究表明，有机-无机杂化变色材料在某种程度上不仅能保持其各组分的特性，而且能通过它们之间的协同作用产生新的性能，为制备新型光致变色材料提供了可能。

4.2.3　光致变色材料的光储能应用

随着现代互联网和智能设备的快速发展，对数据存储容量的要求越来越高，在追求高速、大容量、低能耗及低成本的数据存储背景下，光存储取代磁存储是大势所趋。与传统的固态存储及磁存储技术相比，光存储技术具有成本低、能耗低、存储寿命长、非接触式读写、可重写等优点。利用其光致变色特性，可将光致变色材料制备成光存储器件，对光学信息进行反复地写入及读出，保证信息长期稳定存储。为了获得高性能的光存储器件，需要合理地进行实验设计，例如，正常情况下，材料的激发波长和吸收带之间的重叠会导致二次吸收，在光致变色效应的信息存储过程中，将对记录的信息造成严重的干扰和破坏。因此，需要选择合适的激发波长，从而独立控制荧光强度的"开""关"及读出过程。上转换发光过程涉及两个或多个能量较低的光子通过多次能量传递产生一个能量较高的光子，是一种理想的数据无损读出方法。例如，Bai等（2020）报道的$PbWO_4:Yb^{3+},Er^{3+}$可采用980nm的近红外线作为激发波长，以此避免二次吸收，并且上转换发光强度在980nm的长时间激发下仅有轻微的损耗，有利于实现光学数据的无损读出。采用532nm或808nm激光作为写入光源，当改变光照时间和功率时，可以获得不同程度的荧光强度调控性能，由此获得光学信息的多级存储能力。此外，532nm 和 808nm 激光均可以作为信息写入和擦除光源，可在 980nm 激光的激发下读出无损光学信息，并且以上过程具有可逆性，能够实现可逆双模式光学信息的写入和擦除；通过在陶瓷表面制作光致变色点阵，在 980nm 激光的激发下呈现上转换发光点阵，其发光的强和弱可对应 "0" "1" 二进制码，用于光学信息的逐位读写。以上研究如图 4-10 所示，该工作为提高光存储的容量和密度提供了有效参考。

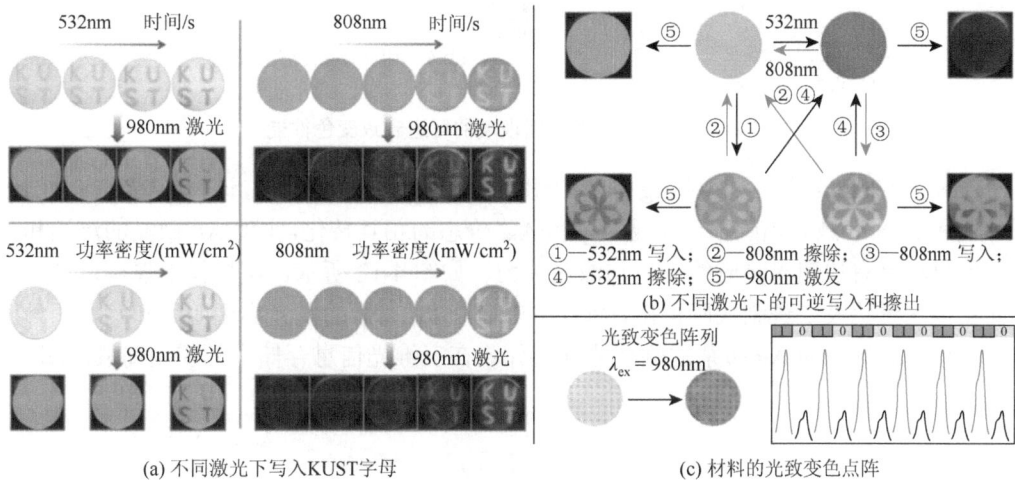

图 4-10　$PbWO_4:Yb^{3+}$, Er^{3+} 的可逆光致变色性能

二维存储方式受自身原因和技术的限制，存储容量难以进一步提高，从维度入手来提高存储容量是一种有效的解决方案。玻璃基存储介质具备物理化学稳定性好、信噪比高、可进行三维存储等优点。二维存储技术更新迭代为三维存储甚至多维存储是大势所趋。在玻璃基三维空间内，根据数据的写入和读出参量建立独立的坐标系，可以将多重信息记录到存储介质的同一物理空间上，并实现信息的逐步读出，充分利用光的频率、灰阶、折射率、随时间动态变化等参量的变化及光子与物质的相互作用，存储容量相较于二维存储增加几个数量级。玻璃基三维光存储器件具有光响应速度快、存储容量大、可长期存储等特点，有望成为下一代存储技术的关键材料。例如，Hu 等（2021）采用高温固相熔融法制备了钨磷酸盐玻璃，Sb^{3+} 的掺杂可明显提高玻璃体系的透光度。在 473nm 激光的辐照下，所制备的磷钨酸盐玻璃表现出光致变色效应，在钨磷酸盐玻璃中写入包含信息的图案或二维码，基于光致变色效应对荧光强度的调控，写入的信息可通过 365nm 紫外线进行读出，可逆的光致变色性能保证了该玻璃介质可重复使用，如图 4-11（a）～（c）所示。无机光致变色玻璃具有优异的透明性，可以实现三维光学数据存储，利用 473nm 激光将三维光学信息写入玻璃的各层中进行分级识别，并且写入的三维光学数据可以通过热刺激进行擦除，如图 4-11（d）所示。

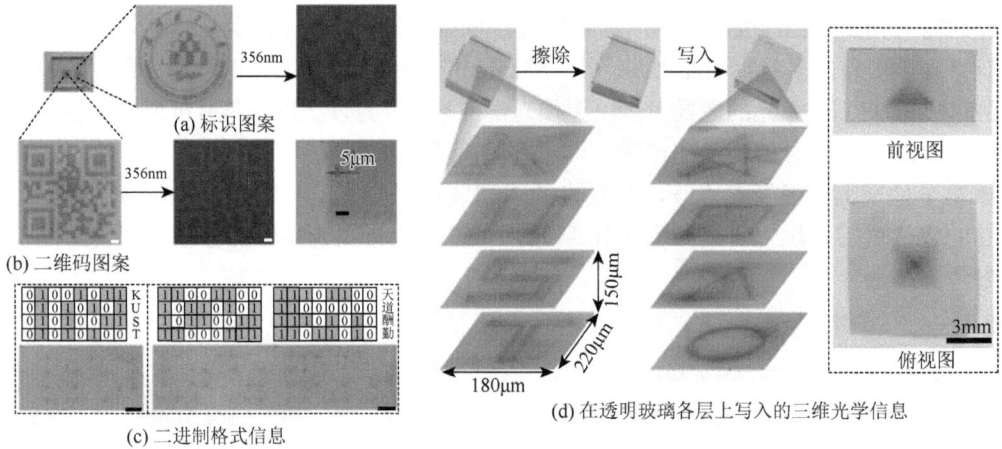

(a) 标识图案

(b) 二维码图案

(c) 二进制格式信息

(d) 在透明玻璃各层上写入的三维光学信息

图 4-11　Ag 掺杂硼酸锗玻璃的可逆光致变色性能

Zhao 等（2022）制备了一种 Ag 掺杂的硼酸锗可逆光致变色玻璃，该材料体系在 365nm 紫外线和 690nm 激光辐照下可实现 Ag^+ 和 Ag^0 价态的相互转化，实现 Ag 微晶的沉淀和分解，使材料具有快速光响应的变色与漂白能力。如图 4-12 所示，该材料不仅可以在二维平面实现二维码及二进制代码读出，而且可以借助 Eu 离子的发光实现明场和暗场两种模式下的读出。这表明 Ag 掺杂的硼酸锗玻璃体系在三维光信息存储中的应用前景广阔。

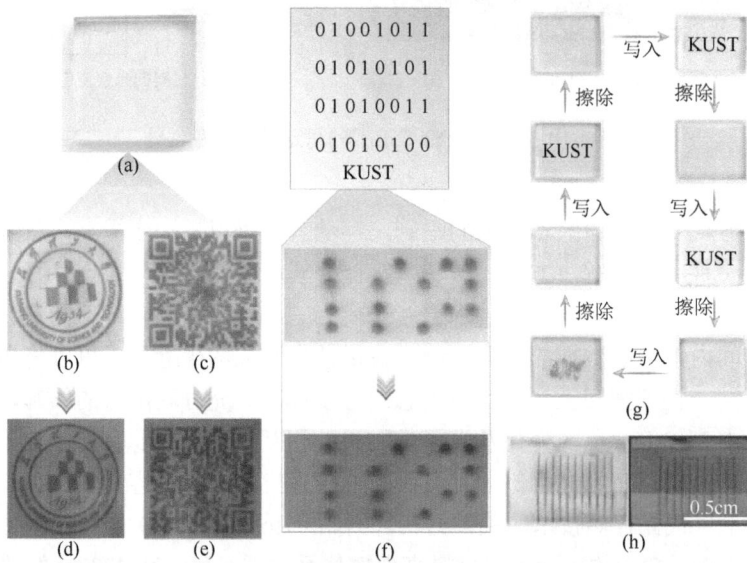

图 4-12　Ag 掺杂的硼酸锗玻璃的光学信息的写入和读出

4.3　超分辨储能技术

随着数字信息技术的快速发展，各个领域对信息存储的要求越来越高。与磁存储技术相比，光存储技术具有能耗低、数据存储性高等优势。提高光学系统超分辨能力、增加超分辨技术的存储容量是超分辨储能技术的关键问题。本节就超分辨储能技术展开系统介绍。

4.3.1　光学系统超分辨储能技术

商用光学数据存储于 20 世纪 80 年代以光盘的形式出现。与传统的磁存储相比，光盘存储具有存储容量高、能源消耗低等优点。光学系统超分辨储能技术之所以能实现高密度存储，是因为改进了读写光学系统的结构，获得了超过传统衍射极限的小光斑，如果能配合波长更短的蓝光技术，会进一步提升信息存储密度。本节首先介绍近场超分辨存储，包括近场探针扫描显微镜存储、近场固体浸没透镜存储及超分辨近场结构存储，这三种方法主要通过缩小记录光斑尺寸来提高光存储密度；其次介绍基于远场可超越光学衍射极限的双光子吸收三维光存储、基于远场受激发射损耗的荧光显微三维光存储。

1. 近场探针扫描显微镜存储

近场光学信息存储的原理是将入射光束通过光学系统形成直径小于 100nm 的存储光斑，而光学系统出射端面与存储介质的间距保持在亚微米范围内，将光斑直接耦合到存储介质进行存储。近场探针扫描显微镜存储技术是在扫描近场显微技术基础上发展起来的一种新型超分辨存储方法。该技术主要通过倏逝波的空间高频振荡突破传统衍射极限的束缚，实现对微观纳米结构表面光场信息的表征。近场探针扫描显微镜存储技术用光纤作为光波导，光纤顶端为尺寸更小的微型光学探针。当光学探针与记录介质表面的距离小于光束波长的 1/2 时，会产生明显的近场效应，光束从探针头射出后不发散，从而在记录层上获得尺寸极小的记录光斑。1992 年，贝尔实验室的贝齐格（Betzig）等首次将近场光学显微镜用于磁光薄膜材料磁畴的记录，主要采用波长为 515nm 的 Ar 激光作为光源，最终在记录材料上获得了特征尺寸为 60nm 的数据记录点，其存储面密度为 45Gbit/in^2（1in = 2.54cm）。1996 年，保坂（Hosaka）等采用波长为 785nm 的激光在相变材料上获得了特征尺寸为 60nm 的记录光斑，其存储面密度可达 170Gbit/in^2。近场探针扫描显微镜存储技术具有高密度、高速度、高集成度等优点，存储密度比现有光盘提高了一个数量级以上，有望成为下一代光存储的重要途径。但是也存在一些问题：①光学探针尖端孔径较小，为纳米尺度，使能量在传输过程中透过率低，即过细的光纤会极大地损耗传播光束的能量，造成射出的光强十分微弱，信噪比低；②光学探针容易受损，受到污染。这限制了近场探针扫描显微镜存储技术在光存储方面的发展。

2. 近场固体浸没透镜存储

光盘的存储密度通常受到光学系统分辨率的限制，提高光学系统的分辨率主要通过缩短激光波长和增大物镜的数值孔径以获得更小的光斑尺寸来实现。近场固体浸没透镜存储技术就是一种能够有效增加物镜的实际有效数值孔径的途径，具有输出功率高、存储速度快等优点。1990 年，戈登·基诺（Gordon Kino）等发明了固体浸没透镜，为浸没透镜技术应用于光存储领域奠定了基础。如图 4-13 所示，近场固体浸没透镜存储技术的基本原理是在光学物镜前端增加一个半球形的固体浸没透镜，由于固体浸没透镜有较大的折射率，入射光束在较大折射率的固体浸没透镜中可会聚成更小的光斑。要使会聚在固体浸没透镜表面的小光斑将光能传递到记录介质层，必须精密控制带有固体浸没透镜

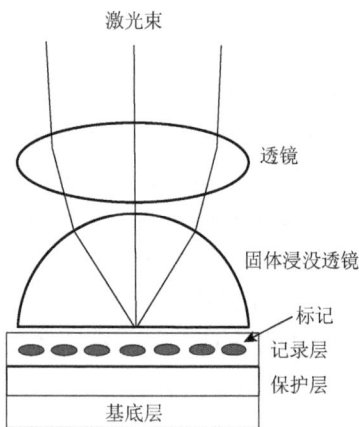

图 4-13　近场固体浸没透镜存储技术
和光盘结构示意图

的光学头物镜的飞行高度，使其足够靠近记录介质层表面。理论上，采用这种技术后，光斑尺寸将减小为光波真空波长的 $1/n^2$（n 为固体浸没透镜的折射率），即存储密度可以提高到 n^2 倍。Terris 等（1994）首次将固体浸没透镜应用于光信息存储，选用波长为 780nm 的激光光源，获得了尺寸为 317nm 的数据记录点。若采用蓝光光源，其聚焦光斑尺寸可达到 125nm，光存储面密度为 40Gbit/in^2，有效数值孔径可以达到 1.83。Fan 等（2016）提出了一种新的纳米固体流体组装方法，使用高折射率、深亚波长结构，用三维全介电超材料作为固体浸没透镜，利用白光照明，可在光学显微镜下产生 45nm 的超分辨率清晰图像，上述方法可明显超过经典的衍射极限和以往的近场成像技术，在近场固体浸没透镜存储技术上有着巨大的潜在应用价值。虽然利用近场固体浸没透镜存储技术实现超分辨记录有明显的效果和优势，但现阶段还没有实现固体浸没透镜动态存储，与直接用于光盘存储还有一定的距离。其中难度最大的是对固体浸没透镜与盘片表面间隙的精确控制（根据近场光学原理，此间隙必须控制在 30nm 左右）。与远场光学系统相比，采用固体浸没透镜的光盘读写实验系统复杂得多，也比较庞大，一般设计为上置结构。近场固体浸没透镜存储技术一般通过提高数值孔径达到提高光存储分辨率的目的。但是增大数值孔径以焦深的减小和失真的加大为代价，而且包含固体浸没透镜的光学探头同样存在制作困难、有效数值孔径不能无限增加等弱点，因此利用近场固体浸没透镜存储技术记录光斑尺寸实质上仍受到光学衍射极限的制约，存储密度提高有限。

3. 超分辨近场结构存储

超分辨近场结构存储技术是另一种近场光存储技术，这种技术可以有效地克服近场探针扫描显微镜存储、近场固体浸没透镜存储等光存储技术的一些不足（如镜头设计加工复杂、镜头与记录介质表面距离难以精确控制等问题），实现超高密度光存储。与传统光盘的简单结构相比，超分辨近场结构存储的光盘盘片在两个保护层之间增加了一层掩模层。利用掩模层材料在强光作用下的非线性效应或表面等离子体场增强效应，实现亚波长尺寸的光学存储。目前组成掩模层的材料主要有三种，包括相变材料、金属氧化物及半导体材料。在激光的照射下，掩模层中会形成微小孔径或者发生其他物理变化。对应不同的掩模层材料，其超分辨近场结构存储的机理不尽相同。研究人员通过大量的实验探索验证了其共同点：掩模层在激光光束的作用下发生非线性光学效应，使激光光斑尺寸透过掩模层后急剧减小，在记录介质上实现高密度光存储。超分辨近场结构存储技术被视为最有希望实现商业化的技术之一。Tominaga 等（1998）首次提出了孔型超分辨近场结构存储光盘。该光盘以相变介质 $Ge_2Sb_2Te_5$ 作为记录层，以金属 Sb 为掩模层，以 SiN 作为上、下电介质保护层。当聚焦的高斯分布的激光入射到金属 Sb 上时，Sb 的非线性响应导致在样品近场区域内形成亚波长尺寸的透明小孔，透过小孔在记录层材料上形成超衍射极限的光斑。移除激光束，Sb 又立即恢复到它原始的状态，完成近场记录过程。使用波长为 686nm、物镜数值孔径为 0.6 的光存储系统，可以实现特征尺寸为 90nm 的记录点阵，光存储面密度约为 80Gbit/in^2，突破了衍射极限。超分辨近场结构存储技术最突出的优点是探针与记录层之间是介电薄膜，通过溅射或其他真空技术可以精确控制薄膜的厚度，从而巧妙地解决了伺服控制问题。

Fuji 等（2000）提出了用 AgO_x 薄膜作为掩模层的散射中心型超分辨近场结构存储光盘。图 4-14 是用 AgO_x 薄膜作为掩模层的超分辨近场结构存储光盘的截面图，保护层为 ZnS-SiO_2。这个结构的原理是利用在激光照射下 AgO_x 分解得到的 Ag 纳米颗粒的散射，而非掩模层的孔径透过率实现了近场光信息存储。用 AgO_x 薄膜制造金属探针，通过光化学或热化学反应分解出 Ag 纳米颗粒和 O_2 分子，Ag 纳米颗粒即近场光的光源。在激光照射下，Ag 纳米颗粒激发局域表面等离子体共振，产生局域场增强。基于散射中心型超分辨近场结构存储光盘可以实现 6m/s 的记录速度，数据记录点尺寸可以小于 100nm。当数据存储过程结束之后，Ag 纳米颗粒又可以和 O_2 分子再次化合，重新生成 AgO_x。散射中心型超分辨近场结构存储技术具有非常高的光学分辨率。然而，在光存储过程中，AgO_x 需要发生化学反应，同时材料会发生相应形变，而且 AgO_x 的形变温度较低，导致在光存储过程中材料化学和物理性质都不稳定，不宜存储数据。Fan 等（2016）用 Sb_2Te_3 作为掩模层制作了超分辨近场结构存储光盘，解决了由于 Sb 热稳定性差而影响读出信号的问题。Nakai 等（2010）用半导体材料 InSb 作为超分辨近场结构存储光盘的掩模层，将记录光斑的特征尺寸减小到 80nm，一个五层结构的只读存储器（read-only memory，ROM）光盘存储容量可以达到 46GB。研究证明，在读出超过 4×10^5 次之后，光盘读出数据能力基本保持稳定。2012 年发展的 Ag-Si 纳米复合材料和 Ag 纳米颗粒嵌入型材料可弥补以上不足，为实现长时间光存储提供了新方法。

超分辨近场结构存储技术通过设计合适的薄膜结构和使用非线性特性材料来减小光斑尺寸，突破衍射极限，实现高密度光数据存储。该技术在过去 20 年的研究中取得了很大的进展，与当前的光学技术可以很好地兼容，具有较好的操作性和可应用性。但是该技术仍存在尚待解决的问题，如复杂的薄膜结构带来的制作工艺问题、高于传统光盘的读出数据能耗问题，限制了

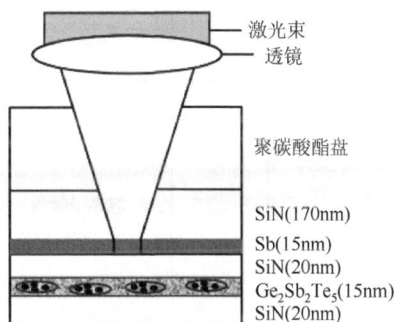

图 4-14 超分辨近场结构存储光盘盘片结构

该技术的实际应用。因此，需要开发合适的掩模层材料、优化薄膜结构来进一步提高超分辨近场结构存储技术的存储稳定性和数据写入/读出速度。

4. 基于远场可超越光学衍射极限的双光子吸收三维光存储

由于存在光学衍射极限，光存储技术所采用的光学系统分辨率约为波长的 1/2。传统方法通过缩短激光头所采用的激光波长及提高聚焦透镜数值孔径来实现高密度的光存储，但是目前激光波长及透镜数值孔径等技术处于瓶颈期，例如，蓝光存储采用的 405nm

激光的数值孔径已经达到 0.85。采用更短波长激光光源通常需要更为复杂的光学系统、优良的光学元件及开发新材料，增加了技术及时间成本。远场可超越光学衍射极限分辨技术可满足低成本、高效率及高密度的光存储需求，因此开发该技术具有科学意义及应用价值。衍射极限的本质是量子力学中的测不准原理带来的光波信息中代表细节的高频信息缺失，表现为光斑脉冲信号具有较大的半高宽分布。远场可超越光学衍射极限分辨技术基于点扩散函数调制，真正从源头上减小了聚焦光斑图像在远场空间的半高宽分布，从而实现远场可超越光学衍射极限分辨率。目前，主流的通过远场可超越光学衍射极限分辨技术实现高密度光存储的途径主要有如下两种：①基于远场可超越光学衍射极限的双光子吸收（TPA）三维光存储；②基于远场超分辨受激发射损耗的荧光显微三维光存储。

双光子吸收过程理论由德国物理学家迈尔（Mayer）在 1931 年提出，他揭示了介质在强光激发条件下，基态电子会同时吸收两个光子而跃迁到激发态，即发生双光子吸收现象，其光子跃迁概率与入射光强度的平方成正比。因此，可利用超快激光（如飞秒、皮秒激光）瞬态超高峰值功率特性，通过存储介质与飞秒激光束的双光子吸收作用，实现光信息在三维空间的存储。与单光子吸收（single-photon absorption，SPA）相比，双光子吸收具有两个突出的特点：①由于双光子吸收时到达激发态所需的光子能量为单光子吸收时的一半，可用红外或近红外激光作为激发光源，提高光源的穿透能力，对材料深层进行观察；②由于双光子吸收与入射光强度的平方成正比，双光子吸收过程被局域在焦点附近的很小区域（体积数量级为 λ^3），使双光子吸收过程具有优异的空间分辨率及空间选择性。图 4-15 为单光子与双光子吸收过程的示意图。单光子吸收过程中，物质吸收一个波长为 λ_1 的光子可从 S_0 基态跃迁到 S_1 激发态。发生双光子吸收时，物质同时吸收两个波长相同或波长不同的 λ_2 和 λ_3 光子，到达 S_1、S_2 及 S_n 激发态，随后电子从 S_n 激发态通过无辐射弛豫到 S_1 激发态，处于 S_1 激发态的电子发出比入射光波长长（单光子吸收）或比出射光波长短（双光子吸收）的荧光辐射。

单光子吸收为线性过程，在光照下，材料只需要吸收一个光子就可以实现从基态到激发态的跃迁；双光子吸收是三阶非线性过程，根据非线性理论，材料发生双光子吸收的概率与材料的非线性系数及激光光束的能量密度有关。因此，根据材料的非线性光学特性，通过控制激光强度，可以得到小于聚焦光斑尺寸的双光子吸收范围，实现高密度光存储。

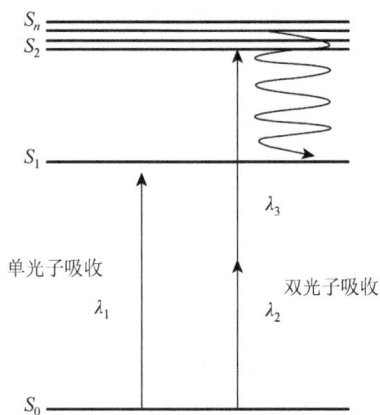

图 4-15　单光子与双光子吸收过程示意图

5. 基于远场受激发射损耗的荧光显微三维光存储

1994 年，德国科学家黑尔（Hell）在研究远场显微镜成像时，提出了基于远场受激发射损耗的荧光显微技术。这是一种可以突破光学衍射极限的远场光学显微技术。

在基于远场受激发射损耗的荧光显微技术中，有效荧光发光面积的减小是通过受激发射效应来实现的。典型的基于远场受激发射损耗的荧光显微系统中需要两束照明光，其中一束为激发光，另一束为损耗光。激发光的照射使得其衍射斑范围内的荧光分子被激发，其中的电子跃迁到激发态后，损耗光使得部分处于激发光斑外围的电子以受激发射的方式回到基态，其余位于激发光斑中心的被激发电子则不受损耗光的影响，继续以自发荧光的方式回到基态（图 4-16）。由于在受激发射过程中所发出的荧光和自发荧光的波长及传播方向均不同，真正被探测器所接收的光子均是由位于激发光斑中心的荧光样品通过自发荧光方式产生的，有效荧光发光面积得以减小，从而提高了系统的分辨率。

如图 4-17 所示，受基于远场受激发射损耗的荧光显微技术超分辨原理启发，在激光加工技术中，使用一束高斯型的激发光束引发光聚合加工，同时引入特殊焦斑形状（甜甜圈形）的抑制光束，使抑制光束曝光区域内的激发分子在抑制光的作用下通过光抑制过程重新回落到稳定态，最终可将发生光聚合的区域限定在更小的局部区域范围内，使加工分辨率突破光学衍射极限。双光束超分辨技术成为利用可见光实现三维纳米加工的重要途径，有助于其在光存储领域的应用。在光数据存储设备中引入双光束光学系统，利用双光束超分辨技术，可通过改变激发光束与抑制光束的光强比，将记录过程限制在激发光束中心，使信息记录点的尺寸缩小至纳米量级，从而在光存储介质上实现高密度光存储。

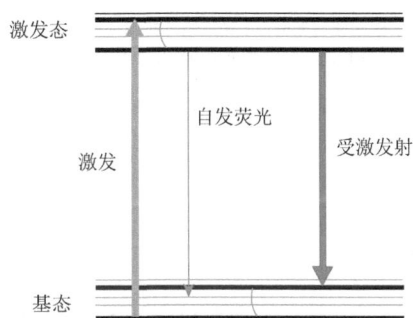

图 4-16　基于远场受激发射损耗的荧光显微技术超分辨原理

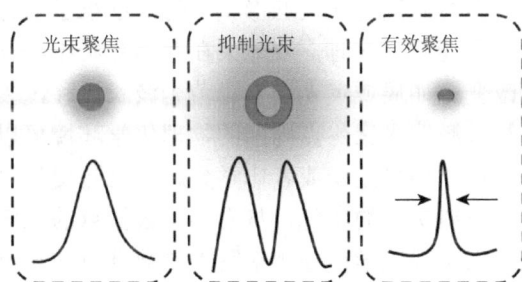

图 4-17　双光束超分辨加工原理

4.3.2　介质超分辨储能技术

介质超分辨存储技术的一个重要特点是采用非线性光学介质层产生纳米孔径，并通过固定的层间距保证纳米孔径与介质的间距在近场范围内来实现超分辨光记录。介质超分辨存储技术利用光盘介质的某些特殊的光学或其他物理特性（如介质对温度场、光密度、磁场等的非线性关系），在光盘记录介质层结构上采取相应技术，在一定程度上使读写光斑减小。也可以说，在盘片上形成一个小尺寸的有效孔径，使实际到达光盘记录介质层的光斑突破传统光学衍射极限，从而获得较小的记录信息符，提高光盘实际存储密度。该技术不仅克服了近场距离控制的难题，而且和现有的光盘驱动器兼容。其与现有存储系统的不同只是在盘片结构中加入了超分辨掩模层，因此是一种提高现有光存储系统光存储面密度的最优方案。

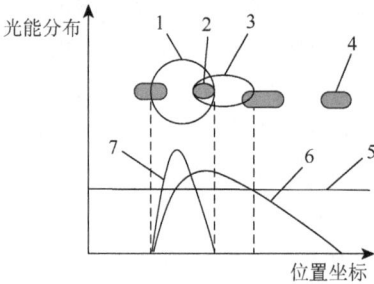

图 4-18　超分辨率介质光盘工作原理

1-原始读写光斑；2-光束通过掩模层实际达到光盘记录层的有效孔径；3-掩模层在光束作用下形成的掩模孔径；4-记录层上实际形成的信息符；5-掩模层在热场作用下"开孔"的温度阈值；6-激光束作用下掩模层上热场分布曲线；7-原始读写斑光能分布

与传统的光/热效应相变介质光盘相比，超分辨率介质光盘在其记录介质层前面多了一个孔径层，其作用原理如图 4-18 所示。掩模层能在此阈值温度条件下控制读写光束的通过与否，从而达到使光盘记录层光斑尺寸显著减小的目的。

4.4　其他光储能技术

4.4.1　双光束超分辨率光储能技术

双光束超分辨率光储能技术是一种新型储能技术，综合了双光束超分辨激光制造技术和双光束超分辨显微成像技术，利用荧光材料的受激辐射损耗原理来实现密度超越远场光学衍射极限的数据读写。该技术是在单束激发光聚焦于存储介质以实现数据读写的基础上，引入另一束聚焦光斑中心光强为零的抑制光，抑制光与激发光对存储材料的作用相反。双光束超分辨数据存储读写光斑的形状和特点继承了双光束超分辨显微成像技术中双光束的形状和特点。能量写入时，双光束在存储介质中的存储位置局域聚焦，写入激发光引发材料性状改变，如局域荧光增强、荧光波长漂移，以区分数据记录点与其周围未记录的空白处。写入激发光聚焦点周围的物理化学环境可以被第二束写入抑制光改变，涉及电子态密度、化学环境改变或者化学分解。这些变化可以阻止两束光在聚焦光斑中心重叠区域对存储材料引起的变化，从而实现数据点的光学超分辨写入。在数据读出过程中，使用两束光来实现光学超分辨率写入的数据点的超分辨率读出。首先，读出激发光会激发写入数据点的材料，使其基态电子跃迁到激发态。其次，数据写入点的材料会从激发态跃迁回基态，并发射出特定波长 λ_0 的荧光，收集波长 λ_0 的荧光信号，并利用荧光信号的强度和位置来区分不同位置的写入数据点。最后，第二束波长为 λ_1 的读出抑制光会使写入点的荧光材料中处于激发态的电子以受激辐射的形式跃迁到一个较低的能级，再经过无辐射弛豫返回基态，这个过程会辐射出波长 λ_1 的光子。这种提高读出分辨率的方法与双光束超分辨率显微成像技术基本相同。

双光束超分辨率光储能技术突破了光学衍射极限，可以大幅度提高光存储密度和容量。一旦能够实现存储密度两个数量级以上的提升，结合光盘阵列技术，就有望实现艾字节（EB）甚至泽字节（ZB）级容量的光子大数据中心存储，为信息技术的可持续发展提供核心关键基础硬件。Zhao 等（2024）利用双光束调控聚集诱发发光超分辨率光储能技术，证实可以在三维空间实现多至百层、超分辨尺寸下的信息点的写入和读出。这项新技术可以让单张光盘容量高达拍字节（PB）级，相当于至少一万张蓝光光盘的容量。这种突破性的进展为未来大数据存储提供了长寿命、绿色、节能的方案。

4.4.2　双光子吸收光储能技术

　　双光子吸收是指双光子存储材料的基态分子吸收两个光子后被激发到较高的能级，导致分子结构的变化并影响材料的物理性质。这是一个非线性过程，要求两个光子同时吸收，而不是光子的累积。因此，两个光子的吸收必须在时间和空间上同步。双光子吸收光储能技术是一种利用分子吸收两个光子的机制来实现存储的技术。这两个光子可以是相同波长的，也可以是不同波长的。该技术基于双光子吸收过程，是一种体积光学存储技术。只有在两束光交会的地方才能进行信息的写入和擦除，因此，可以对三维体积中的任意一点独立寻址。双光子吸收三维数字光存储是实现高密度光存储的重要方法。它通过光致聚合、光致变色、光致荧光漂白、光折变等效应，在亚微米尺度引起记录介质的光学性质改变，周围其他区域则不受影响，从而实现三维数字光存储。与光盘存储相似，双光子吸收光储能技术也采用按位存储的方式，每个数据位都有特定的物理位置。双光子吸收光储能技术可以使各个独立的信息位分布在材料体积中，从而大大提高存储容量。如果所有可能的位置都存储了信息，存储体密度可能达到 TB/cm^3 量级；如果在同一平面中的所有数据位同时并行地读出，数据传输率可能达到 100Gbit/s。近年来，研究人员进行了大量的三维存储实验，以验证其写入、读出及擦除功能。双光子吸收三维数字光存储是基于分子能级跃迁的，材料的响应时间可以达到皮秒量级，理论上的分辨率可达到分子尺度，存储面密度可达到 $10TB/cm^2$。双光子吸收光储能包含荧光读出、折射率变化读出和非线性吸收读出等三种读出方法，与分子变化属性相对应。在具体实现上，可以使用一束平面光选择工作面，同时使用另一束激光照射已选择的工作面进行读写，也可以通过二元光学器件将两束激光通过不同的路径聚焦到同一点进行读写。

　　图 4-19 是双光子吸收光储能原理示意图，使用了三维存储中较早的页面存储技术。

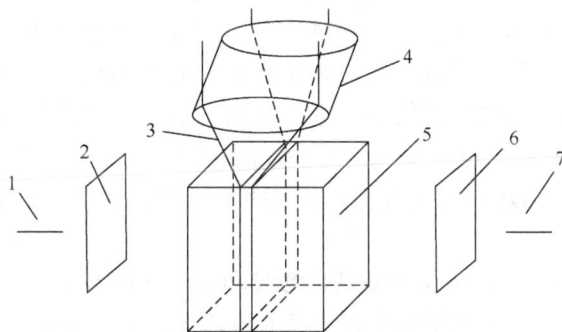

图 4-19　页面存储原理示意图

1-入射光束；2-入射透镜；3-平面光束；4-柱面镜；5-光吸收存储材料；6-读出透镜；7-出射光束

页面存储技术使用具有双光子吸收特性的光致变色材料作为存储介质。通过柱面镜展宽的平面光束 3 来选择存储工作面。当另一束携带信息的激光束 1 同时照射在存储工作面上时，可以实现信息的写入。平面光束沿着写入光束光轴方向平移一定距离，并对入射光进行调制，这样在两束光的交点处可以记录另一幅信息。通过不同的光路和控制系统，两束光可以在整个记录介质上存储信息。在读出信息时，首先将平面光束移动到相应的位置，然后由另一束光垂直照射该平面。此时，激光束作为激励光而不进行调制，在平面光束所选择的平面上交会，基于双光子效应发生荧光，通过读出透镜 6 后使用电荷耦合器件（charge-coupled device，CCD）来提取信息。这种方法原理简单，由于采用平面光束选择记录操作页面，避免了层间的串扰。数据以页面形式存储，可以实现数据整页并行写入和读出，具有较高的数据传输率。但是采用这种方法时，读写设备都需安置于高精度的三维精密工作台上，平面光束的移动速度和精度受到限制，并存在平面图像数据处理等问题，因此在实际应用中受到很大的限制。

可以实现双光子吸收光储能的材料有光致变色材料、光致聚合物、光致荧光漂白材料和光折变材料等。一般双光子吸收光储能材料的激发态寿命与温度密切相关，在室温下数据的保存时间很短，有些甚至只有几小时或几分钟。因此，提高双光子吸收光储能材料的有效寿命是实现该技术实用化的关键因素。此外，大多数材料的双光子吸收截面较小，无法满足双光子吸收光储能材料应用的要求，因此需要加大对具有较大双光子吸收截面的有机聚合物的研究和开发力度。

4.4.3 蓝光光储能技术

蓝光光盘（blu-ray disc，BD）是飞利浦公司和索尼公司在对下一代光盘进行技术研究时提出的。单层蓝光光盘的容量为 25GB 或 27GB，足以录制长达 4h 的高清影片。2002 年 2 月 19 日，日本的索尼、先锋、松下、夏普、日立，韩国的三星、LG，荷兰的飞利浦，以及法国的汤姆森等九家著名的音视频（AV）设备制造公司联合发布了 0.9 版的蓝光光盘技术标准。蓝光光盘正式诞生，成为数字视频光盘（DVD）之后的下一代光盘格式之一。在此期间，除了九大厂商推出的蓝光光盘方案，东芝与 NEC 公司联合提出了高级光盘（advanced optical disc，AOD，后来更名为 HD-DVD）方案。两种方案引发了下一代光存储标准的争议，促使两大阵营不断改进技术、相互竞争。尽管蓝光光盘采用的技术更先进，但与现有的红光 DVD 格式不兼容，因此无法使用现有的 DVD 设备生产蓝光光盘产品。采用蓝光光盘技术的生产商必须更换整条生产线，增加了生产成本，导致价格偏高，进一步抑制了蓝光光盘的普及；HD-DVD 技术可在现有 DVD 设备基础上进行改进，成本较低。2008 年 3 月，随着 HD-DVD 领导者东芝宣布退出所有 HD-DVD 相关业务，多年的下一代光盘格式之争正式结束，由索尼主导的蓝光光盘获胜。

蓝光光盘采用波长为 405nm 的蓝紫色激光和数值孔径为 0.85 的聚焦物镜，与红光 DVD 技术相比，它能够极大地减小激光光线的聚焦点直径，从而减小了记录点尺寸，这使得蓝光光盘在相同的数据记录轨道上能够刻录更多的数据记录点。此外，蓝光光盘的轨道间距减小到 0.32μm，几乎只有红光 DVD 的一半，而记录单元凹槽的最小直径为

0.138μm，比红光 DVD 小得多。这些更小的间距使得蓝光光盘在相同的盘片面积上拥有更多的数据记录轨道。因此，蓝光光盘的存储密度和容量远高于红光 DVD。蓝光光盘单面单层盘片的存储容量最高可达 27GB，是红光 DVD 单面单层盘片容量的近 6 倍。此外，蓝光光盘还可以制作成单面双层、双面双层，以获得更大的存储容量。蓝光光盘的主要技术规范如表 4-1 所示。

表 4-1　蓝光光盘的主要技术规范

项目	技术指标	项目	技术指标
数据的传输速率/(Mbit/s)	36	激光波长/nm	405（蓝紫色激光）
记录方式	记录相变	最短坑长/μm	0.138/0.149/0.160
记录密度/(GB/in^2)	16.8/18.0/19.5	光盘片直径/mm	120
物镜数值孔径	0.85	光盘片厚度/mm	1.2
存储容量/GB	23.3/25/27	道间距/μm	0.32
寻迹方式	记录沟槽		

另外，蓝光光盘盘片采用仅 0.1mm 厚的表面光学透明保护层结构，减少了盘片在旋转时因摇晃而导致的读写错误，这不仅使得数据读出更加容易，而且确保了高质量地读出，使得更高密度的数据记录可以被准确读出，为实现高密度大容量的信息存储提供了可能。

4.4.4　多波长多阶光储能技术

多波长多阶光储能技术，也称彩色多阶光储能技术，是一种将多种新兴存储方式（如多波长存储、多层存储、多阶存储）融合在一起的光存储技术。20 世纪 90 年代初期，清华大学光盘国家工程研究中心与中国科学院感光化学研究所合作，致力于研究光致变色材料和多层光致变色光存储。他们提出将光的频率维及多阶编码原理应用于光信息存储，为高密度光存储开辟了新的技术路线。该技术的核心思路是将多层光致变色材料（或混合多种光致变色材料）作为记录层，通过特殊的合光和分光装置实现多记录层的并行读写。在空间三维存储中，由于记录层间距很小（一般不超过 1μm），可以将盘基上的同一伺服道作为各层的共同地址，实现统一寻址。对于由于采用长光波引起的较大尺寸的读写光斑，可以使用超分辨掩模进行拦截。通过将光的频率维和多阶存储相结合，理论上可以大幅度提高信息存储密度。与传统的光存储技术相比，多波长多阶光储能技术有以下显著特点和优势。

（1）通过采用"n 层 m 阶存储"技术，有效地增加了光盘的存储容量。光盘的单个记录层中有 C 个信道位，采用常规的单层二值存储技术，容量为 C（bit），则光盘容量能达到 $nC\log_2 m$（bit），这明显提高了存储容量。

（2）提高了信息的读写速度。使用一个消色差物镜将激光聚焦于一个焦点，并且所有记录层都在该焦点的焦深范围内，因此可以同时对所有记录层进行读写。在光盘转速相同的情况下，其读写速度是单层二值光盘读写速度的 $n\log_2 m$ 倍。

（3）由于采用并行读写，可以进行层间纵向编码，这不仅可以提高编码速率，而且可以减少冗余数据。通过节省出来的间隔码和引导空间码的存储空间，还可以进一步提高光盘的容量。

4.4.5　全息光学储能技术

全息光学储能技术，又称激光全息储能技术，是一种利用激光全息摄影原理将信息记录在感光介质上的高容量信息存储技术，它有可能取代传统的磁存储和光学存储技术，成为下一代高容量数据存储技术。传统的存储方式将每一个比特记录在介质表面，全息光学储能技术则将信息记录在介质体积内，同时利用不同角度的光线在同一区域内记录多个信息图像。

全息光学储能技术是一种高密度的三维光存储技术，其工作原理与传统的二维存储完全不同。它利用激光器输出激光束，通过分光镜将其分为两束光，其中一束光经过空间光调制器（SLM）后携带物体的二维信息，成为信号光，另一束光则作为参考光。在记录过程中，参考光与信号光在存储介质中相遇并发生干涉。光场同时与存储介质相互作用，改变介质的光学性质，如折射率分布。这样一来，信号光的信息以体全息光栅的方式记录在介质中。为了将需要存储的数据页或图片编码调制在光场中，可以使用空间光调制器。全息光学储能的能量存储过程如图 4-20 所示。在读出过程中，利用之前记录的参考光照射存储介质。基于全息光栅的衍射效应，原信号光在特定方向上再出现信号光，如通过 CCD 或互补金属氧化物半导体（complementary metal oxide semiconductor，CMOS）图像传感器等完成的。全息光学储能的能量解析过程如图 4-21 所示。

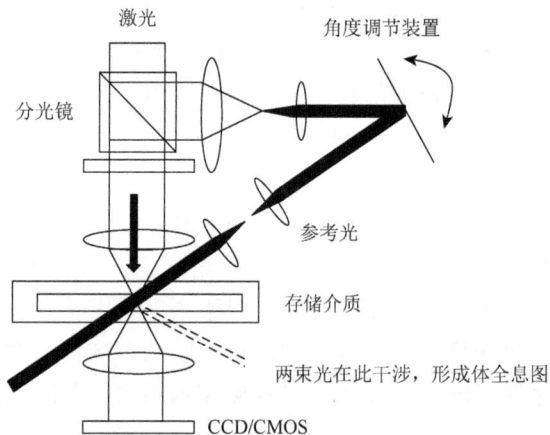

图 4-20　全息光学储能的能量存储过程

相对于目前使用的磁存储、电存储及传统的光存储技术，全息光学储能技术在存储密度和读出速度方面有很大的提升空间，特别是与开放磁带技术相比，全息光学储能在成本与传输速率方面具有明显优势。然而，由于全息光学储能尚未突破衍射极限，其密度提升仍受到一定限制。

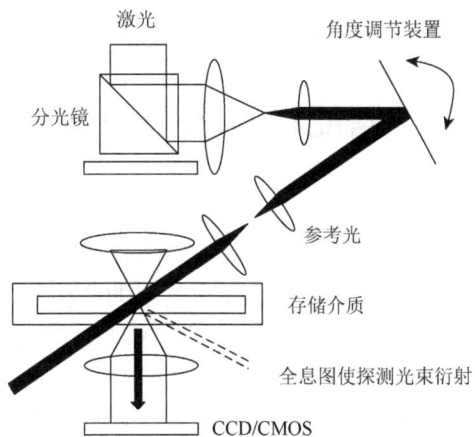

图 4-21 全息光学储能的能量解析过程

习 题

1. 简述储光材料的分类。
2. 简述电子俘获材料的分类。
3. 电子俘获储能过程中，电子的运动路径是什么？
4. 简述长余辉发光储能材料的储能机理。
5. 简述光致变色材料的储能原理。
6. 玻璃多维光储能材料中的陷阱来源是什么？

第5章 储能材料表征与测试技术

理化表征与性能测试在储能材料研究中具有重要作用和意义。储能材料的研究旨在设计和制备高性能的储能材料，这需要深入了解材料的结构与性能之间的关系。通过揭示结构/性能关系，可以指导新型高性能储能材料的设计与开发。在这一过程中，理化表征和性能测试技术起到了至关重要的作用。

通过形貌、物相、电子结构和成分物种的表征，我们可以深入了解储能材料的微观结构特征和化学组成，从而获得对材料结构的全面认知。通过性能测试，我们可以了解能量密度、比容量、寿命、库伦效率、倍率性能、极化电压等电池宏观性能。同时，电子转移、离子输运的动力学性能，以及密度、比表面积、电导率、浸润性的基本物化测试为理解材料的结构/性能关系提供了坚实的基础支持。此外，通过各种原位表征技术，我们可以实时监测材料在实际工作条件下结构与性能的变化。这些技术的综合应用有助于揭示储能材料的结构/性能关系，指导高性能储能材料的设计和制备，能够为开发高效、稳定的储能材料提供理论依据和实验支持，推动储能技术的进步和应用。

本章针对储能材料的常见表征需求，从材料的形貌、物相、谱学、电子结构表征和性能测试等方面进行介绍。

5.1 储能材料形貌表征

材料的性能常表现出强烈的尺寸与形貌依赖性，例如，纳米材料的尺寸与形貌直接影响暴露活性位点的数量，多孔材料的孔径和微孔数量直接决定了其吸附性能，因此需要对材料的微观形貌进行分析。本节介绍储能材料形貌表征的常见仪器及其应用：光学显微镜（optical microscope，OM）、扫描电子显微镜、透射电子显微镜和原子力显微镜。

5.1.1 光学显微镜

储能材料的微观结构与形貌分析离不开显微镜。通常人眼在明视距离物体 25cm 时，分辨率极限是 100μm。欲观察更细微之物，则需借助显微镜。显微镜的核心结构由透镜系统构成，用于放大和聚焦样品，光源和信号接收处理系统则是其重要的辅助部分。根据光源和透镜类型，显微镜可以分为光学显微镜和电子显微镜。

光学显微镜是一种用于观察材料微观结构的经典工具。它使用不同波长的光作为照明源，通过物镜和目镜来放大和聚焦，从而使人眼能够观察到微小的细节和结构，其信号的接收和处理则依赖人眼直接观察或通过光学探头完成。由于衍射极限的限制，光学显微镜的分辨率大约被限制在其光源波长的二分之一。

电子显微镜的分辨率和放大倍数远高于光学显微镜，然而电子显微镜存在许多局限性，例如，对样品的尺寸和厚度有着相当严苛的要求，整个测试流程通常需于高真空环境下展开。相较来说，光学显微镜的价格更为低廉，并且能在空气中对样品进行观测，可实现快速无损分析，还适用于液态和磁性样品的表征。

根据光学系统的照射方式，光学显微镜可以进一步细分为反射式显微镜和透射式显微镜两大类。其中，反射式显微镜的优势在于观察固体材料表面的颜色、形状和结构。例如，在材料科学领域，研究人员可以使用反射式显微镜来观察材料的晶粒大小、形态和分布情况，这对于了解材料的结构/性能关系至关重要。此外，反射式显微镜在集成电路硅片的检测工作中也发挥着重要作用，能够帮助工程师检测硅片表面的缺陷和异常。透射式显微镜则更适用于薄样品，如细胞或组织切片。它通常用于观察细胞的结构和功能，以及了解生物组织的发育和分化过程。

除了传统的目镜成像方式，现代光学显微镜融入了光电转换的电子成像技术，通过在显微镜的光路系统末端增设图像传感器（如 CCD），巧妙地将实物的图像转换成电信号。随后，这些电信号经过电路转换，便能清晰地展现在计算机屏幕上，供我们细致地观察和分析。现代光学显微镜不仅具有更高的放大倍数和分辨率，而且能够产生正立的三维空间影像，为我们提供更加直观和全面的观察技术。

由于光学显微镜可以在空气中进行形貌观察，研究人员可以实时观察和分析反应过程中的结构变化，即可以方便地使用光学显微镜开展原位实验。原位光学显微镜的优点是操作简便，并可以实现从微观到宏观的跨尺度表征，这使得它成为原位研究中的一种非常有效的表征方法。例如，原位电池光学显微镜是一种将光学显微镜和电化学技术结合起来的微观电化学研究技术。光学显微镜和电化学技术分别用于实时观察和驱动电化学反应，并在微观尺度下研究电池内部的形貌和结构变化等。简单地说，原位电池光学显微镜将光照射在待观察的样品表面，可用于观察样品表面的化学反应过程。此外，原位电池光学显微镜还可以配备温度控制、气体控制等各种设备，以实时监测和控制反应条件。它是一种在化学、材料科学等领域具有广泛应用价值的微观电化学研究技术，为电池材料设计和能量存储研究提供更多可能性。例如，利用原位电池光学显微镜可以直接观察针状 Li 的溶解过程。研究表明，Li 从尖端开始溶解，而不是整个结构收缩，此时 SEI 层对 Li 的溶解起到了抑制作用，如图 5-1 所示。

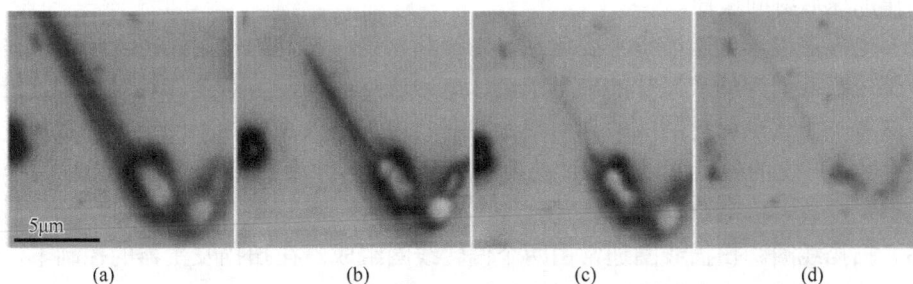

图 5-1 原位电池光学显微镜观察针状 Li 的溶解过程

5.1.2 扫描电子显微镜

扫描电子显微镜（scanning electron microscope，SEM，又称扫描电镜）属于电子显微镜。与光学显微镜相比，电子显微镜使用电子束替代可见光进行成像，由于电子束的波长远小于可见光，电子显微镜能实现更高的分辨率。SEM 作为一种分辨率介于光学显微镜与透射电子显微镜之间的观察工具，能够利用样品表面材料的物质特性实现微观形貌的高分辨率成像。

1. SEM 的工作原理和结构

SEM 的工作原理是入射电子束在样品表面进行光栅式逐行扫描，电子束照射的每个点与样品发生相互作用，产生背散射电子、二次电子信号，从而得到样品表面形貌。如图 5-2 所示，一台 SEM 包含电子枪、电磁透镜、扫描线圈、信号探测器、样品台等关键部分。此外，为了维持一台 SEM 的正常运行，还需要真空系统、水循环、空气压缩机等辅助设备，此处不作详细论述。

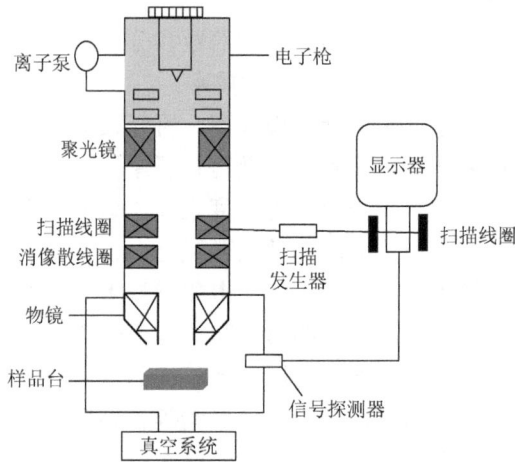

图 5-2　典型 SEM 的结构示意图

（1）电子枪。电子枪主要包括阴极、控制栅极和阳极三部分。电子枪发射的电子束经过高压加速后射向镜筒。

（2）电磁透镜。电磁透镜主要包括聚光镜和物镜，它们的作用是将电子枪产生的电子束会聚成横截面为纳米尺寸的窄电子束。电磁透镜的构造特点是将轴对称螺旋绕制的铜芯线圈置于由软磁材料制成的部件中，并在其内部插入高磁导率的锥形环状极靴。当线圈通电时，产生的磁场可以使穿过的电子束发生偏转并聚焦，此时调整线圈中的电流，可实现焦距及放大倍率的改变。

（3）扫描线圈。扫描线圈通常由两个偏转线圈组成。在扫描发生器的控制下，SEM 通过扫描线圈实现电子束在样品表面的光栅式扫描。

（4）信号探测器。信号探测器主要由闪烁体、光导管和光电倍增管构成。信号探测器位于样品附近，捕获并收集样品各个点发射的电子信号并生成电信号。这些电信号经由放大器放大后，再被调制至显像管上。显像管根据收集的电子强度进行成像，最后将图像呈现在显示屏上。不同类型的电子信号需要使用不同的信号探测器进行收集，例如，二次电子探测器对二次电子具有较高的收集效率。根据需要，我们可以调整图像的对比度、亮度等参数，以获得更清晰的图像。同时，这些图像也可以保存为数据文件，方便后续的数据分析和处理。

（5）样品台。样品台通过电机驱动，使样品发生移动、倾斜和转动，实现对样品特定位置的分析。

2. 电子束与样品的相互作用

入射电子束撞击样品表面时，会与表面原子发生弹性及非弹性散射，同时在作用区域内激发出多种信号，包括二次电子、背散射电子、俄歇电子、特征 X 射线等（图 5-3），这些信号携带样品不同深度的形貌、结构及成分信息。接下来简要介绍 SEM 中的主要信号。

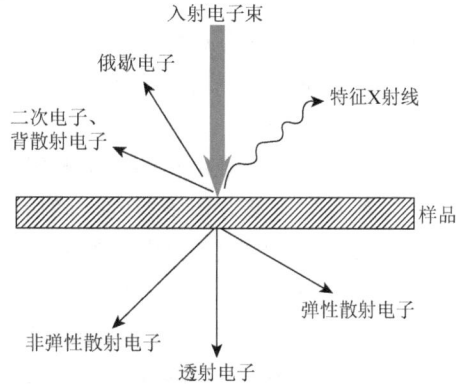

图 5-3　电子束与样品相互作用产生的几种电信号

1）背散射电子

电子束照射样品时，原子核或核外电子会使部分入射电子发生反弹，形成背散射电子（back scattered electron，BSE），包括弹性背散射电子与非弹性背散射电子两种。这些电子的显著特征是能量高，部分电子的能量甚至接近入射电子。因此，背散射电子可能来自样品内较大的体积范围，这导致背散射电子像的空间分辨率相对较低。此外，由于背散射电子的运动方向不易偏转，其信号的收集效率相对较低。这是采用背散射电子观察样品时的两个缺点。背散射电子像的优点在于图像的衬度可以直接反映样品中的原子序数 Z，这是因为样品对入射电子的反射程度会随原子序数的增加而增加，即背散射电子像可直观体现出成分衬度的信息。具体来说，当原子序数小于 50 时，电子的反射程度随着原子序数的增大而急剧上升；当原子序数大于 50 时，电子的反射程度的增加速度会明显放缓。这说明在低原子序数时，相邻元素间的原子序数衬度对比较强；在高原子序数时，相邻元素间的原子序数衬度对比较弱。

2）二次电子

二次电子（secondary electron，SE）是样品原子的核外电子受入射电子冲击后，从样品表面释放出来的电子。当入射电子撞击样品时，如果核外电子（如固体中的价带或导带电子）获得的能量高于其自身的结合能，它们将从原子中脱离，变成自由电子。一旦这种自由电子拥有的能量超过样品物质的逸出功，它们就有可能突破样品表面，进而形成二次电子。通常情况下，二次电子是在距离样品表面 5~10nm 深处放电产生的，对样品的表面形貌较为敏感，因此能够有效地反映样品的表面形态。

二次电子的产生和发射过程与样品的表面形貌、成分及入射电子的能量等因素密切相关。因此，通过分析二次电子的特性，可以研究材料的表面形貌、成分分布及其他相关信息。SEM 利用二次电子成像技术可以获得高分辨率、高对比度的样品表面形貌图像，从而揭示样品的微观结构和形态。

3）特征 X 射线

入射电子束与物质原子内壳层电子发生相互作用，将这些电子激发至更高能量的外壳层或直接击出原子之外，导致原子发生电离现象，此时，原子进入激发态，内壳层电子空穴亟待填补。外壳层电子随后跃迁，填充这些空穴，此时，原子从高能态过渡至低能态。如果电子跃迁并填充空穴的过程中所放出的能量呈光量子形式，则会产生具有特征能量的 X 射线，即特征 X 射线。特征 X 射线在特定能量处呈现出明显的强度峰，可依据其能量和强度分布对样品组分进行定性和半定量分析。基于特征 X 射线的能量色散 X 射线谱技术在 5.3.1 节有更详细的介绍。

4）俄歇电子

当入射电子携带足够的能量激发内壳层电子时，被激发的电子逸出原子之外，导致原子内部发生电离并留下空穴。随后，更高能级的电子会跃迁至这一空穴。如果在跃迁过程中所释放出的能量激发其他外壳层电子，并使其摆脱原子的束缚，则形成俄歇电子。俄歇电子多源于样品表面，因此广泛应用于表面化学成分的分析。基于俄歇电子的俄歇电子能谱技术在 5.3.1 节会详细地论述。

5）透射电子、弹性散射电子和非弹性散射电子

当样品很薄时，会有相当数量的电子穿透样品。这一过程中产生的弹性散射电子和非弹性散射电子可以用于透射电子显微镜的成像、电子衍射和电子能量损失谱分析，此部分内容分别在 5.1.3 节、5.2.2 节和 5.4.1 节介绍。

综上所述，二次电子像分辨率高且立体感强，在微区形貌衬度方面有优势；背散射电子像尽管分辨率稍低，但有助于我们了解不同组分的分布状态。通过将两者优势结合，我们能够直观地揭示材料的显微形貌特征。此外，将样品形貌与能量色散 X 射线谱仪测到的特征 X 射线结合，可以研究样品的元素组成及其分布情况。

3. SEM 的样品制备

由于 SEM 利用电子束实现成像，这要求样品具有良好的导电能力、稳定的温度表现和较高的二次电子及背散射电子产生量等。对于无法满足这些要求的样品，可以通过相应的预处理使其满足观察和分析的需要。

SEM 样品首先应具备承受一定剂量的电子束辐照的能力，以避免在观察过程中发生变化或损坏。固体样品通常采用金属夹片或导电胶进行固定，使样品在观察过程中保持稳定。液态样品可以通过冷冻或凝胶化进行处理，以维持其形状和结构。如果样品尺寸过大，需要使用金刚石切割机、电解或机械研磨仪等设备将其切割成适当尺寸，以便放入样品台中。打磨样品表面可以去除不规则部分和污染物，观察到样品更本征的信息。在将样品放入 SEM 之前，可以将样品放入真空干燥器中，在低压下进行加热或冷冻干燥，去除样品表面在空气中吸附的水分和气体，减少背景干扰，提高图像质量。非导电样品需要进行导电处理，以避免电荷积累导致的图像失真。常用的导电处理方法是喷涂导电层。断面样品可以直接剪断或采用机械切割、研磨、抛光处理。带有磁性的样品则必须经过退磁处理。

4. SEM 的主要性能和参数

（1）加速电压。SEM 常用的加速电压为 20kV 左右。加速电压越高，越有利于提高图像的信噪比，但过高的加速电压会使图像对表面起伏的敏感度降低，并导致边缘效应更加显著。加速电压过低，则会使景深变小，导致微区细节减少。对于表面平整的样品，为了更好地反映样品的表层信息，适合用较低的加速电压；对于表面高低起伏的样品，则需要选用较高的加速电压。

（2）景深。在保证图像清晰的条件下，物平面可以移动的轴向距离称为景深。SEM 的景深大于光学显微镜和透射电子显微镜的景深，因此 SEM 图像往往更富有立体感，非常适合观察和分析样品表面的细微结构。

（3）分辨率。电子束的实际直径是影响分辨率的关键因素。一般来说，电子束直径越小，分辨率越高。

（4）荷电效应。若样品的导电性不佳，当入射电子与样品相互作用时，多余的电子便会被束缚在样品内部，导致持续的电荷积累。这种电荷积累会进一步引发样品表面出现充电与放电现象，此现象称为荷电效应。荷电效应的直观表现为图像发生漂移，并伴随出现不规则的亮点与亮线。为了缓解或消除这种效应，可以采取降低电压、加快扫描速度等措施，或者在样品表面喷镀一层导电膜（如 Pt、Au、C）以提高其导电性。

（5）工作距离。物镜的下表面到聚焦清晰的样品表面的距离称为工作距离。每台 SEM 都有固定的最佳工作距离范围，实验前应了解这个参数。工作距离越小，越有利于得到高分辨率图像，但是如果样品表面高低不平，则应选用较大的工作距离，这有利于低倍下的大范围观察。

（6）聚焦。一般分为粗调和细调，在选定感兴趣的区域后，调节聚焦旋钮使图像最清晰。

（7）像散。当过焦或欠焦时，若图像呈现交错 90° 夹角的拉长拉伸，则需要消除像散。其原理是通过调节线圈电流来改变产生的附加磁场，从而校正不对称的椭圆形束斑。

图 5-4 给出了富锂锰基正极材料 $Li_{1+x}Mn_{1-3x}Ti_{2x}O_2$（$x=0.1$ 和 0.15）的二次电子像，从 $Li_{1.1}Mn_{0.7}Ti_{0.2}O_2$ 和 $Li_{1.15}Mn_{0.55}Ti_{0.3}O_2$ 的表面形貌可以观察到，它们是由一些粒径为 $200 \sim 600nm$ 的小颗粒组成的，并且随着 Mn 含量的降低和 Li、Ti 含量的提高，颗粒的尺寸变大。

(a) $Li_{1.1}Mn_{0.7}Ti_{0.2}O_2$　　　　　　　　(b) $Li_{1.15}Mn_{0.55}Ti_{0.3}O_2$

图 5-4　$Li_{1.1}Mn_{0.7}Ti_{0.2}O_2$ 和 $Li_{1.15}Mn_{0.55}Ti_{0.3}O_2$ 的二次电子像

在储能材料的形貌研究中，SEM 扮演着至关重要的角色。SEM 具有较大的景深和立体感，可以清晰地显示样品表面的高低起伏；SEM 对样品的制备要求较低；SEM 可以通过使用不同附件和探测器，实现元素和晶体结构分析等功能。SEM 的应用范围广泛，利用 SEM，我们可以清晰地观察到材料的尺寸、形状特征、分布情况及表面微观构造，从而获取丰富的形貌信息。这些信息对理解材料的性能特点、优化制备工艺及改进器件设计方案至关重要。例如，通过 SEM 观察，我们可以分析储能材料颗粒的均匀性和团聚状态，这对提升储能材料的电化学性能具有关键作用。此外，SEM 还能够追踪储能材料在充放电过程中的形貌演变，为我们揭示电化学反应的内在机制提供有力支持。

5.1.3　透射电子显微镜

透射电子显微镜（transmission electron microscope，TEM，简称透射电镜）也属于电子显微镜，是 20 世纪科学研究领域的一项重大发明，它的出现极大地加深了人们对微观世界的认知。经过多年的发展，TEM 已可以将样品放大百万倍，分辨率可以达到亚埃尺度。

1. 分析型 TEM 的结构

分析型 TEM 的结构比 SEM 更为复杂，它主要由电子光学系统、真空系统、电子线路系统组成。其中，电子光学系统是核心部分，包括照明部分、样品室、成像放大部分、观察和记录部分，见图 5-5。

1）照明部分

在照明部分，电子枪发射出经过高加速电压的电子束，该电子束具有高亮度和高稳定性，随后被聚光镜会聚。聚光镜不仅起到会聚电子束的作用，而且能调节照明强度、孔径角和束斑直径。

2）样品室

样品室位于照明部分与物镜光阑之间，用于放置样品杆，并实现样品在观察过程中的平移、倾斜、旋转等操作。一些原位多功能样品杆可以帮助研究人员在特定环境（如气体、液体、电磁场、力场、温度场等）下实时观测样品的动态变化。

3）成像放大部分

TEM 的光路图如图 5-6 所示。成像放大部分的作用是将来自样品的透射电子聚焦并且放大成像。物镜是形成一次像的关键透镜，中间镜和投影镜的作用是进一步放大和投影一次像。

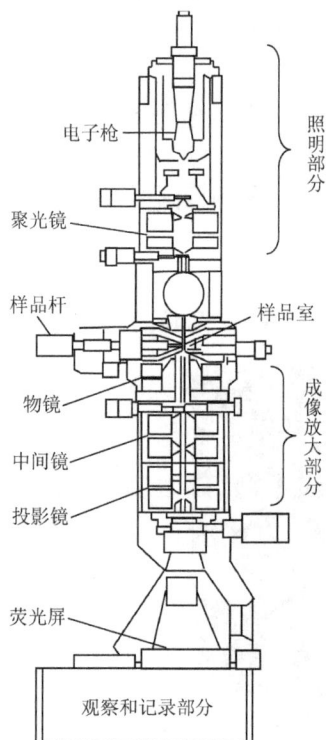

图 5-5　TEM 的结构示意图

（图中标注：电子枪、聚光镜、样品杆、物镜、中间镜、投影镜、荧光屏；照明部分、样品室、成像放大部分、观察和记录部分）

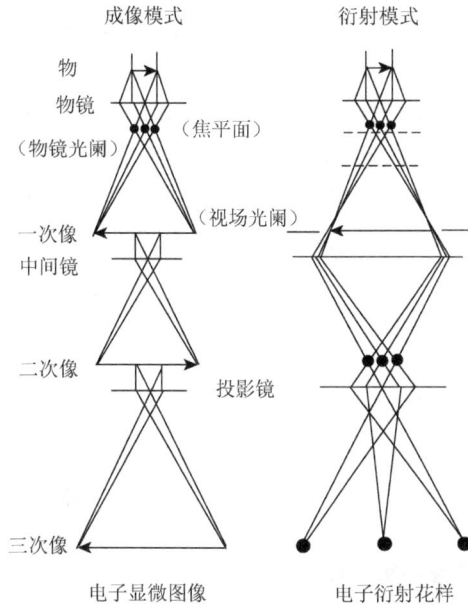

图 5-6　TEM 的光路图

4）观察和记录部分

穿透样品的电子束经过多级透镜后在荧光屏上呈现出 TEM 图像。在 TEM 发展的早期阶段，常使用胶卷记录图像。随着技术的发展，研究人员已经研制出 CCD 相机、CMOS相机和直接电子探测相机，其中，直接电子探测相机省去了传统相机中的信号转换步骤，具有采集速率更快、动态范围更大、探测效率更高的优势。

5）附件

分析型 TEM 通常配有一些附件。其中，扫描透射电子显微镜（scanning transmission electron microscopy，STEM）可以进行原子尺度的观测和分析；能量色散 X 射线谱仪专门用于对样品进行微区成分分析；电子能量损失谱仪用于得到元素成分、化学键和价态等信息；能量过滤系统用于选择特定能量范围的电子进行成像，减少图像中的噪声和背景干扰，从而提高图像的对比度和分辨率。这些附件进一步扩展了分析型 TEM 的应用范围和功能，附件的选择需要根据具体的研究需求来确定。

2. TEM 的成像模式

（1）高分辨透射电子显微镜（high-resolution transmission electron microscopy，HRTEM）模式。HRTEM 模式作为 TEM 的传统成像模式，是使用平行入射电子束照射薄样品的成像技术。HRTEM 像属于相位衬度像，是由参与成像的所有衍射电子束和透射电子束因相位差而产生的干涉图像。当满足最佳欠焦条件和弱相位体近似时，HRTEM 像就是物样势场的投影，可以分析晶体的物相、界面、缺陷等。但是 HRTEM 像的衬度会随离焦量或样品厚度的改变而发生反转，使图像的解读变得困难。

（2）STEM 模式。通过具有大会聚角的小束斑电子束对样品进行逐点逐行扫描，并针对衍射平面特定散射角范围内的电子束进行强度积分，可获得 STEM 图像。根据电子的散射角，STEM 可以分成大角度散射（非相干成像）和小角度散射（相干成像）。根据所使用探测器几何形状和位置［图 5-7（a）］，STEM 成像模式可以分为明场（bright field，BF）像、环形暗场（annular dark field，ADF）像、高角环形暗场（high-angle annular dark field，HAADF）像等。此外，结合其他技术（如能量色散 X 射线谱、电子能量损失谱），STEM 还可以同时获取局部位置的元素组成和电子结构等信息。下面详细介绍 STEM 中的常见模式。

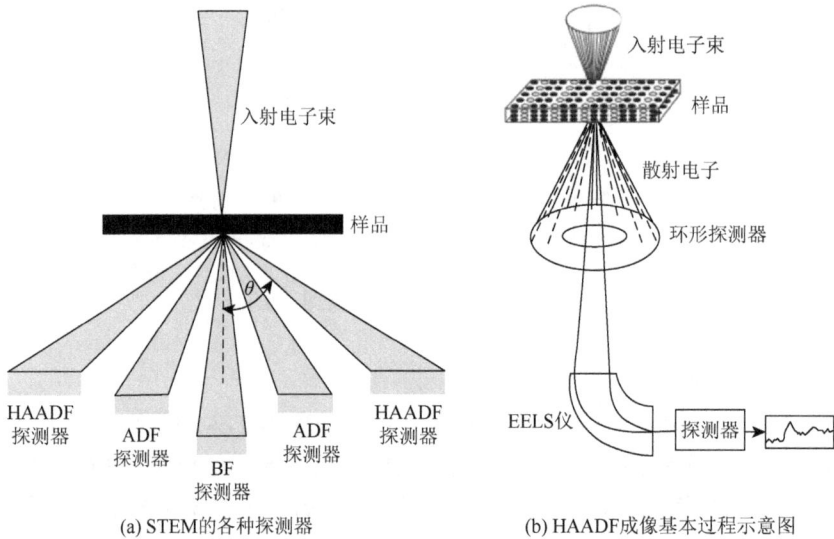

(a) STEM的各种探测器　　　　　　(b) HAADF成像基本过程示意图

图 5-7　STEM 的各种探测器和 HAADF 成像基本过程示意图

①HAADF 像。HAADF 像是 STEM 中最常用的成像模式，HAADF 探测器接收半角大于 50mrad（约 3°）的散射电子，实现了非相干高分辨成像［图 5-7（b）］。因此，在 HAADF 像中，图像衬度不会随离焦量或样品厚度的变化而发生反转，并且其明暗强度近似与原子序数的 2 次方（Z^2）成正比，可以通过图像中原子列的衬度在原子分辨下初步分析化学成分信息。与 HRTEM 像相比，HAADF 像具有更高的空间分辨率且不会发生衬度反转。得益于上述优势，HAADF 像是一种适用于研究单原子、物相、异质界面、缺陷和原子掺杂等结构信息的强大技术。但是利用 HAADF 像探测轻元素具有挑战性，特别是在有较重元素共存的情况下。

②ABF 像。对于轻元素（如 Li、C、O 等）的成像，使用 ABF 像更为合适。由于 ABF 探测器以小角度收集到的电子束具有相干性，实现了相干成像。ABF 像的明暗强度近似与原子序数的 1/3 次方（$Z^{1/3}$）成正比。因此，可以借助 ABF 像同时对轻元素和重元素进行成像。

③积分差分相位衬度（integrated differential phase contrast，iDPC）像。新兴的 iDPC 技术使用 STEM 中多分割探测器的差分相位衬度（differential phase contrast，DPC）像。

由于会聚束电子衍射花样质心的移动方向和幅度与样品的投影内势分布具有线性相关性，投影内势又与样品原子种类直接相关，iDPC 像可以反映出样品中元素的信息，可实现轻元素和重元素的同时成像。此外，iDPC 技术采集了几乎所有与样品发生相互作用的电子并进行成像，具有更高的电子利用率，可实现超低电子剂量成像，能够对 MOF 和 COF 等电子束敏感的材料进行原子分辨率成像。

图 5-8 给出了利用 TEM 观察到的几种成像模式图像。图 5-8（a）是磷化钴（CoP）纳米颗粒的 HRTEM 像，可以看到(100)和(101)晶面是互相垂直的；图 5-8（b）是 SrTiO$_3$晶体[110]晶向的 HAADF 像，每一个较亮的点代表了 Sr 原子，较暗的点代表了原子序数较小的 Ti 原子；图 5-8（c）是 SrTiO$_3$晶体[110]晶向的 ABF 像，不仅可以看到 Sr 和 Ti 原子，而且可以清晰地看到在 2 个 Ti 原子中间有 1 个 O 原子；图 5-8（d）是电子束敏感的 Si 基沸石材料的 iDPC 像，可以看到 10 个 Si 原子组成了一个大圆环。

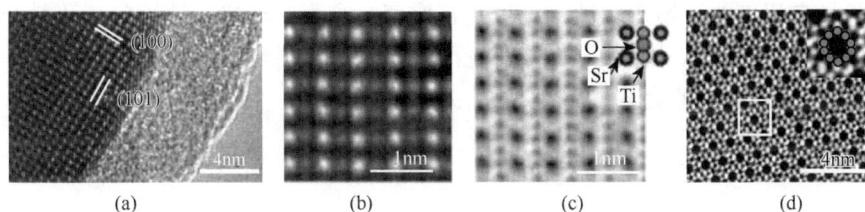

图 5-8　TEM 几种典型成像模式的图像

3. TEM 样品制备方法

TEM 对样品有严格要求：①样品需在真空及高能电子束轰击下保持稳定，不发生挥发或变形；②样品应具备稳定的化学和物理性质，且不可含有放射性、腐蚀性、磁性及水分；③样品厚度一般不超过 100nm，样品整体直径不大于 3mm，粉末类的样品单颗粒尺寸小于 1μm。样品的制备直接影响样品的成像质量。下面列举常用的 TEM 制样方法。

（1）超声分散法。超声分散法主要适用于粉末材料，它是最简单的样品制备方法。将粉末样品研磨至足够细小后，加入分散液（如乙醇）并进行超声分散。将分散后的悬浮液滴加到载网上，等待样品晾干或烘干即可。

（2）超薄切片法。超薄切片法主要用于制备微纳米颗粒、高分子材料、生物材料等样品。在进行超薄切片之前，需要对样品进行样品包埋（用于固定样品）并使用玻璃刀或金刚石刀对其整型（使样品易于切割），然后使用载网从水面上捞起样品。

（3）离子减薄法。离子减薄法主要用于陶瓷、半导体、金属及其合金、复合材料，以及薄膜样品。通常使用带有一定能量的离子（氩离子、氦离子等）轰击样品，实现减薄样品的目的。该方法制备的 TEM 样品污染较小。

（4）聚焦离子束法。聚焦离子束法主要用于薄膜或块状样品的制备。使用的仪器是聚焦离子束-扫描电子显微镜（focused ion beam-scanning electron microscope，FIB-SEM），其原理是用电子束激发样品的二次电子等信号来观察样品的表面形貌，操作方法与 SEM 相同，同时使用被电磁透镜聚焦后的高能离子束来切割样品指定区域。具体操作过程如下：首先，用电子束或离子束在感兴趣区域沉积一层碳、铂、钨等保护层；然后，用 Ga 离子束进行刻蚀加工；最后，利用纳米机械手将加工后的薄片转移至半载网上继续减薄。为保证 TEM 中的成像质量，一般要求样品厚度为 50～100nm。这种方法的优势在于可通过 SEM 观察并选取需要的样品区域或取向，实现纳米级别的精确加工。

5.1.4　原子力显微镜

原子力显微镜（atomic force microscope，AFM）通过探测探针尖端与样品间原子力的变化，能够描绘出几纳米至几百微米区域表面的微观形貌。它还能精确操控分子和原子，实现在原子尺度上对表面结构的精细加工，以及进行超高密度的信息存储。此外，AFM 实验具有极高的环境适应性，无论是在空气、高真空环境、溶液中，还是在反应性气氛中，都能顺利运行。因此，AFM 在表面科学、材料科学，乃至生命科学等多个学科领域的研究中都占据着举足轻重的地位。

1. AFM 的工作原理

AFM 通过装有尖锐探针的精细悬臂进行操作，当探针接近样品表面时，探针尖端与样品表面的原子间会产生相互作用。这种相互作用可能是吸引或排斥，它会使悬臂产生轻微的弯曲，如图 5-9 所示。为了准确捕捉这一微小的形变，AFM 运用了一种独特的技术：将一束激光照射在悬臂上，并仔细观察反射光的位置变动。一旦悬臂发生弯曲，反射光的位置就会随之偏移，从而能够精确测定其形变程度，而悬臂的形变直接反映样品表面的形貌变化。

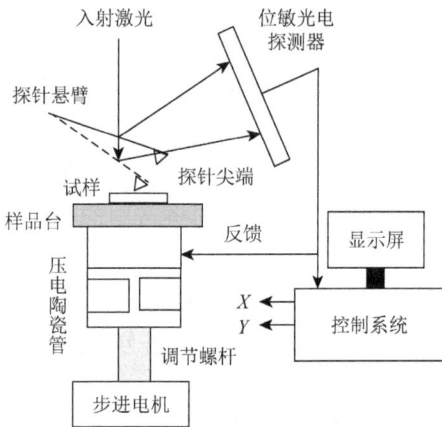

图 5-9　AFM 光束偏转法原理图

通过精确测量反射光的偏移量，AFM 能够推断出样品表面的高度变化，从而绘制出高精度的三维表面形貌图像。在整个过程中，AFM 的反馈系统不断调整探针与样品之间的距离，以保持相互作用力恒定，确保测量的准确性。

这种独特的工作原理赋予了 AFM 极高的分辨率与灵敏度，从而使得它成为探索纳米级别表面结构及其性质中不可或缺的重要工具。

2. AFM 的工作模式

AFM 包含三种主要工作模式：接触模式、轻敲模式和非接触模式（图 5-10）。以下是对这三种工作模式的介绍。

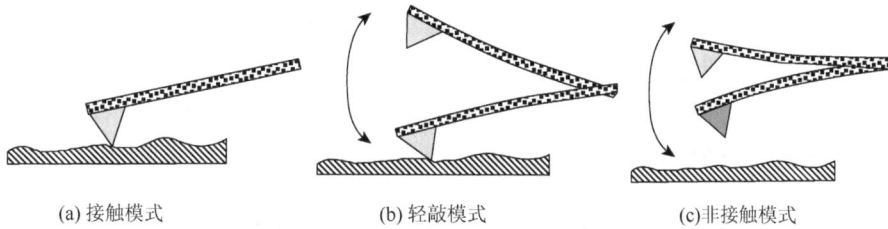

(a) 接触模式　　　　　　　　　　(b) 轻敲模式　　　　　　　　　　(c)非接触模式

图 5-10　AFM 的三种主要工作模式

（1）接触模式。探针尖端与样品表面保持持续接触，使得探针与样品之间保持排斥力，以此描绘样品表面的形貌。接触模式能够生成稳定的图像，适用于硬质样品。其缺点是可能会对样品和探针造成损坏，因此在实验过程中需要选择较低的扫描速度。

（2）轻敲模式。探针以非常小的振幅（约 20nm）和一定的频率（100～500kHz）触碰样品表面。通过控制探针尖端的振动，并在一定范围内维持探针与样品之间的相互作用力进行扫描，通过检测振幅的变化来获得表面拓扑信息。轻敲模式的扫描速度比接触模式快，并且对样品的损伤较小。

（3）非接触模式。探针尖端与样品表面始终保持 5～10nm 的距离。在扫描过程中，通过捕捉探针尖端与样品之间的原子间库仑排斥力，能够详细地检测和刻画样品的表面形态。非接触模式的扫描速度最快，适用于研究表面粗糙的大块样品。

3. AFM 在储能材料领域的应用举例

图 5-11 给出了利用 AFM 观察在碳表面形成 SEI 膜的过程。原位 AFM 图像显示，SEI 膜起初非常粗糙，当对样品施加电压达到 0.7V 后，SEI 膜覆盖了整个表面，厚度约为 20nm。

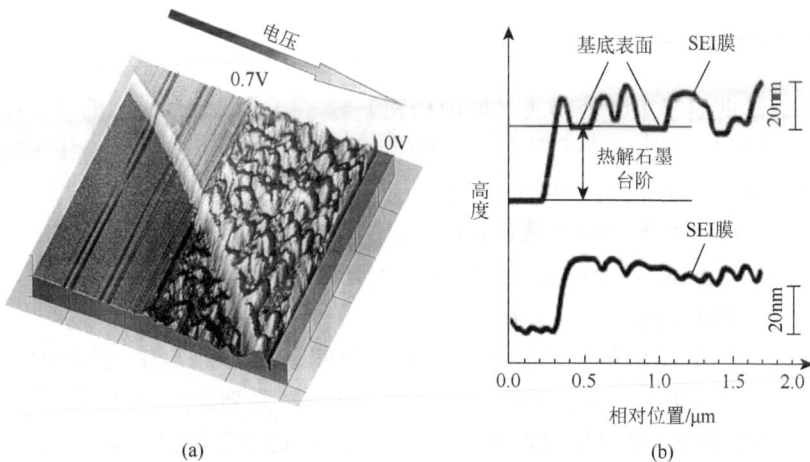

(a)　　　　　　　　　　　　　　　　(b)

图 5-11　原位 AFM 图像

5.1.5　四种形貌表征仪器的比较

储能材料微观形貌表征的四大显微设备各有其独特的优势（表 5-1）：光学显微镜不

需要高真空环境和特殊的制样要求，可以最简单、直接地观察样品；SEM 适用于观察样品断面与粗糙表面，图像具有强烈的立体感和高度真实性；TEM 适用于观察薄样品的微观形貌、颗粒尺寸、晶体结构、缺陷等信息；AFM 能够提供真正的三维表面图，适用于研究固体材料的表面结构。

表 5-1 SEM、TEM、AFM 的主要性能指标比较

指标	SEM	TEM	AFM
样品环境	高真空	高真空	大气、液体、真空
温度	室温、低温、高温	室温、低温、高温	室温、低温、高温
样品损伤	电子束敏感物质受损伤	电子束敏感物质受损伤	几乎无损伤
力学性质	无	无	局部微区力学性能
元素分析	有	有	无

5.2 储能材料物相表征

随着分析仪器和技术的不断发展，用于材料物相表征的实验方法和技术非常多，其中比较常用的分析方法是 X 射线衍射和电子衍射。

5.2.1 X 射线衍射

X 射线是一种波长极短、穿透力极强的电磁波，通过 X 射线衍射（X-ray diffraction，XRD）可以获得丰富的物质微观结构信息，如晶格参数、晶体缺陷、成分含量及内应力。

1. X 射线衍射的基本原理

当高速运动的电子束轰击物质（如阳极靶）时，电子束与样品中的原子相互作用，能够将内壳层的电子激发，使其脱离原子的束缚，从而在内壳层轨道产生空穴。具有更高能量的外壳层电子跃迁到该空穴时，将释放一定能量的 X 射线。由于每个元素的原子结构是独特的，这些 X 射线的能量具有该元素的特征，这就是特征 X 射线。特征 X 射线的波长为 0.001～10nm，其具体波长与靶材中的元素相对应。通常情况下，使用铜作为靶材时，产生的 X 射线波长约为 1.5406Å。

晶体的空间点阵能够被划分为彼此平行且等间距的晶面(hkl)，其晶面间距为 d，见图 5-12。当一束入射角为 θ 的平行 X 射线照射到这一系列晶面上时，若光程差 $2d\sin\theta$ 恰好为波长 λ 的整数倍，相干散射波将会相互增强，进而引发衍射现象。因此，我们可以推导出晶面族产生衍射的条件，即晶体学的基本方程——布拉格方程：

$$2d\sin\theta = n\lambda \qquad (5\text{-}1)$$

式中，λ 为 X 射线波长；n 为衍射级数，取 1，2，3，…正整数。因此，晶体的每一个衍射峰必然和一组间距为 d 的晶面族相联系。

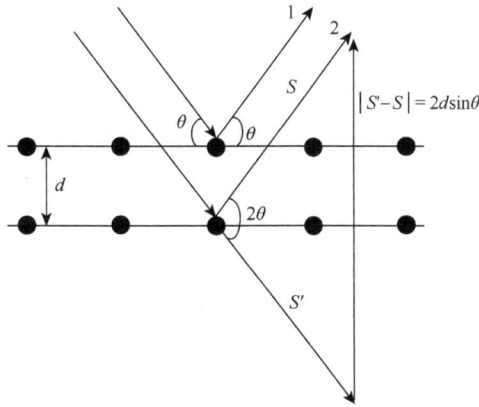

图 5-12　X 射线衍射示意图

另外，晶体的衍射强度 I 与结构因子 F 模量的平方成正比：

$$I = I_0 K |F|^2 V \tag{5-2}$$

式中，I_0 为单位截面积上的入射线功率；V 为参与衍射的晶体体积；K 为比例系数，受多种因素综合影响。

X 射线衍射分析是建立在晶体结构基础上的。每种物质都具有独特的晶格类型和晶胞尺寸，并且晶胞中各个原子的位置是固定不变的，因此对于具有确定波长的单色 X 射线，相同的物质会产生特定的衍射花样。尽管物质种类繁多，但没有两种物质能产生完全相同的衍射花样。晶体的衍射花样表现为一系列衍射峰，这些衍射峰的角度（2θ）和相对强度（I/I_0）由物质的本质属性决定。利用布拉格方程，我们可以精确计算出各衍射峰所对应的晶面族的晶面间距 d。混合物的衍射花样是各组分衍射花样的简单叠加。根据式（5-2），衍射强度 I 与晶体体积 V 有关，因此 X 射线衍射还可以用于定量研究。通过与已知物相的标准卡片进行比对，我们可以从衍射花样中准确识别出样品的物相。

2. X 射线衍射仪的结构

X 射线衍射仪的构造示意图如图 5-13 所示。X 射线发生器的作用是产生 X 射线；测角仪是核心部件，用于确定衍射角度；检测器用于检测并记录 X 射线；计算机控制处理系统主要用于完成衍射数据的采集和处理等任务。

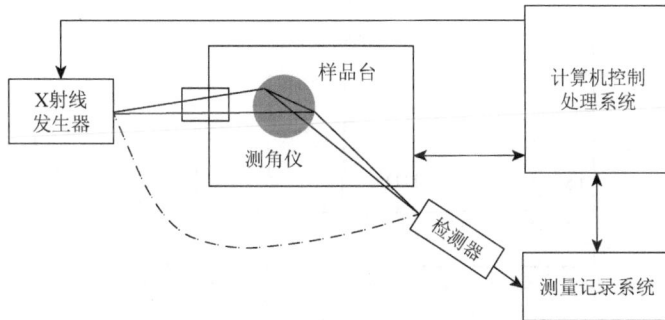

图 5-13　X 射线衍射仪的构造示意图

3. 样品制备方法

在使用 X 射线衍射仪时，为了准确测量各衍射峰的相对强度，必须确保入射 X 射线的照射区域小于样品的面积，并且样品的厚度大于 X 射线的穿透深度。常见 X 射线衍射样品有粉末、薄膜、块体，它们的制样要求如下。

（1）粉末。粉末必须细小，通常使用玛瑙研钵把样品磨细。一般要求粉末的颗粒直径为 0.1~10μm。样品制备过程可采用压片法、胶带黏附法或石蜡分散法。在此过程中，必须确保样品均匀制备，尽量减小或避免择优取向。

（2）薄膜。X 射线具有强大的穿透能力，通常可达到几百微米量级，因此非常适合分析较厚的薄膜样品。为了确保分析结果的准确性，所提供的样品必须具备较大的面积，并且其表面粗糙度应尽可能小。

（3）块体。块体样品表面平整，长度和宽度在 20mm 以下，高度在 15mm 以下。

4. X 射线衍射花样的标定方法及其应用

由 X 射线衍射仪得到的数据是 X 射线衍射强度随衍射峰角度 2θ 变化的曲线。X 射线衍射数据处理一般需要专门的软件，常用的数据处理软件包括 MDI Jade 和 Highscore 等，涉及原始数据的平滑、背底扣除、弱峰识别和衍射峰标定等。通常使用晶面间距 d 来描述衍射线的位置，并用衍射线的相对强度 I/I_0 来标识衍射花样。

接下来搜寻相匹配的粉末衍射文档（powder diffraction files，PDF）卡片。现在内容最全的多晶衍射数据库是由衍射数据国际中心（International Center for Diffraction Data，ICDD）编写的《粉末衍射卡片集》。为了确定样品的物相，我们需要将测量到的 d-I/I_0 数据与已知结构物质的标准 PDF 卡片进行详尽的比对。在比对时，实验得到的 d 值和已知物质的 d 值应在一定实验误差范围内相符。同时，各衍射线相对强度的顺序也应与标准卡片保持一致。

多相物质的衍射花样是各个物相衍射花样的叠加，各物相之间没有相互影响。经过定量分析后，还可以根据衍射花样的强度来确定材料中各相的具体含量。

图 5-14 给出了锂离子正极材料 $Li_{1.2}Mn_{0.4}Zr_{0.4}O_2$（LMZO）和 $Li_{1.2}Mn_{0.4}Ti_{0.4}O_2$（LMTO）的 X 射线衍射花样。LMZO 和 LMTO 的晶体结构相同，然而，相对于 LMTO，LMZO 的衍射峰向低角度偏移，表明 LMZO 的晶格参数更大，这可能是由于 Zr^{4+} 的半径比 Ti^{4+} 大。

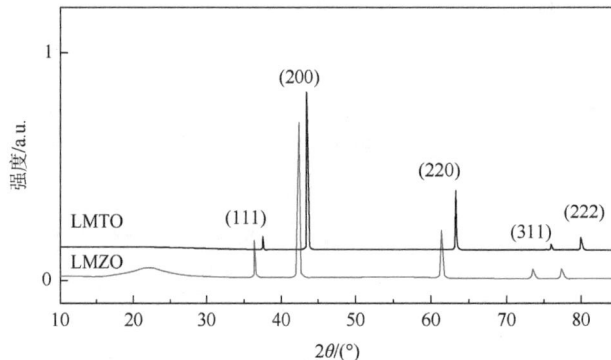

图 5-14　锂离子正极材料 LMZO 和 LMTO 的 X 射线衍射花样

（1）确定晶体结构。X 射线衍射花样中的衍射峰位置、强度和形状等信息可用于推断晶体的结构类型。同时，它们有助于确定晶格参数，以及原子在晶胞中的具体位置。

（2）物相鉴定。在材料科学中，物质可能以不同的物相存在，如固溶体、化合物和金属间化合物等。不同的物相具有不同的晶体结构和性质。通过 X 射线衍射技术，我们能够准确地鉴定出物质中存在的各种物相及其相对含量。

（3）结晶度分析。结晶度是衡量物质中结晶部分所占比例的指标。通过对比 X 射线衍射花样中的衍射峰强度和背景强度等信息，可以计算出物质的结晶度。这一指标对评估材料的性能和应用具有重要意义。

（4）晶粒大小和微观应变分析。利用 X 射线衍射技术，可以分析晶粒大小及微观应变情况。这些信息对理解材料的力学性能和加工过程中的微观结构演变具有至关重要的作用。

此外，X 射线计算机断层成像（X-ray computerized tomography）技术是另一个与 X 射线相关的技术，其使用具有高穿透能力的硬 X 射线（其能量为 10～100keV）作为入射光源。借助这种光源，X 射线能够轻松穿透纽扣电池金属外壳等物质，对目标研究对象（如固态电池）进行全面、多角度的深层扫描，并据此生成投影图像。在这一过程中，我们可以捕获各个角度下的对比度衰减图像，这些图像随后通过先进的计算机软件进行精细重构，展现出物体的三维立体结构。此外，X 射线计算机断层成像技术能够实时监控电池内部组件的形态、晶体结构及各化学组分等信息在电池运行过程中的动态演变，对深入探索固态电池的界面性能、界面变迁及电池失效的深层机制具有重要价值。

5.2.2　电子衍射

与 X 射线衍射类似，电子与晶体相互作用也会发生衍射，即电子衍射（electron diffraction，ED），其遵循布拉格方程。电子衍射实验一般是通过 TEM 实现的，衍射模式的光路图见图 5-6。通过分析电子衍射花样，我们可以确定材料的晶体结构、晶格参数、原子间距等关键参数。由于原子对电子的散射能力强于对 X 射线的散射能力，电子衍射具有较高的强度。这一特点使得电子衍射实验中所需的曝光时间大幅缩短，从而能够高效地获取衍射数据。此外，TEM 的优势在于它能够将物相的形貌观察与结构分析互相结合。

下面介绍两种常用的电子衍射实验方法，选区电子衍射（selected area electron diffraction，SAED）和会聚束电子衍射（convergent beam electron diffraction，CBED）。

1. 选区电子衍射

满足布拉格方程是晶体中出现衍射现象的基本条件，它描述了在正空间中晶面间距和入射角之间的关系。埃瓦尔德衍射球则在倒易空间中用几何方法描述了同样的衍射条件。埃瓦尔德衍射球是一个以入射波矢量为半径的假想球，只需判断倒易点是否落在埃瓦尔德衍射球上，就能确定是否会产生衍射，这一判断方式与布拉格方程是等价的。图 5-15 给出了衍射发生时满足的几何关系。

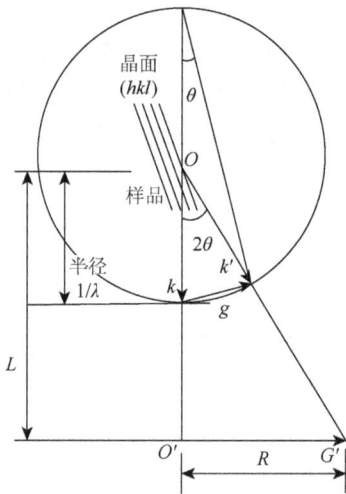

图 5-15　电子衍射几何关系

平行电子束照射到位于 O 处的样品上，在 k 方向上形成透射束，相应地在接收平面上得到透射斑 $O'(000)$，某一晶面 (hkl) 满足布拉格方程，在 k' 方向上产生一强衍射束，相应地在接收平面上得到衍射斑 G'。其中，R 为电子衍射花样上衍射斑 G' 到透射斑 O' 的距离，L 为样品到接收平面的距离，称为相机长度，由图 5-15 可知，

$$R = L\tan(2\theta) \approx L\sin(2\theta) \approx 2L\sin\theta \\ = 2L\lambda/(2d) = L\lambda/d \qquad (5\text{-}3)$$

由此得到

$$Rd = L\lambda \qquad (5\text{-}4)$$

式（5-4）就是电子衍射几何分析的基本关系式，是电子衍射花样标定的基础，其中，$L\lambda$ 为相机常数，由实验条件决定。在 TEM 中，$L = f_0 M_1 M_p$，其中，f_0 为物镜焦距，M_1 和 M_p 分别为中间镜和投影镜的放大倍数。式（5-4）表明单晶体的电子衍射花样实质上是晶体某一个二维倒易平面的放大图像，放大倍数为 $L\lambda$。

为了对感兴趣区域进行衍射花样分析，我们需要在物镜像平面插入一个选区光阑。光阑的尺寸可以根据需要来选择。光阑孔径外的电子束会被光阑挡住，无法进入下面的透镜系统继续成像，从而实现了对微区形貌的观察和电子衍射分析的对应。

根据样品的结构特点，可以将衍射花样分成单晶电子衍射花样、多晶电子衍射花样和非晶电子衍射花样，见图 5-16。通过对衍射花样的分析，可以获得样品的结构信息。当样品的结构已知时，通过对电子衍射花样的标定可以确定晶体的取向；当样品的结构未知时，可以根据电子衍射花样确定其结构和晶格参数。

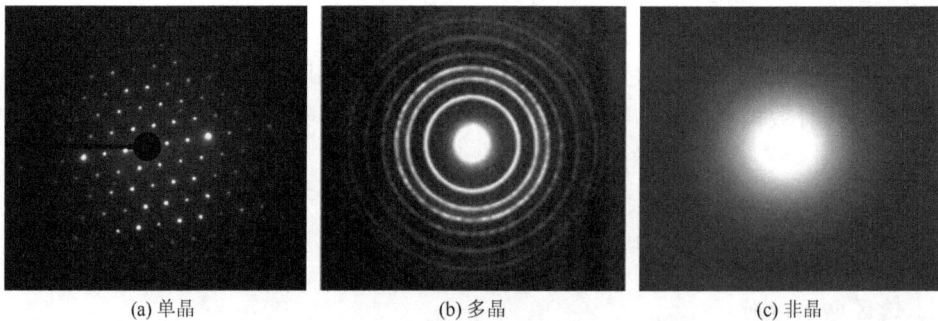

(a) 单晶　　　　　　　　　(b) 多晶　　　　　　　　　(c) 非晶

图 5-16　典型的单晶、多晶和非晶电子衍射花样

单晶电子衍射花样呈现出一系列规整有序的衍射斑点。这些斑点可以看成经过倒易点阵原点的二维倒易平面在观测屏上的放大投影。它们由排列有序的衍射斑点构成，基本单元是平行四边形。每一个衍射斑点代表着某一特定晶面的衍射。这些晶面可通过密

勒指数(hkl)来表示。

通常的标定工作是鉴定一个已知结构的晶体，因此标定电子衍射花样的任务就是从已测的结构中找出相符合的结构。具体标定步骤如下。

（1）以透射斑 O 作为原点，找到与透射斑最相邻和次相邻的两个点 A 和 B（点 A 和点 B 不能在一条直线上），它们分别对应最接近和次接近中心斑(000)的衍射斑点$(h_1k_1l_1)$和$(h_2k_2l_2)$，由此得到一个最小的平行四边形，如图 5-17 所示。

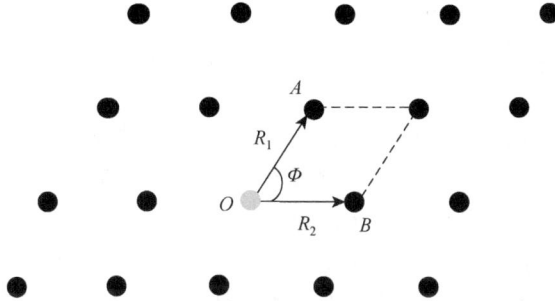

图 5-17　电子衍射花样的特征平行四边形

（2）测量出 $\overline{OA}$ 与 $\overline{OB}$（即 R_1 和 R_2），代入公式 $Rd = L\lambda$，求出对应的 d_1、d_2。再量出 $\overline{OA}$ 与 $\overline{OB}$ 的夹角 Φ。

（3）依据已知的物相，查找相应的粉末 X 射线衍射卡片，寻找与 d_1、d_2 相匹配的$\{hkl\}_{1,2}$，其中"相匹配"的定义为相对误差在 3%以内。此处，$\{hkl\}$代表所有等价的晶面指数。

（4）从$\{hkl\}_1$集合中任意选取一个$(h_1k_1l_1)$作为点 A 的密勒指数，并从$\{hkl\}_2$集合中尝试选取一个$(h_2k_2l_2)$作为点 B 的初步指数。利用晶面夹角公式，计算这两点的夹角 Φ，并将其与实际的测量值 Φ 进行比较。此过程需反复进行，直至找到与测量值 Φ 相匹配的$(h_2k_2l_2)$，将其确定为点 B 的密勒指数。

（5）按矢量叠加法标出其他衍射斑点。

（6）根据矢量叉乘法确定该衍射花样的晶带轴。

多晶电子衍射花样呈现为一系列半径各异的同心圆环。它是由众多取向杂乱、无规律分布的细小晶体颗粒共同产生的。具体标定步骤如下。

（1）测定衍射环的直径 $2R$，根据 $d = L\lambda / R$，测量衍射环对应的晶面间距 d_{hkl} 值。

（2）根据已知的物相，在粉末 X 射线衍射数据中查找该物相的 PDF 卡片。将上一步计算得到的 d_{hkl} 值与 PDF 卡片中的 d 值进行比较，在一定误差范围内，找出每个衍射环的晶面指数$\{hkl\}$。在实验中，为得到晶体的取向信息，除了采集选区电子衍射花样，还可以对 HRTEM 像或 HAADF 像的选定区域进行快速傅里叶变换（fast Fourier transform，FFT），这是一种处理图像的数学算法，可以得到类似选区电子衍射的 FFT 花样，然后使用与标定选区电子衍射类似的方法，对样品进行衍射标定。图 5-18 给出了 Pt_3Co 颗粒的原子级分辨 HAADF 像，并且对选定区域进行 FFT 分析。

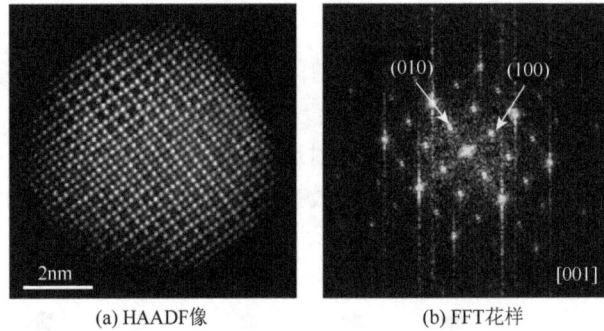

(a) HAADF像　　　　(b) FFT花样

图 5-18　Pt$_3$Co 颗粒的原子级分辨 HAADF 像和 FFT 花样

非晶材料由于不存在长程有序，无法形成有序的衍射斑点，其电子衍射花样呈现为一个模糊不清的晕斑。此外，还存在一些复杂的电子衍射花样，如超点阵斑点花样、孪晶斑点花样、高阶劳厄斑点花样及二次衍射花样。

鉴于不同晶体结构所产生的电子衍射花样具有独特的对称性特点，对于那些结构未知的晶体，我们可以根据电子衍射花样的对称性快速确定其所属的晶系，见表 5-2。

表 5-2　电子衍射花样的对称特征

斑点花样的几何图形	电子衍射花样	可能所属点阵
平行四边形		三斜、单斜、正交、四方、六方、三方、立方
矩形	90°	单斜、正交、四方、六方、三方、立方
有心矩形	90°	单斜、正交、四方、六方、三方、立方
正方形	90° 45°	四方、立方
正六边形	60° 30°	六方、三方、立方

2. 会聚束电子衍射

选区电子衍射技术采用近似平行的电子束照射样品，利用选区光阑在物镜的像平面上选取样品区域，以获取该区域的衍射花样。由于 TEM 物镜球差的限制，选区电子衍射可以分析的最小样品区不能太小，否则，衍射数据中的一部分将来自选区光阑以外的区域，从而导致分析结果的错误。

会聚束电子衍射将电子束聚焦成直径很小的入射束照射在样品上，只有受到照射的区域才会发生衍射，可分析的最小样品区域大小（即空间分辨率）取决于照明电子束的直径和亮度。在物镜后焦面上形成了透射盘和衍射盘，每个衍射盘相当于选区电子衍射花样中的一个斑点，见图 5-19。衍射盘的孔径角与入射束的孔径角相对应。由于会聚束电子衍射选择的区域是电子束与样品相互作用的体积函数，因此可以很轻松地达到纳米尺度（<100nm）。会聚束电子衍射花样的衍射盘中包含丰富的晶体学信息，用于确定晶体的对称性、微区晶体点阵参数及晶体的厚度等。

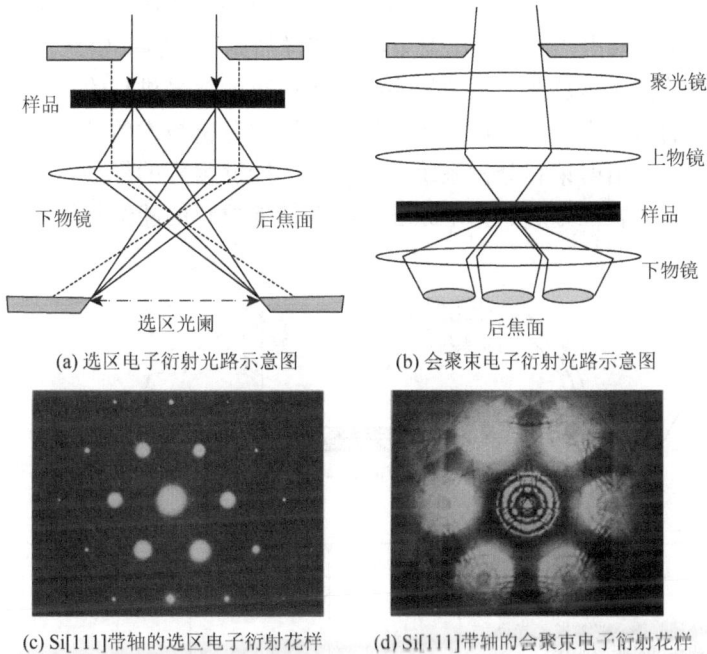

(a) 选区电子衍射光路示意图　(b) 会聚束电子衍射光路示意图

(c) Si[111]带轴的选区电子衍射花样　(d) Si[111]带轴的会聚束电子衍射花样

图 5-19　选区电子衍射和会聚束电子衍射光路示意图，以及 Si[111]带轴的选区电子衍射和会聚束电子衍射花样

5.1.3 节介绍了 TEM 的 STEM 模式。在这种模式下，电子束被会聚成原子尺度的电子束斑。作为高度聚焦的电子探针，只需停止电子束的扫描，并将电子探针移动到需要研究的样品区域，就可以获得该区域的会聚束电子衍射花样。

在会聚束电子衍射花样中，除了衍射斑点扩展成衍射盘，还会产生几种特殊的花样，常见的有科塞尔-莫伦施泰特（Kossel-Möllenstedt，K-M）条纹、科塞尔（Kossel）花样、零阶劳厄区（zero-order Laue zone，ZOLZ）线、高阶劳厄区（high-order Laue zone，HOLZ）线等。与选区电子衍射花样相比，会聚束电子衍射花样的分析是一个复杂而细致的过程。具体过程包括识别透射盘和衍射盘、观察菊池线和高阶劳厄线、测量衍射盘直径和间距、分析衍射花样的对称性。通常，我们会利用专业的电子衍射分析软件对衍射花样进行定量分析和模拟。

光谱与能谱类分析
技术概述

5.3　储能材料谱学表征

　　储能材料的能级结构与物种鉴别涉及组成材料的元素种类及其相对含量、材料中的官能团类别及其含量、能级结构特征、结构相变、各种探针分子和反应物分子在储能材料上的吸附位和吸附构型、表面吸附物种在一定外界条件下的迁移和转化等，其对深入理解储能材料的储能性能是至关重要的，能够为储能材料的设计和制备提供实验思路与理论指导。这些研究工作涉及多种谱学表征方法，如各种光谱和能谱表征技术，以期能够获得关于储能材料自身及其在化学过程中的清晰物理图像。

　　一束入射束（以光、电子、中子、离子、热、磁场、声波等形式）照射到样品，与样品发生相互作用后射出，此时的出射束已带有样品体系的特征信息。图 5-20 是光谱与能谱类分析仪器的框架示意图。由分析系统对出射束的信号进行收集和分析，并由检测系统记录分析后的信号强度，即可得到光谱与能谱类分析技术的数据。对于不同的谱学分析技术，入射束、出射束和分析系统各不相同，能够得到的样品特征信息不同。下面简要地介绍这些谱学表征方法的基本原理及其在储能材料的能级结构与物种鉴别表征中的应用。

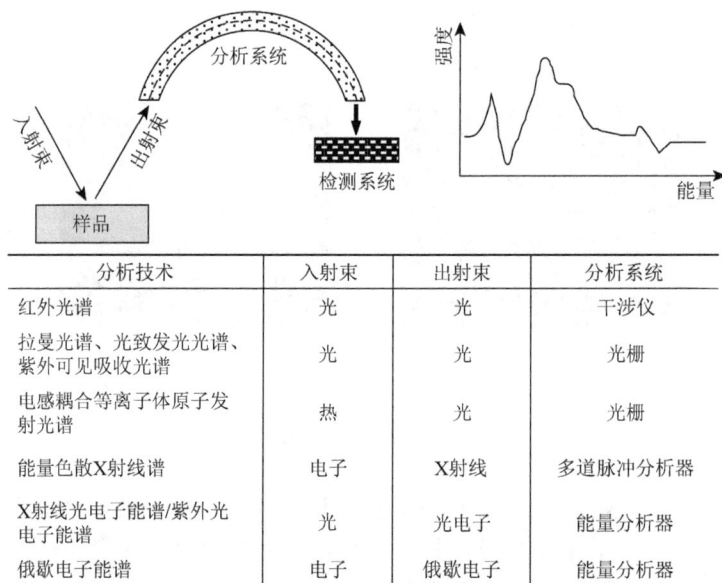

分析技术	入射束	出射束	分析系统
红外光谱	光	光	干涉仪
拉曼光谱、光致发光光谱、紫外可见吸收光谱	光	光	光栅
电感耦合等离子体原子发射光谱	热	光	光栅
能量色散X射线谱	电子	X射线	多道脉冲分析器
X射线光电子能谱/紫外光电子能谱	光	光电子	能量分析器
俄歇电子能谱	电子	俄歇电子	能量分析器

图 5-20　光谱与能谱类分析仪器的框架示意图

5.3.1　电子能谱

1. 能量色散 X 射线谱

　　当高能电子束照射样品时，电子束与样品中的原子相互作用，释放出特征 X 射线。收集并测量这些特征 X 射线的能量和强度，即可得到能量色散 X 射线谱（energy-dispersive

X-ray spectroscopy，EDS，也缩写成 EDX）。EDS 最基本的应用是确定样品中元素的种类。通过检测样品发射的特征 X 射线，可以识别出样品中包含的元素。此外，由于特征 X 射线的强度与元素的含量成正比，EDS 也可以用来进行元素比例的定量分析。在 SEM 或 TEM 中配备 EDS 仪，不仅可以进行样品微区的成分分析，而且可以获得特定区域的二维元素分布图（elemental mapping）。结合断层成像（tomography）技术，还可获得元素的三维分布信息。但是 EDS 对元素的探测也有一定的局限。例如，氢和氦只有 K 层电子，不能产生特征 X 射线，因此无法对氢和氦元素进行成分分析。另外，锂和铍产生的特征 X 射线波长太长、能量小，通常难以检测。部分元素的特征 X 射线峰的能量非常接近，如硫和钼的 Kα 线分别为 2.31keV 和 2.29keV，在 EDS 图中几乎重叠，在实际分析时需要注意。另外，EDS 仪的能量分辨率不高，现代 EDS 探测器的能量分辨率一般为 121～140eV（以 Mn Kα 线系为例），具体数值取决于探测器类型和使用条件。

2. XPS

当 X 射线照射在样品上时，入射 X 射线光子与样品中的原子发生相互作用，经历各种能量传递的物理效应后，会使原子中的电子脱离原子核的束缚并释放出来（即发生光电离），所释放出的电子（称为光电子）具有该原子的特征信息。收集、检测、记录和分析这些特征信号电子的能量分布和空间分布的方法就是 XPS 技术。图 5-21（a）给出了 XPS 的光电离过程，入射束（X 射线）照射到样品，使原子内壳层轨道上的电子脱离原子核的束缚而形成光电子，光电子被能量分析器收集和分析。此时光电子的动能为 $KE_{PE} = h\nu_0 - BE - \phi_{sp}$，其中，$KE_{PE}$ 为能量分析器检测到的光电子的动能，$h\nu_0$ 为入射束的光子能量，BE 为发生光电离前电子的轨道结合能，ϕ_{sp} 为 XPS 仪的功函数值。通过能量分析器得到出射光电子的动能，可以得到该电子在发生光电离前的结合能数值，即反映样品中元素的特征信息。

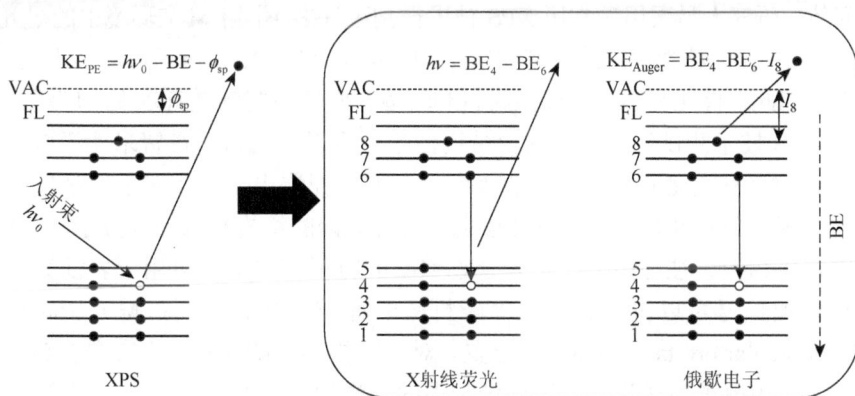

（a）样品在入射束的作用下发生光电离　　　　　　（b）光电离发生后样品的两种弛豫方式

图 5-21　电子能谱类分析技术中的电子跃迁过程

在 XPS 中，根据光电子谱峰出现的位置和强度，能够得到材料中的元素组成及其相对含量信息；由光电子谱峰的化学位移数值，能够得到材料中原子的化学价态和所处化学环境的信息。除此之外，利用 XPS 还可分析材料的尺寸效应、各组分之间的电荷传递效应、材料表面上吸附物种的种类和化学状态，甚至可以原位考察表面吸附物种随外界条件变化时的脱附与转化情况。由于电子在固体中的非弹性散射截面较大，其非弹性平均自由程（inelastic mean free path，IMFP，即电子在材料中经历非弹性碰撞之前所通过的平均距离）很短，收集到的光电子仅来自样品表面纳米尺度的厚度，因此 XPS 是一种表面灵敏的检测技术。同时，利用 XPS 技术也可以在材料表面进行二维成像分析，得到各组分在二维平面上的分布状态；结合离子溅射技术，可得到各组分在纵向的分布状态。因此，可对储能材料进行精确的三维分布状态分析，这在膜片状材料上有广泛的应用，例如，在离子电池的电极片材料研究中，可采用深度剖析 XPS 技术研究 SEI 层的详细信息。

通常情况下，XPS 技术需要超高真空环境。如果真空度较差，所分析的低能电子很容易被残余气体分子散射，使谱图的总信号强度减弱。只有在超高真空条件下，低能电子才能获得足够长的平均自由程，而不被散射损失掉。但真实的化学反应都是在一定温度和压力下进行的，一些化学反应只有在高温高压的极端条件下才能发生。对这些样品进行常规 XPS 测试时，不得不将样品从高温高压环境中取出，再放入 XPS 仪进行测试。这一过程不可避免地会使样品暴露在空气中，其表面状态很可能会发生改变，导致测出的 XPS 数据无法反映真实情况。为此，人们发展了准原位 XPS 技术，即在 XPS 仪系统外接反应装置，通过系统内部的传递装置将反应后的样品传送到分析室进行 XPS 信号的采集，避免了样品在空气中暴露。准原位 XPS 技术比常规 XPS 技术更接近真实情况，但得到的信息是脱离了真实反应条件后停留在样品表面的静态信息，这些信息可能来自化学反应过程中的污染物或者"旁观者"。为了解决这一问题，研究人员发展了近常压 XPS 技术，可在 XPS 仪中引入一定的气氛和压强，采用多级差分抽气来保证能量分析器和检测器的真空环境，突破了常规 XPS 技术需要高真空环境的限制。近常压 XPS 技术能够最大限度地逼近真实化学反应的实验条件，较好地弥补真空表面科学研究领域的"压力鸿沟"，更可能检测到真正的反应中间体。研究人员采用近常压 XPS 技术得到了许多不同于真空环境中的研究结论，这有助于我们深入认识材料真实的化学本质。此外，近常压 XPS 技术可应用于气-固、液-固反应体系，因此在催化材料、新能源材料和环境科学等研究领域有越来越广泛的应用。

采用 XPS 技术测试储能材料的价带谱信号，可以得到材料在费米能级以下的电子结构信息。对于有机类储能材料，芯能级电子（即内壳层电子，相对于价带电子而言）的 XPS 线常表现一致，没有明显的特征信息，而价带谱的结构和特征与分子轨道能级次序、成键性质直接相关，往往成为有机聚合物重要的特征指纹谱，可用于表征聚合物分子结构。由价带谱信号可以得到有机类储能材料的种类属性和最高占据分子轨道（highest occupied molecular orbital，HOMO）位置。对于无机类储能材料，价带谱能够给出材料在费米能级之下的电子填充状态，得到价带顶的能量位置，并可进一步计算出材料的 d 带中心位置。d 带中心表示 d 轨道电子能量的平均值，可以根据价带谱的峰型计算出来。d 带中心理论关联了过渡金属 d 电子结构与其反应活性，通过调节 d 带中心的位置，可以有效地调控金属与分子之间的相互作用。d 带中心的位置代表材料对吸附质的相互作用强度，d 带中心位置越高，相互作用越强，表明该材料对反应物的化学吸附能力越强。

另外，在体系外部增加辐照光源，可以模拟真实光化学反应的实验条件，考察在光照条件下材料表面的光生电子和光生空穴的移动方向，通过光照前后 XPS 峰的化学位移变化情况，进一步了解界面处的能带弯曲和电子传递信息，在材料的结构与光化学反应性能之间勾画出清晰的构效关系。

XPS 技术也可以采用同步辐射光作为入射激发源。改变同步辐射光的入射能量，可在不损坏样品的情况下获得不同深度的检测信息，从而建立起一种非破坏性的深度剖析 XPS 方法。由于离子溅射存在择优溅射和还原效应，采用离子溅射方式获得的样品信息可能会与真实的样品信息存在偏差，而以同步辐射光作为入射激发源的 XPS 技术能够更加真实地反映样品的纵向信息。

3. 紫外光电子能谱

当使用紫外线作为入射束照射在样品上时，同样能够使样品发生光电离而产生光电子，此时得到的便是紫外光电子能谱（ultraviolet photoelectron spectroscopy，UPS）。一般使用的紫外线光子能量较小，用它照射分子时，只能使分子的价电子电离，即只有较高占据能级的电子才有可能发生电离。对于固体样品，UPS 可以得到其能带结构，精确测量其电离能与表面功函数值。与 XPS 技术相比，UPS 技术具有更高的能量分辨率、更大的表面灵敏性和更小的表面破坏性。另外，UPS 探测的是价带信息，而不是芯能级信息。

对于固态储能材料，UPS 可以得到费米能级以下的电子能级结构、价带顶的位置，还可以得到材料表面功函数值。对于复合材料，UPS 可考察其界面处的能带弯曲现象，确定电子能级位置的相对高低和光生载流子的传输方向，从而得到材料的结构与光化学性能之间的构效关系。在电化学反应中，材料的电极电势数值与其电化学反应性能密切相关，UPS 得到的电子能级结构与电化学反应中的电极电势进行对照，能够得出清晰的电荷传递路径。将材料的电子能级结构与其光化学性能和电化学性能关联起来，深入理解材料的构效关系，可以为后续的材料制备工艺提供实验思路和理论指导。

材料在不同的实验条件（如暴露在不同的环境气氛、不同的温度）下的电子能级结构和功函数值会发生变化。因此，可通过改变实验条件调控样品的功函数值，从而改变电极界面处的电子传递，调控其催化反应性能。在实验条件改变时，UPS 技术可以考察材料的电子能级结构变化情况、材料表面吸附物种的成键特性及其转化过程，在能级结构与化学吸附、反应性能之间建立对应关系，为构建高效的储能材料体系提供参考。

4. 俄歇电子能谱

具有一定能量的入射束（X 射线或电子束）照射在样品上，使样品中原子的某一内壳层电子发生电离而留下一个空穴，此时该原子处于激发态。这种激发态原子从能量上看是不稳定的，它将自发回到能量较低的状态，外壳层电子会向内跃迁，填充空穴，即发生弛豫过程。弛豫过程有两种方式[图 5-21（b）]：一种弛豫方式是以 X 射线的形式释放能量，称为 X 射线荧光（X-ray fluorescence，XRF），释放出来的能量为 $h\nu = BE_4 - BE_6$，其中，$h\nu$ 为释放出 X 射线的能量，BE_4 和 BE_6 为所涉及的两个能级的轨道电子结合能；

另一种弛豫方式是通过非辐射跃迁使其他轨道上的电子激发成自由电子，此时发生俄歇跃迁，逃逸出来的电子称为俄歇电子，其动能为 $KE_{Auger} = BE_4 - BE_6 - I_8$，其中，$KE_{Auger}$ 为能量分析器检测到的俄歇电子的动能，BE_4 和 BE_6 为所涉及的两个能级的轨道电子结合能，I_8 为被激发出去电子的电离能。收集并分析样品产生的俄歇电子信号，得到俄歇电子能谱（Auger electron spectroscopy，AES）。俄歇电子的能量仅由俄歇跃迁涉及的相关电子能级决定，与原子激发态的形成原因无关，因此具有"指纹"特征，可用来鉴定元素种类。采用 AES 技术，可以得到储能材料表面的元素组成信息。此外，AES 技术检测的也是从样品表面出射的电子信号，同样是一种表面灵敏的检测技术，通常检测深度在纳米量级。

原子激发态的初始空穴可由 X 射线入射产生，此时得到的俄歇电子便是 XPS 测试中经常遇到的俄歇谱峰信号；也可以由聚焦的电子束入射来产生，这就是现在商业化 AES 仪得到的俄歇谱峰信号。作为 AES 激发源的电子枪要求具有良好的空间分辨率和足够高的电子束强度。现代顶级 AES 仪的空间分辨率已小于 10nm。AES 具有化学元素的鉴别能力，同时能反映出一定的化学效应，因此能实现样品表面物种的二维成像，即扫描俄歇显微镜（scanning Auger microscopy，SAM）技术。通过 SAM 技术对储能材料表面进行表面物种的空间分布成像，并将结果与 SEM 的空间形貌结果进行对照，可得到更为全面和深入的样品信息。

不同的化学环境将改变 AES 峰的形状和位置，这一现象称为俄歇电子的化学效应，因此 AES 技术也具有化学态鉴别的功能。一般来说，AES 所产生的化学位移比 XPS 表现出的化学位移更显著。例如，对于离子电池中使用的 Al 箔集流体，在 XPS 中，单质 Al 的 Al2p 谱峰位于 72.9eV 处，氧化物的 Al2p 谱峰位于 74.4eV 处，而在 AES 中，单质 Al 的 $L_{23}VV$ 俄歇跃迁电子能量位于 68eV 处，氧化物的 $L_{23}VV$ 俄歇跃迁电子能量位于 51eV 处。

虽然 AES 蕴含丰富的化学信息，但俄歇跃迁过程涉及三个能级，其产生的化学效应不像 XPS 一样容易分析和识别，因此在样品中原子的化学价态定性鉴别上，XPS 技术比 AES 技术的使用更加普遍。

5.3.2 原子光谱与分子光谱

1. 红外光谱

傅里叶变换红外光谱测量模式

当红外线照射样品时，样品内的分子会吸收特定频率的红外线，使得分子振动和转动能级从基态跃迁到激发态，对应这些吸收频率的透射光强度减弱。通过比较经过样品前后的红外光束的强度变化，即可得到红外光谱。它可直接给出样品的红外振动吸收频率，得到样品自身和/或表面吸附物种的基团信息。这对研究探针分子和反应物分子在样品上的吸附和转化是非常有帮助的。

在外界条件（如温度、环境气氛组成和压力的改变）作用下，可采用直接透射模式或者漫反射模式采集材料的红外光谱，观察材料是否发生高温裂解反应或者结构相变反应等，从而研究材料在不同类型环境气氛中的化学行为。直接透射模式下采集的红外光谱主要考察材料自身的振动信息，漫反射模式下采集的红外光谱则重点关注材料表面上吸附物种的振动信息。研究各种探针分子（如 CO、H_2、H_2O 分子）在材料表面吸附的红外光谱，可探测材料表面吸附位的种类及其相对含量、各种分子在材料表面的吸附能等，从而得到材料表面的活性位信息。研究碱性探针分子（如吡啶、NH_3 分子）在材料表面吸附的红外光谱，可探测材料表面酸性吸附位的信息，结合红外振动吸收峰的强度，可计算样品表面酸性位的相对含量。研究酸性探针分子（如 CO_2 分子）在材料表面吸附的红外光谱，可探测材料表面碱性吸附位的信息。

对于常见的气-固相反应体系，采用原位漫反射傅里叶变换红外光谱（diffuse reflectance infrared Fourier transformed spectroscopy，DRIFTS）技术，以脉冲方式或连续流动相方式向原位漫反射样品池中引入反应气氛，采集反应物分子在储能材料表面吸附的红外光谱，得到反应物分子在材料表面的吸附构型，考察研究体系随反应条件而出现的光谱变化，可检测反应中间体的信息，为进一步了解反应路径和推测反应机理提供实验证据。

此外，在原位漫反射样品池外部增加辐照光源，可实现光照条件下的原位 DRIFTS 检测。由于红外光谱是基于干涉调频的分光机制来实现信号采集的，在外部增加辐照光源并不会对样品的红外光谱数据产生影响。根据具体的研究对象和研究目标来选择合适的辐照光源与样品池红外窗片，可得到材料在光照条件下的化学行为，有助于研究光化学储能材料的工作机理。

对于液-固相反应体系，采用原位衰减全反射傅里叶变换红外光谱（attenuated total reflection Fourier transform infrared spectroscopy，ATR-FTIR）技术，将材料喷涂在 ATR 晶体（即可以发生衰减全反射的晶体）上，可获得样品的红外振动信息。如果将装有 ATR 晶体的光纤直接置于反应溶液中，则可实现原位监测液相反应的目的。

2. 拉曼光谱

利用红外光谱技术可得到样品的红外振动吸收信号，探测储能材料自身的官能团、探针分子和反应物分子在材料上的吸附和转化等信息。但并不是所有振动模式都能够被红外光谱检测到，这就涉及红外光谱的选择定则。红外光谱只能检测有偶极矩变化的振动模式，没有偶极矩变化的振动模式则不能被红外光谱检测到。偶极矩是衡量分子或化学键极性的物理量，它表示正、负电荷中心间的距离和电荷中心所带电量的乘积。偶极矩是一个矢量，方向从正电中心指向负电中心。作为一种有效的振动测量技术，拉曼光谱（Raman spectroscopy）刚好与红外光谱形成互补关系，将红外光谱与拉曼光谱组合使用，可得到样品全部振动模式信息。

当入射光撞击研究对象粒子时，粒子可能使入射光的方向发生改变，这个现象称为光散射。如果散射光的能量没有发生改变，那么发生的是瑞利散射；如果散射光的能量发生了改变，那么发生的是拉曼散射。散射光的能量变大或者变小分别对应反斯托克斯拉曼散射和斯托克斯拉曼散射。记录入射光照射样品后的拉曼散射信号，即可得到拉曼光谱。

图 5-22 示出了红外光谱与拉曼光谱产生机理的对比。从产生机理来看，拉曼光谱和红外光谱都属于分子振动光谱。但拉曼光谱是分子对入射光的散射，归属为散射光谱；

红外光谱是分子对入射红外光的吸收，归属为吸收光谱。光谱选择定则决定了分子的某一振动谱带应该出现在拉曼光谱还是红外光谱中：从分子结构性质的角度看，拉曼散射来源于分子的诱导偶极矩，与分子极化率的变化相关，通常非极性分子及基团的振动导致分子变形，引起极化率变化，是拉曼活性的；红外吸收过程与分子永久偶极矩的变化相关，一般极性分子及基团的振动引起永久偶极矩的变化，是红外活性的。与红外光谱相比，拉曼光谱可以直接测试水溶液中的样品，玻璃也不会对拉曼光谱的信号采集产生严重的干扰，这非常有利于构建原位拉曼光谱实验装置。例如，原位拉曼光谱技术可用于电化学条件下的原位研究，在不同电压条件下观察样品表面的振动信号变化情况，得到反应过程中的中间体信息，在电化学储能材料中有广泛的应用。

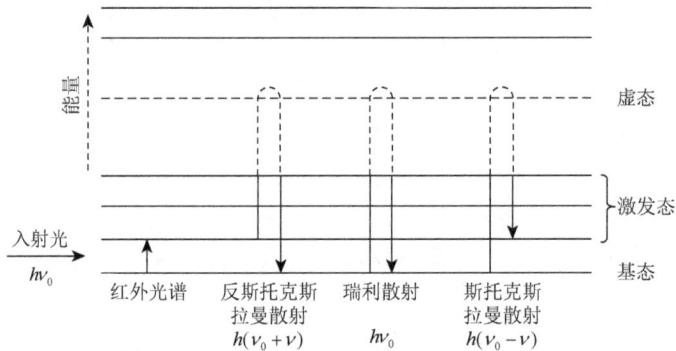

图 5-22　红外光谱与拉曼光谱产生机理的对比

拉曼光谱以拉曼频移的方式实现对研究体系的表征，可用于储能材料的微结构测定和相变研究。通过改变入射光的激发波长，可获得样品不同深度的拉曼散射信号，从而考察储能材料在不同条件下的晶相变化。这一结果可与其他研究方法（如 X 射线衍射）的测试结果进行对比，进而探讨相变发生的位置及其内在机理。

常规拉曼散射信号较弱，当激发波长与分子的电子跃迁波长相等时，将发生共振拉曼散射，此时拉曼散射强度比常规拉曼散射强度高出约 10^6 倍。灵敏度的极大增高使共振拉曼光谱能给出比常规拉曼光谱更加丰富的光谱特征信息，并能提供在常规拉曼光谱中难以出现的、强度可与基频相比拟的泛音和组合振动光谱。

为了获得强的拉曼光谱信号，可借助表面增强拉曼散射（surface enhanced Raman scattering，SERS）效应，将储能材料喷涂在贵金属（如 Ag、Au、Cu）基底上。在金属胶粒或粗糙金属表面作用下，材料的拉曼散射横截面会增加 $10^4 \sim 10^7$ 倍，这种增强只发生在直接吸附在金属表面上的物质。Ag 和 Au 是最常使用的金属，具有最强的表面增强拉曼散射效应，Cu 也用于表面增强拉曼光谱。如果将表面增强拉曼散射与共振拉曼光谱联合使用，拉曼散射横截面增加 $10^{14} \sim 10^{15}$ 倍，这使得单分子拉曼光谱检测成为可能。

另外，化学键的振动频率与原子的质量密切相关，当分子中的某个原子被其同位素替代时，振动频率会发生变化，这些变化在拉曼光谱中可以清晰地观测到，此即拉曼光谱的同位素效应。在实验中比较同位素替代前后拉曼光谱中的特征峰，如果某些峰发生了特定的位移，则这些振动信号是与同位素替代的原子相关的。通过观察反应过程中某些峰位的变化和同位素效应导致的位移，可以确认特定原子或基团的中间体的存在，从而理解其反应机理。

综上，拉曼光谱技术可原位监测化学反应过程，检测反应物分子在材料表面的吸附构型和反应过程的中间体，根据中间体的构型推测反应路径和反应机理，为进一步设计高效的材料体系提供实验思路和理论指导。

3. 紫外可见吸收光谱

红外光谱和拉曼光谱所用激发源的能量较低，重点关注分子振动能级的跃迁情况。当激发源的能量提高至可见光区甚至紫外光区时，可激发价电子能级的跃迁，通过比较经过样品前后的光束强度变化，就得到样品的紫外可见吸收光谱（ultraviolet and visible absorption spectroscopy，UV-Vis）。分子中不同轨道的价电子具有不同的能量，处于低能级的价电子吸收一定能量后，会跃迁到较高能级。紫外可见吸收光谱主要考察价电子和分子轨道上的电子在能级间的跃迁，在紫外可见吸收光区，有机化合物的吸收带主要由 $\sigma \to \sigma^*$、$n \to \sigma^*$、$\pi \to \pi^*$、$n \to \pi^*$ 跃迁产生，无机化合物的吸收带主要由电荷迁移跃迁和配位场跃迁（即 $d \to d$ 跃迁和 $f \to f$ 跃迁）引起。图 5-23 定性地表示了有机化合物中各种类型的电子跃迁所需要吸收的能量及相应的吸收峰的大致波长。研究各种物质的吸收光谱，可为探究它们的内部结构提供重要的信息。

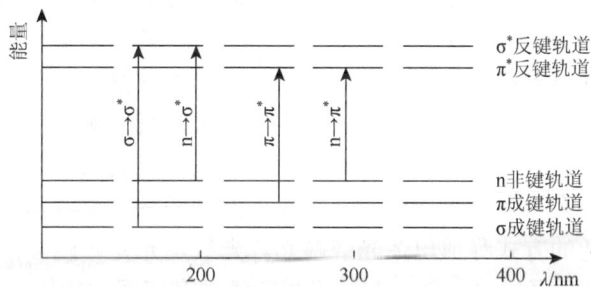

图 5-23　各种电子跃迁相应的吸收峰和能量示意图

紫外可见吸收光谱可用于进行定量分析。当一束平行的单色光通过某均匀溶液时，溶液的吸光度与溶液浓度和光程长度的乘积成正比。此即朗伯-比尔（Lambert-Beer）定律，$A = \varepsilon C l$，其中，A 为吸光度；C 为溶液浓度；l 为光程长度；ε 为吸光系数，代表物质对某一特定波长光的吸收能力。反应过程中，杂质/污染的浓度变化趋势（如光降解有机污染物过程中有机物的浓度变化趋势）可通过紫外可见吸收光谱进行定量描述，从而对材料体系的化学性能给出评判的依据。

固体的表面吸附分为两种，即物理吸附和化学吸附。物理吸附的结果是使分子发生变形，形成诱导的不对称性，从而使分子的极性发生变化，在吸收光谱中表现为谱带的位移；化学吸附的结果则是使分子的结构发生变化，在吸收光谱中出现新的谱带。通过紫外可见吸收光谱中吸收带的信号，可研究储能材料表面的吸附现象。

采用漫反射方式收集紫外可见吸收光谱信号,可实现各种反应过程的原位动态研究。通常采用积分球法来测量紫外可见漫反射光谱。光源发出的光经过处理进入样品,通过一个内壁涂有 MgO(或 BaSO$_4$、MgCO$_3$ 等)的积分球,把样品表面的反射光收集起来再投射到接收器(光电倍增管或光电池),产生电信号,并以波长的函数在记录仪上记录下来,就得到了紫外可见漫反射光谱。紫外可见漫反射光谱反映了材料表面过渡金属离子及其配合物的结构、氧化状态、配位状态变化,因此可研究材料在制备过程中的变化、反应物分子在材料表面的吸附和反应过程等;也可直接监测材料表面的动态反应,由紫外可见漫反射光谱中吸收带的变化推测反应进程和反应中间体,为下一步提出合理的反应机理和反应路径提供实验证据。

对于固体材料,利用紫外可见漫反射光谱还可得到材料的带隙宽度。在材料生长过程中,通过制备工艺的改变,调控储能材料的带隙宽度,可获得不同化学性能的储能材料,结合由 XPS 和 UPS 技术得到的费米能级以下的电子能级结构,可得到样品完整的电子能级结构,包括价带和导带的能级信息。将此能级结构信息与电化学性能/光化学性能进行对比研究,可得到明确的结构/性能关系,勾勒出一幅清晰的物理图像。

4. 光致发光光谱

物质中的分子在光的照射下可被激发到较高的电子能态,这种处于激发态的分子是不稳定的,可通过辐射跃迁的方式(主要是荧光或磷光的发射)释放能量,从而发射出与吸收光波长相等或不等的辐射,收集辐射能量得到的光谱即光致发光光谱(photoluminescence spectrum,PL)。按照分子激发态的类型,由第一电子激发单重态产生的辐射跃迁所伴随的发光现象称为荧光,由最低的电子激发三重态产生的辐射跃迁所伴随的发光现象则称为磷光。图 5-24 给出了分子去激发过程中荧光和磷光的能级示意图。处于基态单重态 S_0 中的电子吸收入射光能量后,将被激发到第一激发单重态 S_1。在每一个电子能级中包含许多振动能级,电子可以被激发到任意一个振动能级,而后发生去激发过程,以辐射跃迁的方式释放出荧光或磷光。光致发光光谱能够快速、便捷地表征半导体材料的缺陷、杂质及发光性能,在储光材料领域有广泛的应用。

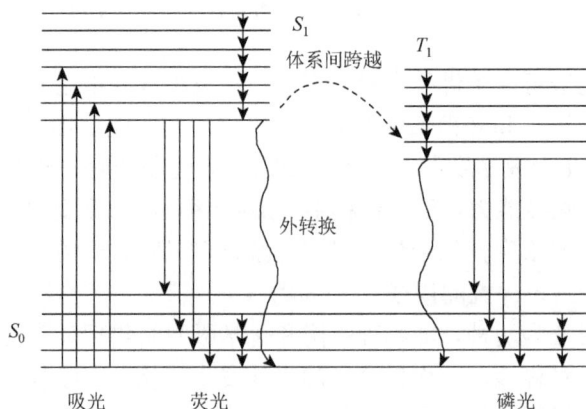

图 5-24　分子去激发过程中荧光和磷光的能级示意图

改变光致发光光谱的测量方式，可得到材料的荧光激发光谱、荧光发射光谱、荧光寿命等。荧光激发光谱是在固定发射波长下，改变激发波长，并记录荧光强度随激发波长变化而获得的谱图，它反映了在不同波长的入射光激发下，荧光物质发出荧光的强度信息，主要用于分析在不同激发波长下物质的特定波长荧光的强度变化，辅助研究材料的能带结构、能级分布等物理性质。荧光发射光谱是在固定激发波长下，改变荧光的测定波长（即发射波长），并记录样品的荧光强度随发射波长变化而获得的谱图，它展示了荧光物质在不同波长处的荧光强度分布，用于研究材料在激发态下释放能量的光谱特征，了解材料的发光特性，如能级结构、缺陷态、激子等。根据这些测试结果可描绘出白光材料中敏化离子和激活离子之间的能量转移机制等信息。例如，在不同金属离子掺杂的 $Sr_{3.5}Y_{6.5}O_2(PO_4)_{1.5}(SiO_4)_{4.5}$ 可见光发光材料体系中，从 Ce^{3+} 到 Tb^{3+} 的能量转移是通过偶极-偶极相互作用来实现的，发射光的颜色可通过控制 Tb^{3+} 的掺杂浓度而实现从蓝光到绿光的调制，其中，蓝光发射是来自 Ce^{3+} 的 5d-4f 跃迁，绿光发射是来自 Tb^{3+} 的 $^5D_4$-^7F_J（J = 3, 4, 5, 6）跃迁，红光发射是来自 Mn^{2+} 的 $^4T_1(^4G)$-$^6A_1(^6S)$ 跃迁。研究结果可为单组分白光材料的制备提供理论指导，从而制备宽波段的发光二极管器件。通过时间分辨的光致发光光谱，还可得到物质之间的相互作用信息，如给体与受体之间的光激发动力学过程、吸附质与基底之间的质子传输过程、上转换发光的作用机制。通过上述光致发光光谱研究，研究人员可以深入理解发光材料的内在物理机制，为高效储光材料的设计和研发提供理论指导。

光致发光量子产率是指发光材料中发射的光子数量与吸收的光子数量的比例，是衡量发光材料性能的重要指标。在光电器件研究领域，利用光致发光光谱技术可得到材料的光致发光量子产率，以评判不同组分和不同制备工艺对光电器件性能的影响，在半导体量子点、钙钛矿发光材料中有广泛的应用。

荧光寿命是指激发态分子或原子回到基态所需的时间。在荧光过程中，首先分子或原子吸收外部能量，从基态跃迁到激发态，然后激发态分子或原子通过辐射或无辐射方式释放能量，回到基态。这个过程中，荧光寿命起到了关键作用，它影响荧光信号的强度、衰减速度及探测时间等方面。研究人员通过调控材料的荧光寿命，可以实现对光的控制和调节，进而开发出具有特定功能的发光材料。

5. 电感耦合等离子体原子发射光谱

以电感耦合等离子体作为激发源，将样品中的原子激发后，处于激发态的待测元素原子回到基态时会发射出特征电磁辐射，收集这些辐射信号即得到电感耦合等离子体原子发射光谱（inductively coupled plasma -atomic emission spectroscopy，ICP-AES）。ICP-AES技术既具有多元素同时测定的优点，又具有很宽的线性范围，可同时测定主、次、痕量元素成分，适用于固、液、气态样品的直接分析，具有多元素、多谱线同时测定的特点，是实验室元素分析的理想方法，能够对样品中的元素进行定性和定量分析。

ICP-AES 技术的检测灵敏度很高，对大部分元素的检测极限为 $1\sim10$ppb（ppb 为 part per billion 的缩写，表示 10^{-9}）。因此，ICP-AES 技术可以得到储能材料的微量元素含量，在研究材料使用前后的组分流失方面具有较大优势，可为材料的制备条件和使用工艺等环节提供实验数据和解决思路。但 ICP-AES 技术不具备空间分辨、时间分辨能力，较难在原位条件下实时动态地监测样品的变化情况。

5.3.3 质谱与色谱

1. 质谱和色谱概述

利用样品（以气相的形式或者液相中溶质的形式）在固定相和流动相之间的作用力（分配、吸附、离子交换等）的差别，可实现样品中各组分的分离和鉴别，此即色谱（chromatography）分析方法。在色谱分析方法中，静止不动的一相称为固定相，运动的一相称为流动相。根据流动相的状态，色谱分析方法可分为气相色谱法、液相色谱法、超临界流体色谱法和电色谱法。不同色谱分析方法的分析对象不同，例如，气相色谱法的主要分析对象是挥发性有机物，液相色谱法的主要分析对象是可以溶于水或有机溶剂的各种物质。这些色谱分析方法能够满足不同类型样品体系的分离和检测需求。

色谱分析方法根据目的分为制备性色谱和分析性色谱两大类。制备性色谱的目的是分离混合物，获得一定数量的纯净组分，包括对有机合成产物的纯化、天然产物的分离纯化及去离子水的制备等。分析性色谱的目的是定量或者定性测定混合物中各组分的性质和含量。色谱分析方法应用于分析领域使得分离和测定的过程合二为一，降低了混合物分析的难度，缩短了分析的周期，是比较主流的分析方法。

质谱（mass spectrometry，MS）仪一般由样品导入系统、离子源、质量分析器、检测器、数据处理系统等部分组成。质谱仪的基本工作原理如下：样品中各组分在离子源中发生电离，生成不同质荷比的带电离子，然后在电场或磁场的作用下实现空间或时间上的分离，这些离子被检测器检测后可得到其质荷比与相对强度。通过质谱图中检测到的分子离子及碎片离子的质荷比，可进行准确的定量分析，从而计算出样品的相对分子质量和分子结构。质谱分析方法对各种物理状态的样品都具有非常高的灵敏度，而且在一定程度上与待测物分子质量无关。由于具有结构鉴定能力强大、灵敏度高、分析范围广、分析速度快、与色谱仪兼容性高等特点，质谱仪具有非常广泛的应用。

质谱分析方法是一种重要的定性鉴定和结构分析方法，但它不具备分离能力。色谱分析方法是一种很好的分离方法，特别适合复杂混合物的分离，但对组分的定性鉴定困难。将两种方法结合起来，发挥各自的优点，可对样品进行分离，并对分离后的各组分进行准确的物种鉴别和定量分析。色谱和质谱的联用检测技术可对材料在使用过程中释放出的物质进行定性和定量分析，甚至能实现在线分析和检测，通过逸出物的变化情况，得到材料在工作状态下性能方面的信息。例如，在化学反应过程中，色谱和质谱的联用检测技术可以分析反应后的产物组成及其含量，并研究反应产物随外界条件的变化情况，由此对材料的反应性能进行正确的评价；也可以考察反应产物随反应时间的演变趋势，由此对材料的稳定性和使用寿命进行评价。

2. 二次离子质谱

当高能量的一次离子束轰击样品表面时，样品表面的分子会吸收入射离子束的能量而发生溅射，以二次离子的形式从表面脱附。利用离子在电场、磁场或自由空间中的运动规律，通过质量分析器收集、分析这些二次离子，得到的关于样品表面信息的图谱即二次离子质谱（secondary ion mass spectroscopy，SIMS）。通过测量二次离子质谱，能够确定样品表面的元素、同位素和/或分子组成。二次离子质谱仪中使用的质量分析器主要有三种，即四极杆质量分析器、磁性和静电扇形质量分析器、飞行时间质量分析器。飞行时间二次离子质谱（time of flight secondary ion mass spectroscopy，ToF-SIMS）是商业化二次离子质谱的主流，使用飞行时间质量分析器。飞行时间质量分析器测量的是二次离子到达检测器所需的时间，这是其质量和电荷的函数。ToF-SIMS 技术结合了质谱分析方法和离子飞行时间测量技术，其基本原理是将二次离子加速至高速，这些离子会在一个飞行时间管道中通过，并进入离子检测器中。根据不同的质荷比，离子会在离子检测器中到达不同的时间点，从而得到质谱图。通过测量离子的到达时间，可以计算出离子的质荷比，从而得到样品表面的化学成分信息。ToF-SIMS 技术只需一个一次离子脉冲就可得到质量范围的全谱，离子利用率高、质量分辨率高、灵敏度好，因此得到了广泛的使用。

通过对分子离子峰和官能团碎片进行分析，ToF-SIMS 技术可方便地确定表面化合物和有机样品的结构。与 XPS、AES 等表面分析方法相比，ToF-SIMS 技术的信息更浅（＜1nm），可分析材料表层原子的结构；可分析包括氢在内的所有元素和包括有机大分子在内的化合物，且具有更高的横向分辨率（＜50nm）、纵向分辨率（＜1nm）及极高的检测极限（ppb 量级）。

ToF-SIMS 技术具有优异的空间分辨率和化学元素鉴别能力，可得到材料表面的化学成分信息，并将元素表面分布以二维形式展现。将该结果与 SEM 图像进行对比，可获得更详细的样品表面的化学信息。例如，深入理解电极材料的锂化反应动力学对构建高容量和高倍率性能的全固态电池是非常重要的。在电池工作状态下，利用原位动态 ToF-SIMS 技术，可以形象地描绘出石墨阳极材料中锂元素的瞬态分布。结果显示，充电时，阳极材料上形成了明显的锂元素的浓度梯度，说明电极材料的反应受到锂离子向石墨内扩散的限制。结合离子溅射技术，能得到材料中的组分随深度的变化情况，甚至可在三维尺度上构建一个完整的化学元素空间分布图像。例如，在锂离子电池中，利用 ToF-SIMS 技术得到二维表面图像，显示了石墨负极表面锂镀层的分布与强度，验证了三甘醇二甲醚与 $LiNO_3$ 协同电解液添加剂对石墨负极表面锂镀层的调节作用；结合离子溅射技术，得到三维空间图像，进一步清晰地构建了石墨负极表面 SEI 层的组成与结构。

ToF-SIMS 技术具有非常高的检测灵敏度，其检测极限可以达到 ppb 量级，XPS 技术的检测极限则在 ppm（ppm 为 part per million 的缩写，表示 10^{-6}）量级。对于一些超出 XPS 检测极限的样品，ToF-SIMS 仍能给出表面组成的化学信息，进一步扩展了表面分析技术的适用范围。此外，利用 ToF-SIMS 技术的在线检测功能，可得到材料在工作状态下的组分变化信息。

5.3.4　磁共振技术

磁共振［包括核磁共振（nuclear magnetic resonance，NMR）和 EPR］技术是基于塞

曼分裂的技术。塞曼分裂是指在外部磁场的作用下原子或分子的能级发生分裂的现象。图 5-25 给出了磁共振技术的一般性原理。当样品暴露在特定频率的电磁波（如射频电磁波或微波）下，外部电磁波的能量正好等于这些分裂能级之间的差值时，原子核或电子会吸收能量并发生跃迁，这就是共振现象。能够满足共振跃迁的实验条件与原子自身的性质相关，这就是磁共振技术的工作原理。其中，H 或 B 是外磁场的磁场强度；ΔE 是在外磁场作用下发生塞曼分裂后相邻能级之间的能量差；h 是普朗克常数；ν 是发生磁共振时的射频场频率；g 是 g 因子；β 是电子的波尔（Bohr）磁子；γ 是原子核的磁旋比。

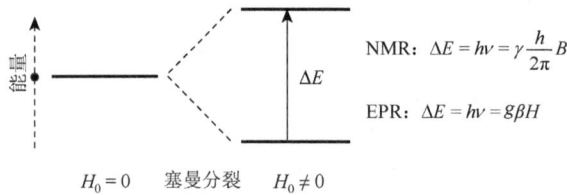

$$NMR: \Delta E = h\nu = \gamma \frac{h}{2\pi} B$$

$$EPR: \Delta E = h\nu = g\beta H$$

$H_0 = 0 \quad$ 塞曼分裂 $\quad H_0 \neq 0$

图 5-25　磁共振技术的一般性原理

1. 核磁共振

在外磁场作用下，样品分子中某些磁矩不为零的原子核的自旋能级会发生塞曼分裂。此时若用垂直于外磁场的射频电磁波照射样品，当满足共振条件时，磁性原子核会吸收该射频电磁波的能量而产生核能级的跃迁，在垂直于外磁场的感应线圈中产生与磁性原子核的特征和化学结构相关的电磁感应共振信号，这种现象称为核磁共振。通过检测射频电磁波被吸收的情况（核磁共振的频率），可得到核磁共振波谱。

核磁共振波谱中最常使用的是 ^1H 谱和 ^{13}C 谱，可通过它们来监测材料在化学反应过程中的变化情况，研究材料表面吸附物种的演变进程，以及反应过程中释放出的产物信息等。除 ^1H 谱和 ^{13}C 谱外，还有很多在核磁共振波谱中能产生信号的原子核，通过监测这些原子核的固体核磁共振信号，可直接得到材料自身在各种化学反应过程中的变化情况，找到真实工作状态下的真正活性中心，在表面结构与材料性能之间建立构效关系。例如，在锂离子电池的阳极材料中，研究人员通过 ^7Li 原子的固体核磁共振波谱，考察了阳极 Li 物种在电化学循环过程中的变化情况，发现有序的高度锂化物种与无序的锂化物种的形成过程是相反的。又如，在分子筛及其负载材料中，研究人员通过 $^{47/49}Ti$ 原子的固体核磁共振波谱，确定了 Ti 的配位状况和化学环境；通过 ^{27}Al 原子的固体核磁共振波谱，区分骨架 Al 物种和非骨架 Al 物种、四配位 Al 物种和六配位 Al 物种，得到了样品中 Al 的配位环境和化学状态，并与分子筛的化学性质进行了关联。

2. EPR

在稳恒磁场的作用下，顺磁体中的电子能级发生塞曼分裂，电子在相邻能级间发生跃迁时会辐射（或吸收）一定频率的电磁波。如果同时施加一个交变磁场，当交变磁场和稳恒磁场满足一定的条件时，顺磁体将强烈地吸收该交变场的能量，这种现象称为

EPR。EPR 技术可定性、定量地检测物质原子或分子中所含的未配对电子，探索其周围环境的结构特性。对自由基而言，轨道磁矩几乎不起作用，总磁矩的绝大部分（99%以上）贡献来自未配对电子自旋，所以 EPR 亦称电子自旋共振（electron spin resonance，ESR）。与核磁共振技术类似，EPR 技术研究磁场中磁矩与电磁辐射之间的相互作用。不同的是，核磁共振技术研究的是原子核的磁矩，EPR 技术研究的是核外未配对电子的磁矩。

EPR 技术具有独特的识别顺磁物质的能力。只要样品中含有未配对电子，或通过紫外线照射、氧化还原反应等方式能够产生未配对电子，就可利用 EPR 技术进行相关研究。EPR 技术对局部区域环境非常灵敏，可得到分子、原子或离子中未配对电子的状态及其周围环境方面的信息，从而获得有关物质结构和化学键的认知。在电催化研究领域，顺磁物质通常是重要的反应中间体，采用 EPR 技术能原位动态地监测和跟踪反应进程，在氧化还原反应过程中实时观察自由基的形成。在燃料电池、锂离子电池和光催化等研究领域，利用 EPR 技术也能观察到自由基活性物质的形成。此外，EPR 技术可监测材料自身在化学反应过程中的变化情况，找到具有反应活性的真正活性中心。钠金属电池具有高的理论比容量和低的价格，是下一代可充电电池的候选者，但不均匀的钠沉积和不稳定的界面层所导致的差的循环性能严重阻碍了其实际应用。将科琴黑（一种超导炭黑）覆盖在电流收集器上，能够使钠金属电池维持很好的循环稳定性。具体地，研究人员采用科琴黑修饰电池中的铜收集器，然后将 Na 沉积在铜收集器上，利用电子顺磁共振成像（electron paramagnetic resonance imaging，EPRI）技术对修饰前后的电池样品进行多次电化学循环后的原位表征，发现在修饰前的铜收集器上，钠沉积物不是很均匀，且在循环使用过程中进一步发生聚集，而在修饰后的铜收集器上，钠沉积物非常均匀，且在循环使用过程中基本保持不变。结果表明，科琴黑有利于钠沉积物在表面的持久均匀性。

5.4 储能材料电子结构表征

电子结构的表征对储能材料的研究具有重要意义，有助于理解其电化学性能、优化材料设计、提高循环寿命和促进新材料的发现，主要表征工具有 XPS、电子能量损失谱、紫外光电子能谱和同步辐射技术等。其中，XPS 和紫外光电子能谱已在 5.3.1 节详细论述。

5.4.1 电子能量损失谱

电子能量损失谱（electron energy loss spectrum，EELS）同时采集初始束流能量和高能电子与样品相互作用后发生非弹性散射的电子，并记录零损失峰和不同能量损失的电子数量。EELS 技术不仅可以分析样品的元素组成、分布和含量，而且可以分析特定元素的配位环境、化学键、化学态、电子结构等信息。入射电子束与所有元素发生非弹性散射，导致动能改变，因此 EELS 也可以用来检测轻元素如锂。一般来说，EDS 适合检测重元素，而 EELS 适合检测轻元素。结合球差校正器，配备在 TEM 上的 EDS 和 EELS

都能够实现原子级的元素分布测量。此外，EELS 仪的能量分辨率通常比 EDS 仪高。常见 EELS 仪的能量分辨率为 1eV 左右。少数高配置 EELS 仪的能量分辨率达到 4.2meV，比 EDS 仪高了近 5 个数量级。

EELS 通常由零损失峰、低能损失区和高能损失区组成，如图 5-26 所示。零损失峰的能量损失为 0，主要来自未与样品发生作用的透射电子和弹性散射电子，可用于仪器校准和能量过滤成像；低能损失区的能量损失小于 50eV，主要来自经历声子散射、带间/带内跃迁和等离子体激元所激发的电子，可用于测量样品厚度、带隙、电子密度等；高能损失区的能量损失大于 50eV，主要来自将样品原子的内壳层电子激发至费米能级以上"空态"的入射电子，这些电子的能量损失可反映元素的组成、成键和电子结构等信息。

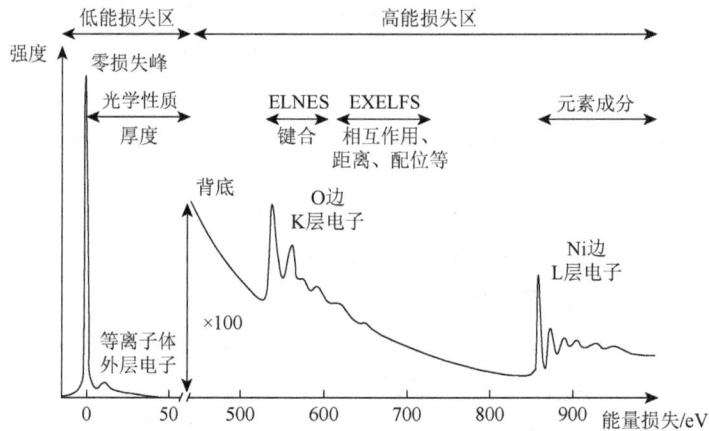

图 5-26　典型的 EELS 数据和不同峰位的含义

将等离子（plasma）峰与零损失峰结合，可以方便地估算样品厚度：

$$t / \lambda = \ln\left(I_t / I_0\right) \tag{5-5}$$

式中，t 为样品厚度；λ 为非弹性事件发生的平均自由程；I_t 为 EELS 的总积分强度；I_0 为零损失峰的积分强度。

在低能损失区，价电子的集体振荡行为（也称等离子体激元）受到入射电子束的激发。根据能量守恒定律，入射电子束的能量损失与激发能相对应。因此，EELS 的低能量损失谱是探测等离子体振荡的有效方法。等离子体振荡频率与材料的电子结构和光学性质密切相关，可利用 EELS 分析 Ag、Cu 等纳米颗粒对近红外/可见光/紫外域的光学响应行为。对于半导体样品，当入射电子束传递给价电子的能量大于其带隙宽度时，电子会从价带跃迁到导带。在 EELS 中可以观察到一个显著的"阶跃"，该"阶跃"通常位于低能损失区，其起点对应材料的带隙宽度。

在高能损失区，不同元素 EELS 峰的强度和位置不同，可用于分析元素的组成信息。通常情况下，K 边被用于分析原子序数小于 13 的元素，L 或 M 边被用于分析原子序数较大的元素。除此之外，当入射电子具有足够的能量时，可以将内壳层电子激发到未占据的高能态，该激发过程对应的能量损失即能量损失近边结构（energy loss near-edge structure，ELNES）。由于原子的配位环境、化合价态、成键方式等因素均会影响内壳层电子的跃迁，ELNES 可用于反映这些信息。例如，金刚石、石墨均由碳原子组成，但两者碳原子的成键方式不同。金刚石只含有 σ 键，而石墨同时包含 σ 键和 π 键。根据成键理论，碳原子形成 σ 键和 π 键的同时会形成反键态 σ^* 和 π^*，当高能电子束激发碳原子的内壳层 1s 轨道的电子时，电子会跃迁至 σ^* 和 π^* 能带，因此在石墨碳的 ELNES 中会出现 σ^* 峰和 π^* 峰。金刚石结构中不存在 π 键，也不存在反键态 π^*，因此在 ELNES 中不会出现 π^* 峰。利用 ELNES 的这一特点，可以方便地区分同为碳元素组成的金刚石和石墨。此外，ELNES 还可用于元素的价态分析，以 3d 过渡金属为例，当高能电子照射样品时，激发 $2p_{3/2}$ 和 $2p_{1/2}$ 轨道上的电子跃迁到 3d 未占据态，在 ELNES 中显现出 L_3 和 L_2 线，也称白线。可以通过计算 L_3/L_2 的边强度比，求解边缘阈值，提取价态信息。

广延能量损失精细结构（extended energy-loss fine structure，EXELFS）是指从吸收边阈值以上 40eV 至几百电子伏特内出现的微弱振荡。它与样品中原子的局部结构有关。当样品中的电子受到入射电子的激发完全逃逸出原子成为自由电子后，产生的次级电子波与固体中的其他电子波发生相互干涉，在 EELS 中就表现为振荡模式。这种振荡模式与原子核周围的电子密度密切相关，因此可以通过 EXELFS 来推断原子间的距离和结构信息。但是，由于 EXELFS 需要测量高能 K 边，信噪比是一个重要因素，目前可通过直接探测技术来提高信噪比。

5.4.2　同步辐射

1. 同步辐射简介

通过同步加速器可以将带电粒子加速至接近光速，当这些带电粒子的速度或方向发生变化时，它们会沿着偏转轨道的切线方向发射出连续的电磁辐射，这种辐射称为同步辐射（synchrotron radiation，SR）。随着现代同步辐射技术的不断发展和完善，同步辐射光源能够以非破坏性的方式表征储能材料的晶格和电子结构，即使在材料的原位动态演变过程中也能进行。同步辐射光源是一种高强度、能量可调的先进光源，具有独特的优势，可用于分析不同尺度材料的电子结构和几何结构（包括近程和远程结构）。在过去几十年里，同步辐射技术广泛应用于储能材料的机理研究中。

2. X 射线吸收精细结构基本原理

X 射线吸收精细结构（X-ray absorption fine structure，XAFS）技术是一种在原子和分子尺度研究活性原子周围局部结构的强大技术。当 X 射线光子达到足够的能量时，原子吸收 X 射线的能量后，内壳层电子被电离成光电子，导致 X 射线吸收系数 $\mu(E)$ 的突变。这些能量称为元素特定的 X 射线吸收边。从 1s、2s、$2p_{1/2}$ 和 $2p_{3/2}$ 能级激发的电子分别对应 K、L_1、L_2 和 L_3 边。在吸收边附近，X 射线吸收系数 $\mu(E)$ 会出现一个跳跃，随后在更高能量处出现振荡结构。如图 5-27 所示，当 X 射线入射材料时，材料中心原子的光电子出射波与近邻原子产生的弹性背散射波相干叠加，使得吸收边高能一侧的线吸收系数偏离单调变化，形成与光电子波长、配位原子种类和结构有关的起伏振荡结构。

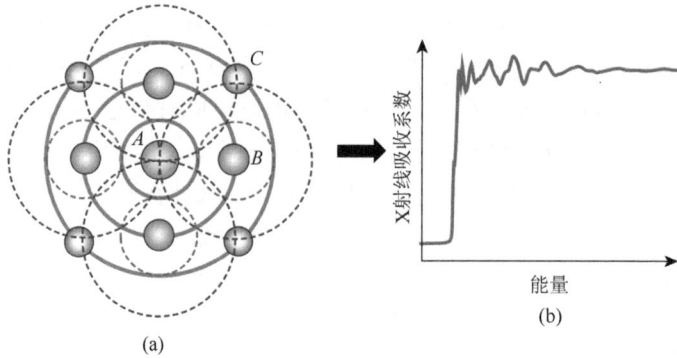

图 5-27　XAFS 技术的基本原理

　　XAFS 主要由两大部分组成：一部分是 X 射线吸收近边结构（X-ray absorption near edge structure，XANES），其能量范围为 30～50eV；另一部分是扩展 X 射线吸收精细结构（extended X-ray absorption fine structure，EXAFS），其能量范围可扩展至 30～1000eV。在进行 XAFS 测量时，核心的物理量是 X 射线吸收系数 $\mu(E)$。该系数描述了样品对 X 射线的吸收如何随着入射 X 射线光子能量 E 的改变而发生变化。

　　尽管 XANES 和 EXAFS 在物理上产生精细结构的原因相同，但它们在分析方法和复杂性方面有显著的不同。在 EXAFS 区域，被激发的光电子具有高动能，并且受邻近原子势的影响较小，因此在大多数情况下，光电子被邻近原子单次散射的过程占据主导地位；相比之下，在 XANES 区域，光电子的能量接近吸收边，邻近原子势对光电子散射的影响显著，因此多次散射过程对精细结构的贡献很大。

3. XAFS 测试的模式

　　现代 XAFS 测试主要在同步辐射光源上进行，同步辐射光源提供高亮度且波长范围广的 X 射线。为了从具有连续波长的入射光束中选择单色光子，通常使用双晶体单色仪（图 5-28），它根据布拉格方程 $2d\sin\theta = n\lambda$ 选择入射光束的波长 λ，其中，d 为晶面间距。最常用的晶体平面是 Si (111) 和 Si (311)，其 d 值分别为 3.1356Å 和 1.6375Å。根据探测 $\mu(E)$ 的不同方案，XAFS 测试发展出了多种模式，每种模式都有其独特的应用场景和优势。其中，透射和荧光模式是最常用且最具代表性的。透射模式是收集高质量 XAFS 数据最便捷的方式。它测量单色光子入射和通过厚度为 d 的样品后的强度（分别简称入射光强度

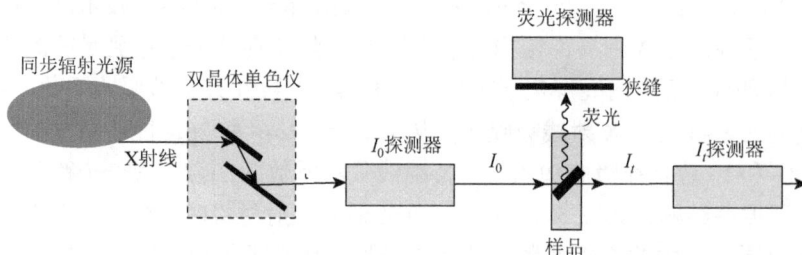

图 5-28　透射或荧光模式下的 XAFS 实验装置示意图

和透射光强度，表示为 I_0 和 I_t）。I_0 和 I_t 之间的关系可以用 $I_t = I_0 e^{-\mu(E)d}$ 表示，由此可以计算出吸收系数。透射模式最适合测试目标元素浓度大于 10%的样品，并且要确保制备的样品均匀无孔。通常应优化样品厚度 d，以确保边缘跳跃 $\Delta\mu d \approx 1$ 的要求，其中，$\Delta\mu$ 是吸收边前后的吸收系数之差。

然而在透射模式的测试过程中，稀释的样品（或目标元素含量浓度较低的样品）很难满足 $\Delta\mu d \approx 1$ 的要求。因此，荧光模式是最优方法，在适当条件下，荧光产额与吸收效率成正比。在荧光模式的测试过程中，样品发出的 X 射线包含目标元素的荧光谱线、样品中其他元素的荧光谱线，以及弹性和非弹性（康普顿）散射的 X 射线。进行高质量荧光 XAFS 测量的关键是尽可能高效地采集目标元素产生的荧光信号。一般来说，荧光是各向同性地发射的，但是弹性散射 X 射线是在同步加速器内平面极化的。同步加速器中的 X 射线是在同步加速器平面内极化的。这意味着在水平面上，弹性散射在入射光束的 90°处受到很大抑制。因此，荧光探测器通常放置在水平面上，与入射光束成直角，样品则放置在入射光束和荧光探测器之间的 45°位置。此外，通过在目标荧光谱线和弹性散射峰之间插入具有吸收边的 X 射线滤波器，可以将散射强度降低一个数量级。

5.5　储能材料性能测试

储能材料是具有能量存储特性的材料，这些材料可以通过不同形式的能量转换机制实现能量的存储与释放。以电储能为例，在充电过程中，电能被转化为化学能，存储在储能材料中；在放电过程中，化学能被转化为电能以供需使用。在储能材料的研发过程中，我们需要对其性能进行评估，并且探究不同储能材料性能差异的原因，从而更好地设计出满足人们需求的材料。在各类储能器件中，电储能材料中的电化学反应涉及复杂的物理和化学过程，人们一直致力于开发出更合理有效的电化学测试方法来评估电储能材料的性能差异并对造成差异的原因进行解释。本节以电储能材料为例，介绍在该应用体系中的常见测试方法，主要包括储能材料物理性质测试、恒流充放电技术、循环伏安法测试技术、电化学阻抗谱技术和其他测试技术。

5.5.1　储能材料物理性质测试

1. 密度

材料的密度极大地影响了储能器件的质量和体积，因此合适的密度选择至关重要。常用的密度指标有四种：真密度、有效密度、振实密度和压实密度，在不同情况下需要选用不同的密度指标。

真密度是指粉体材料的理论密度，常用真密度仪直接测量。

有效密度是指可以有效利用的密度，即包括闭孔在内的密度。常用的测量方法是在已知体积的容器中放满已知质量的粉末，然后加入合适的液体介质（一般是水），让液体介质充分浸润到粉末颗粒的开孔中。有效密度等于粉末质量减去液体质量后除以容器体积。

振实密度是指粉末在振动或旋转过程中体积不再减小时所得到的密度。常用的测量方法是将一定质量的粉末放到可以振动的容器中，在规定条件下让容器进行振动，直至粉末体积不再减少，得到粉末的振实体积。振实密度等于粉末质量除以粉末振实体积。

压实密度是指粉末在一定压力下移动、变形等导致较大的空隙被填充时所得到的密度。测量压实密度时需要在保证粉末颗粒不会出现明显破碎的前提下，对粉末施加一个尽可能大的压力，得到粉末的压实体积。但由于很难确保施加的压力合适，通过粉末压实密度仪进行测试是一种比较实用的方法。

在实际应用中，振实密度和压实密度是人们最关注的指标。一般情况下，对于同一种材料，压实密度越大，体积能量密度越高。

2. 比表面积和极片孔隙率

电极材料的比表面积与 SEI 的性质、电池的动力学性能和首次库伦效率等密切相关。一般来说，电极材料的比表面积大，颗粒尺寸小，与电解液的接触面积大，可以降低锂离子的扩散能垒从而提高反应动力学，但大的比表面积会降低材料密度并导致低的首次库伦效率，进而影响电池性能。常用布鲁诺尔-艾米特-泰勒（Brunauer-Emmett-Teller，BET）方法来检测材料的孔径和比表面积。BET 方法通过测量固体材料表面吸附气体分子的量来确定材料的比表面积和孔径。虽然目前 N_2 和 Ar 的等温吸附理论模型更加成熟，但对于微孔，N_2 和 Ar 的动力学直径较大，很难进入微孔孔隙中，需要用 CO_2 代替 N_2 和 Ar 作为测量气体。

极片孔隙率极大地影响了电池的电化学性能。低孔隙率的极片中固相连接好、电子导电性较好，而高孔隙率的极片与电解液的浸润性更好、离子导电性更好。因此，合适的孔隙率设计是至关重要的。如果不考虑极片中大孔的影响，可以直接用 BET 方法对极片进行测试。另外，也可以通过压汞法测量孔隙率。压汞法利用汞对固体表面的不可润湿性，通过加压使汞强行进入固体样品中。孔径越小的样品所需要的压力就越大，根据施加的压力，我们可求出对应的孔径尺寸；根据汞的压入量，我们可以求出对应材料的孔体积，从而得出多孔材料的孔径分布和孔隙率。目前常用压汞仪进行测试。

3. 粒度

合适的粒度大小和分布对电极材料的振实密度、压实密度和孔隙率等具有非常重要的影响。常用激光粒度仪对材料的粒度进行测量，其测量范围可达 10nm～4mm。对于一些不均匀的纳米复合材料，一般通过 SEM 或者 TEM 图像对材料的粒度进行分析。

4. 电导率

电导率一般可分为电子电导率和离子电导率。电子电导率常用四探针法进行测量，使用其中两根探针测量电压，另外两根探针测量电流，通过探针几何位置及测量得到的电压和电流计算出材料的电阻。用该方法进行电阻的测量时会受到颗粒之间的接触、颗粒分布差异等的影响，因此在测量时需要记录不同压力下的电导率值，画出压力和电导率的曲线图，根据曲线图确定合适的压力范围和电导率值。

在锂离子电池中，电极材料的离子电导率通常用扩散系数描述；电解液的离子电导率通常采用电化学阻抗谱方法测量，电化学阻抗谱方法请参考 5.5.4 节。测量时，为了避免活性物质的影响，常以两个已知面积的集流体和电解液一起组装成对称电池。离子电导率由式（5-6）计算：

$$\sigma = L / (SR_e) \tag{5-6}$$

式中，L 为离子传输距离；S 为电极有效面积；R_e 为被测样品本体阻抗。理想情况下，不会有电荷转移和物质在电极中的固相扩散，在低频区域，离子在电场作用下发生迁移，因此 R_e 为奈奎斯特图中直线与横坐标交点值。在实际测量时，通常先以已知离子电导率的 1mol/L KCl 溶液为标样进行一次测试，确定 L / S 值，再更换需要测量的电解液进行测试。

5. 浸润性

电解液对电极材料和隔膜的浸润性也是影响电池性能的重要因素之一。评估浸润性的常用方法有三种：接触角测量法、浸润时间法和浸润高度法。

接触角测量法是利用接触角测量仪，在水平试样表面滴加规定体积的液滴，用光学成像装置测定接触角。其中，接触角是指液滴在气、液、固三相交点处作气/液界面处切线与固/液交界线之间的夹角。浸润时间法是通过取一定量的电解液滴加于极片表面，然后测量电解液中完全渗透所需要的时间。浸润高度法是将固定尺寸的极片完全浸入或一端浸入电解液中，根据一定时间内极片中浸入电解液的质量来评估电解液的浸润性能。

5.5.2　恒流充放电技术

恒流充放电（galvanostatic charge and discharge，GCD）技术是评估电储能材料性能的常用充放电测试技术。该技术在充放电过程中记录电池在恒定电流下工作时电压与比容量的曲线，得到充放电曲线，从而获得储能材料的各项性能信息。其中，比容量是指单位质量或者单位体积电极活性物质所能存储的电量。充放电曲线还可以反映电池的库伦效率、能量密度、功率密度、循环寿命、倍率性能和极化电压等。

图 5-29（a）是一个典型的石墨半电池在首圈的充放电曲线，其中，实线为放电曲线，描述锂离子嵌入石墨层间的过程；虚线为充电曲线，描述锂离子从石墨层间脱嵌的过程。通过坐标轴我们可以直观地看出，石墨首圈的放电比容量约为416mA·h/g，充电比容量约为 352mA·h/g，主要充放电平台在 0.2V 以下。此外，通过计算还可得到石墨的库伦效率、能量密度和功率密度等信息。库伦效率是指电极材料在同一循环过程中充放电比容量之比，反映了电池的电荷转换效率。在本例中，石墨半电池的首次库伦效率就是充电比容量与放电比容量的比值，为 84.6%。磷酸铁锂/石墨全电池的充电过程是锂离子从磷酸铁锂中脱嵌，嵌入石墨，放电过程是锂离子从石墨层间脱嵌，嵌入磷酸铁锂，因此全电池的库伦效率是放电比容量与充电比容量的比值。将电池的容量与电压相乘，可以得到电池的能量。能量密度是指单位质量或者单位体积电池所能释放的电能，可以通过电池的

能量除以电池的质量或体积得到；功率密度是指单位时间内电池可以释放的能量，可以通过电池的能量除以放电时间得到。实际上，我们一般只会在全电池体系中评估电池的能量密度和功率密度，这是因为半电池只用于评估单一电极的性能，不会应用于实际生活中，其能量密度和功率密度通常没有实际意义。

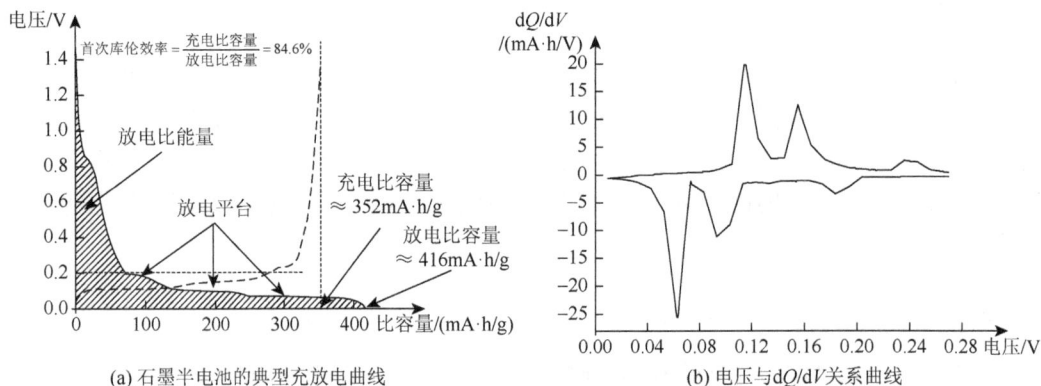

(a) 石墨半电池的典型充放电曲线　　　　　　　　(b) 电压与 dQ/dV 关系曲线

图 5-29　石墨半电池的典型充放电曲线，以及对图（a）进行数学处理得到的 dQ/dV 曲线

此外，我们还可以通过提高充放电测试圈数和改变充放电的电流，得到电池的寿命和快充性能。电池的寿命一般以充放电循环的圈数来表示。在多数情况下，当锂离子电池容量低于 80%时，电池就达到了循环寿命。电池的快充性能是通过倍率来评估的，倍率是指在充放电过程中实际使用的电流与理论上 1h 充满该电池所需的电流的比值，单位为 C。例如，0.1C 是指所使用的测试电流在理论上充满该电池需要 10h；10C 是指所使用的测试电流在理论上充满该电池需要 0.1h。倍率性能一般用不同倍率下电池保留容量与最高容量的比值来表示，比值越大，倍率性能越好。

进行充放电测试时，除了采用恒流充放电技术，还可采用恒压充放电技术。恒压充放电技术是在充放电过程中保持电压不变，记录电流随比容量的曲线。通常我们不会对电池进行单独的恒压充放电测试，这是因为在恒压过程中，如果设置的程序电压与电池本身的电势差相差过大，电池内部会瞬间产生极大的电流，从而影响电池循环寿命。恒压充电的一个显著优势是，电流会随着充电时间的延长而逐渐减小直至为 0，这是判断电池是否充满电的有效方法。因此，实际生活中电池充电普遍采用恒流恒压充电模式，即先使用恒流充电到额定电压，再保持恒压一段时间，这样可以保护电池免受过充电风险，延长电池循环寿命。

利用数学工具对电量-电压曲线进行微分处理可以得到 dQ/dV 曲线（微分容量曲线），其反映了电池在充放电过程中电压和电量之间的关系，可以清晰地展示出充放电曲线中的斜坡区和平台区，它们分别表示电化学反应由浓度控制和两相转变控制的两个阶段。例如，图 5-29（b）为图 5-29（a）的电压为 0.001~0.28V 的 dQ/dV 曲线，可以明显地看出，石墨在放电过程中主要有三个放电平台，且都在 0.2V 以下。为了保证 dQ/dV 曲线的精度和准确度，可以设置尽量小的电流和尽可能窄的电压取值间隔。

5.5.3　循环伏安法测试技术

为了研究电化学反应中的电子转移过程，循环伏安（cyclic voltammetry，CV）法测试技术是常用的有效测试技术。循环伏安法测试技术是在给定电压区间内对一个电化学测试系统进行电压扫描，并记录电流-电压曲线的测试方法。

图 5-30（a）为 CV 程序设置的电压随时间变化曲线；图 5-30（b）为石墨半电池以0.004V/s 的扫描速率，在 0.001～0.28V 电压区间的 CV 曲线。典型的 CV 测试经历两个过程：电势向阴极方向扫描时，电化学活性物质在电极上发生还原反应，出现还原峰；电势向阳极方向扫描时，电化学活性物质在电极上发生氧化反应，出现氧化峰。在本例中，电压先从 0.28V 向 0.001V 方向扫描，石墨一侧发生还原反应，锂离子嵌入石墨层间；电压再从 0.001V 向 0.28V 方向扫描，石墨一侧发生氧化反应，锂离子从石墨层间脱嵌。虽然 CV 曲线与 dQ/dV 曲线看起来相似，但它们的原理是完全不同的。dQ/dV 曲线是保持测试电流不变，通过进行电量对电势的微分所得的。因此，在 dQ/dV 曲线中，整个过程的传质速率恒定，所得到的电势变化相对准确，峰位直观地反映了电化学反应的两相共存区。CV 曲线是通过改变电势，测量电流所得的，传质速率不是恒定的且会受到动力学因素的影响，峰位的确定是由电化学反应和传质过程之间的相对速率来决定的。因此，我们可以根据 CV 曲线中峰位的变化来判断电化学反应是否可逆。

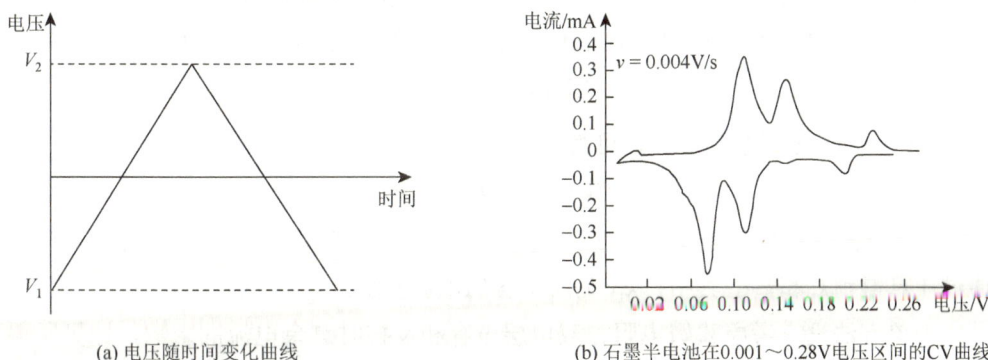

(a) 电压随时间变化曲线　　　　　　　　(b) 石墨半电池在0.001～0.28V电压区间的CV曲线

图 5-30　电压随时间变化曲线及石墨半电池在 0.001～0.28V 电压区间的 CV 曲线

在石墨半电池体系的电化学反应过程中，总的存储电荷包括三个部分：锂离子嵌入石墨电极过程中的法拉第贡献、来自表面原子电荷转移过程的法拉第贡献，以及称为赝电容和双电层效应的非法拉第贡献。锂离子的嵌入过程与扩散密切相关，因此石墨半电池体系中的电化学反应过程是由扩散和电容共同控制的。对于一些不明确的电化学反应过程，我们可以用变速 CV 测试来区分扩散控制和电容控制。

（1）当电化学反应由扩散控制时，CV 曲线中电流满足：

$$I_P = nFAC^*D^{1/2}v^{1/2}[\alpha nF/(RT)]^{1/2}\pi^{1/2}\chi(bt) \tag{5-7}$$

式中，n 为参与电极反应的电子数；F 为法拉第常数；A 为电极材料表面积；C^* 为电极材料表面浓度；D 为化学扩散系数；v 为扫描速率；α 为传递系数，是描述锂离子传递效率的无量纲参数；R 为气体常数；T 为温度；$\chi(bt)$ 函数表示在 CV 测试过程中，对一个完全不可逆系统进行的归一化电流。

对于一个由扩散控制的可逆体系，在常温条件下式（5-7）可化简为（5-8），由此得到电流 I_P 与化学扩散系数 D 之间的关系。通过改变扫描速率，得到不同扫描速率下的电流，据此可以建立方程来求解化学扩散系数。

$$I_P = 2.69 \times 10^5 n^{3/2} A D^{1/2} v^{1/2} \Delta C \tag{5-8}$$

式中，ΔC 为参与氧化还原反应的离子浓度。在实际测量过程中所得到的结果同时包含离子在电极内部和液相中的扩散。因此，通过 CV 曲线计算得到的化学扩散系数是在峰值电流对应的反应电势下的平均表观扩散系数，表示反应物或产物在电极表面的扩散速率。

（2）当电化学反应由电容控制时，CV 曲线中电流满足：

$$I_P = vCA \tag{5-9}$$

式中，C 为电容。

（3）实际上，对于一个电化学反应体系，CV 曲线中电流满足：

$$I_P = av^b \tag{5-10}$$

式中，a 和 b 均无具体物理意义。当 $b = 0.5$ 时，电流响应是扩散控制的；当 $b = 1$ 时，电流响应是电容控制的。

在实际电化学反应过程中，b 一般为 0.5～1。这表明在特定电势下的电流响应值是扩散控制的锂离子在电极材料内的传输过程和表面电容效应的加和：

$$I(V) = k_1 v + k_2 v^{1/2} \tag{5-11}$$

对式（5-11）进行数学处理，可得

$$I(V) / v^{1/2} = k_1 v^{1/2} + k_2 \tag{5-12}$$

根据式（5-11）及式（5-12），$I(V)$ 可以通过 CV 测试得到，且 v 是已知的，于是可以通过计算得到 k_1 和 k_2。其中，$k_1 v$ 为赝电容的电流贡献，$k_2 v^{1/2}$ 为扩散控制的电流贡献。但是由于该方法没有考虑欧姆电阻、双电层电容和反扫时剩余电流的影响，计算所得到的电容贡献通常会偏大。通过去残差、去极化和去背景，可极大地提高拟合的准确率。

5.5.4 电化学阻抗谱技术

电化学阻抗谱（electrochemical impedance spectroscopy，EIS）技术是一种测量电化学系统对不同频率的微小正弦交流电势信号响应的方法。在 EIS 测试中，将整个电化学系统表示为一个阻抗 Z，由实部 Z_{Re}（表示电阻）和虚部 Z_{Im}（表示电容）组成。以锂离子电池为例，电化学系统可以被简化成一个由内阻 R_0、双电层电容 C_d 和法拉第阻抗 Z_f 组成的电路。Z_f 描述了电荷转移和物质传输两个过程（即法拉第过程），故将 Z_f 拆分成电荷转移电阻 R_{ct} 和瓦尔堡（Warburg）阻抗 Z_w，对应的电路图如图 5-31 插图所示。由于输入电压的波动通常很小，电极交替出现氧化或还原过程，电极一直处于准平衡状态，不会出现明显的极化。因此，常用 EIS 评估电池的内阻、电荷转移阻抗、扩散和化学反应活化能等，也可以计算电极材料或电解质的离子电导率。

基于 EIS 方法的
活化能计算

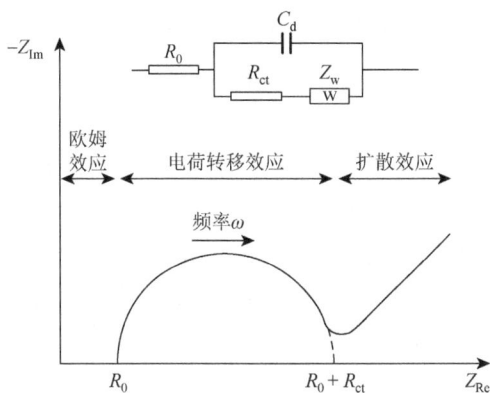

图 5-31　理想情况下典型锂离子电池的 EIS 及其等效电路模型

由于 EIS 测试过程将整个电化学反应表示为一个阻抗 Z，以常规锂离子电池为例，如果对全电池进行 EIS 测试，那么 EIS 数据包括整个测量体系中所有组分的贡献，无法对特定电极进行分析。同理，半电池也包含锂负极的贡献，使得 EIS 分析存在复杂性和随意性。因此，必须采用"对称电池、相同状态"，即正、负极使用完全相同的极片 [活性物质种类和质量均保持一致且处于同一荷电状态（state of charge，SOC）]，以对材料的电荷转移阻抗、扩散和化学反应活化能等进行合理分析。另外，为了排除欧姆极化的干扰，电极不应该太厚，一般要求电极厚度小于 50μm。

图 5-31 展示了一个典型的锂离子电池的 EIS，由 R_0 左侧部分的欧姆效应区域、半圆弧部分的电荷转移效应区域和右侧表现为一条近似呈 45°直线的扩散效应区域共三部分组成，随着测试过程中电压频率的降低，这三个区域依次出现。目前，高低频区域没有统一的标准。一般来说，$10^4 \sim 10^6 Hz$ 属于高频区域，$10^{-6} \sim 1Hz$ 属于低频区域。在高频区域，由于电压变化周期太短，物质转移甚至来不及发生，Z_w 的作用消失，在图中表现为以 $R_0 + R_{ct}/2$ 为圆心、$R_{ct}/2$ 为半径的半圆。在低频区域，反应物可以迁移到更远的区域，Z_w 的影响逐渐显著，在图中表现为一条斜率为 1 的直线。

事实上，图 5-31 是一种理想情况下的等效电路模型，在实际锂离子电池体系中，还可能会有 SEI 膜等的影响，导致 EIS 图中出现两个半圆。随着频率的降低，在高频区域，Li^+ 通过表面 SEI 膜扩散；在中频区域，发生电荷转移；在低频区域，Li^+ 在材料内部扩散。关于 EIS 等效电路的拟合，可以参考 *Impedance Spectroscopy: Theory, Experiment, and Applications*。

因此，EIS 是一种研究离子电池体系中界面电荷转移和扩散传质的有效测试方法。以石墨电极为例，界面电荷转移可以分成以下四步：①溶剂化的 Li^+ 在 SEI 膜表面脱溶剂化；②Li^+ 通过 SEI 膜扩散；③在 SEI/石墨界面发生电荷转移过程，形成（e^-，Li^+）对；④（e^-，Li^+）对进入并向石墨体相转移。根据阿伦尼乌斯方程 [式（5-13）]，界面反应会受温度的显著影响。此外，在界面处，当频率 ω 较高时，电极上的电流响应主要受到电荷转移的影响，我们就可以通过电荷转移电阻 R_{ct} 来评估电导率。通过测量 $\ln(T/R)\text{-}1/T$ 的关系，就可以得到化学反应活化能的具体数值。

$$\sigma T = A\exp[-E_a / (K_B T)] \tag{5-13}$$

式中，σ 为离子电导率；T 为温度；A 为指前因子；E_a 为化学反应活化能；K_B 为玻尔兹曼常数。

相应地，我们也可以分别算出 R_{SEI} 和 R_{ct} 对应的化学反应活化能及不同 SOC 下的化学反应活化能，然后根据化学反应活化能识别出不同电化学过程下的速率差异。需要注意的是，大多数电极界面反应的速控步是 Li^+ 在 SEI 膜表面的脱溶剂化。EIS 测试并不能得到溶剂化的 Li^+ 在 SEI 膜表面脱溶剂化的能力，因此无法通过 EIS 直接判断界面反应的速控步。通常情况下，如果 SEI 阻抗很高，速控步可能为电荷转移；反之，速控步可能为脱溶剂化。

当扩散过程为速控步且该电化学反应为可逆反应时，EIS 也可以用来计算化学扩散系数，其原理可由式（5-14）～式（5-16）来描述：

$$\mathrm{Im}(Z_w) = B\omega^{-1/2} \tag{5-14}$$

$$\mathrm{Re}(Z_w) = B\omega^{-1/2} \tag{5-15}$$

$$D = \left[V_m(\mathrm{d}E / \mathrm{d}x) / (FAB)\right]^{1/2} / 2 \tag{5-16}$$

式中，ω 为角频率；B 为 Warburg 系数；D 为离子在电极中的扩散系数；V_m 为活性物质的摩尔体积；F 为法拉第常数；A 为电极材料表面积；$\mathrm{d}E / \mathrm{d}x$ 为电极库伦滴定曲线的斜率，E 为电压，x 为离子浓度。

与其他测试扩散系数的电化学方法相比，EIS 可以将电荷转移电阻与 Warburg 阻抗分离出来，得到更为准确的电极内部的扩散系数。另外，即使电极内部扩散过程不是速控步，通过 EIS 也可以得到有效结果。但是在实际操作过程中，一般很难精确得到 $\mathrm{d}E / \mathrm{d}x$，并且两相反应在处于平衡态时 $\mathrm{d}E / \mathrm{d}x$ 为 0，而实验时由于极化的存在，测量得到的电压会偏离理论值，使得 $\mathrm{d}E$ 并不等于 0，虽然依旧可以通过公式进行扩散系数的计算，但此时记录的 $\mathrm{d}E / \mathrm{d}x$ 并没有实际意义。因此，在使用 EIS 计算扩散系数时需要慎重考虑。

在进行 EIS 数据处理时，我们会通过经验选择一个自认为合适的等效电路模型，而真实的电化学反应是十分复杂的，这种主观性操作给我们理解真实的电化学反应带来了一定的困难。基于此，为了提高拟合的准确度，最大限度地减少假设，可以引入弛豫时间分布（distribution of relaxation times，DRT）方法。DRT 方法无须预先假设一个等效电路模型，可以直接分析主要电化学过程的时间常数，简化了阻抗分析，显著提高了时间尺度上动力学解释的准确性。但是 DRT 方法只能用来分析高频和中高频的容抗过程，并且需要进行高频本征电阻和低频扩散段的预处理及克拉默斯-克勒尼希（Kramers-Kronig）关系的验证。

图 5-32 为基于 EIS 的奈奎斯特图、DRT 和等效电路模型示意图。在理想情况下，我们可以很容易地从奈奎斯特图中看到三个半圆，分别表示三个反应过程，对应三个电阻电容并联电路。但在实际测量过程中，由于后两个过程的特征时间常数很接近，它们一起表现为一个宽泛的半圆，如果不使用 DRT 方法，我们很容易将其当成两个半圆进行等

效电路模型拟合，从而给理解该电化学反应造成困难。因此，DRT 方法可以得到更真实的电化学反应过程。另外，DRT 峰的变化与阻抗息息相关，可以将 DRT 峰的上升或下降过程与阻抗的增加或减小联系起来，用来分析锂离子电池不同循环圈数后 SEI 的变化或催化体系中一个反应被另一个反应取代的过程等。

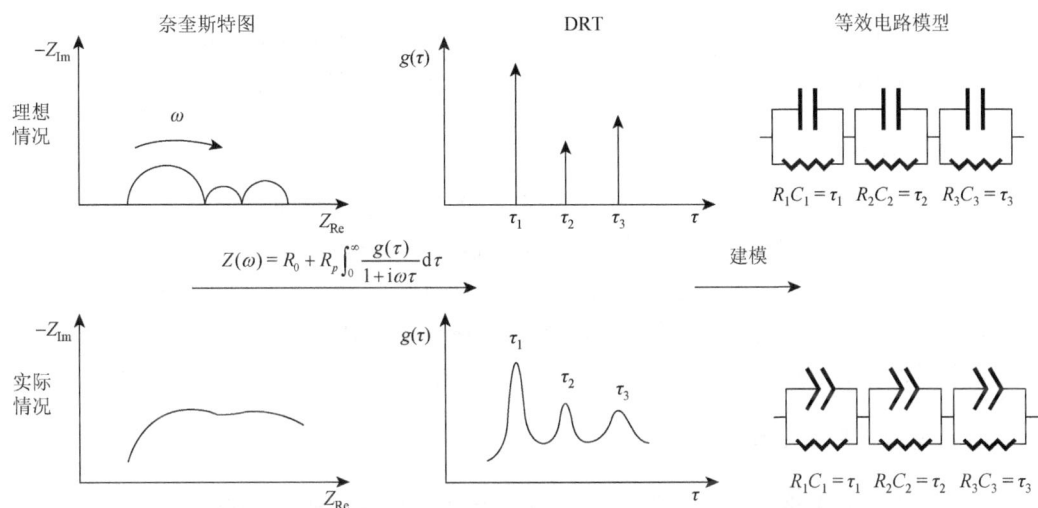

图 5-32　基于 EIS 的奈奎斯特图、DRT 和等效电路模型示意图

5.5.5　其他测试技术

除了上述电化学测试技术，还有多种测试方法可用于离子电池的电化学反应动力学研究。下面简要介绍恒电流间歇滴定技术、间歇电流中断方法和恒电势间歇滴定技术。

1. 恒电流间歇滴定技术

恒电流间歇滴定技术（galvanostatic intermittent titration technique，GITT）是在一个很短的时间里，对测量体系进行恒定电流充电或放电，然后将电流断开，如此反复，直至测量体系的电压达到设置的截止电压，记录恒电流过程和弛豫过程的电压随时间的变化，进而推测和计算反应动力学信息。锂离子化学扩散系数常用 GITT 来测量。为了保证测试的准确性，电极体系需要尽可能满足以下几点：①反应完全由离子在电极内部的扩散决定；②脉冲电流的施加时间 t_1、离子扩散长度 L 和离子扩散系数 D 需要满足 $t_1 \ll L^2/D$，弛豫时间 τ 必须足够长，使离子在活性物质内部充分扩散并达到平衡；③测量体系在反应过程中无明显体积变化和相变；④电极材料的电子电导率远大于离子电导率；⑤测量体系为等温绝热体系，等等。此外，在设置测试程序时常用尽可能小的电流密度、尽可能短的脉冲时间和尽可能长的弛豫时间来保证测量的准确性。其测试原理可由式（5-17）描述：

$$D = 4[V_m/(nAF)]^2[I_0(\mathrm{d}E/\mathrm{d}x)/(\mathrm{d}E/\mathrm{d}t^{1/2})]^2/\pi \tag{5-17}$$

式中，V_m 为活性物质的摩尔体积；A 为浸入溶液中的真实电极面积；F 为法拉第常数；n 为参与反应的电子数；I_0 为滴定电流；dE/dx 为电极库伦滴定曲线的斜率；$dE/dt^{1/2}$ 为极化电压对时间平方根曲线的斜率。

与 CV 和 EIS 技术相比，GITT 不仅可以得到不同 SOC 下的扩散系数，而且其测量过程贴近电池的真实工作状态。但是 GITT 需要足够长的弛豫时间来保证反应回到平衡状态，因此测试时间较长，通常比典型的恒电流测试周期长 8～100 倍，并且很难精确得到 dE/dx，因此面临着和 EIS 技术计算扩散系数时所面临的同样问题。

2. 间歇电流中断方法

为了缩短扩散系数的测量时间，Chien 等（2023）设计了间歇电流中断（intermittent current interruption，ICI）方法，相比于 GITT 可以节省 85%以上的时间。ICI 方法在恒流充放电过程中引入重复的瞬时电流中断（通常为 1～10s），通过对电流暂停期间电势变化相对于间歇时间平方根的线性回归，可以推导出 dE/dx 和 $dE/dt^{1/2}$，进而通过与 GITT 相同的原理来计算扩散系数。

3. 恒电势间歇滴定技术

恒电势间歇滴定技术（potentiostatic intermittent titration technique，PITT）是通过瞬时改变电极电势并恒定该电势，同时记录电流随时间变化的测量方法。PITT 计算扩散系数的公式为

$$D = -(d\ln I/dt) \cdot (4L^2/\pi^2) \tag{5-18}$$

式中，I 为电流；t 为时间；L 为电极上活性物质的厚度。

与 GITT 相比，PITT 对两相反应中离子扩散系数的测量更准确，但 PITT 结果的准确性与所使用的模型和假设密切相关，因此该方法对实验操作和数据解析的要求较高。

除了以上介绍的扩散系数的常用测量方法，研究人员还开发了一些方法，如容量间歇滴定法、电流脉冲弛豫法、电势弛豫法、电势阶跃法等，但这些方法存在对测试要求高、测试手段不够成熟等问题，因此目前没有得到广泛应用。

习　题

1. 在红外光谱测试中，某物质在 2984cm^{-1} 处出现了一个明显的振动吸收峰。如果该振动吸收同时具有红外活性和拉曼活性，在不考虑谱峰强度因素的情况下，当使用 532nm 激光作为光源进行拉曼光谱数据测量时，应该分别在什么波长位置处观察到斯托克斯散射和反斯托克斯散射信号？

2. 当采用 Al Kα射线作为测试 XPS 的激发源时，一个银基材料的 Ag3d 谱峰位于结合能 368.3eV 处，Ag MNN 俄歇峰信号位于结合能 1128.9eV 处。如果换用 Mg Kα射线作为测试 XPS 的激发源，这两个谱峰信号分别应该出现在结合能为多少的位置？请写出计算过程，并解释这样计算的原因，说明其中的物理机制。（Al 靶激发源能量为 1486.6eV，Mg 靶激发源能量为 1253.6eV。）

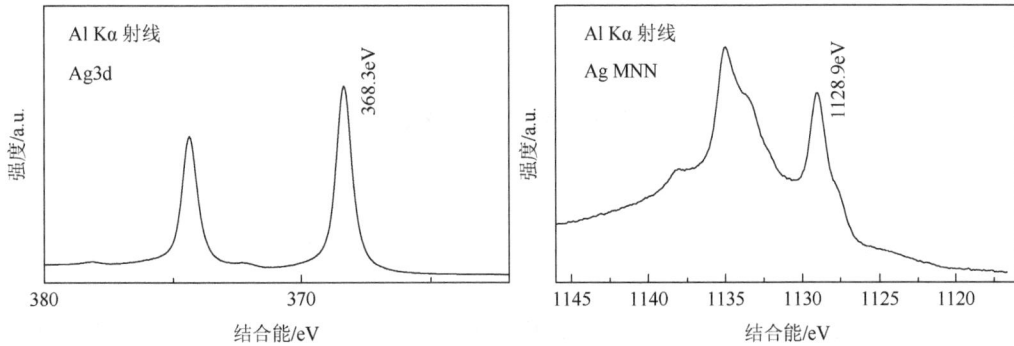

习题 2 图

3. 使用 TEM 拍摄纳米颗粒样品的高分辨像并进行 FFT，根据变换结果说明高分辨像相应的结构特征（如晶面间距、晶面指数、晶向）。

4. 用于 SEM 观察的样品有什么要求？如果待观察样品的导电性差，需要怎么做才能顺利进行观察？

5. 什么是循环伏安法？循环伏安曲线与 dQ/dV 曲线之间有什么区别和联系？

6. 在锂离子电池体系中，测量锂离子扩散系数的方法有哪些？它们分别有什么优势和不足？如果想要测量锂离子在石墨负极中的扩散系数，有哪些测试方法可以选择？

参 考 文 献

白雪，徐赞，字映竹，等，2022. 基于变色效应的无机稀土发光材料荧光可逆调控及应用[J]. 发光学报，43（4）：463-477.

桂志鹏，万祥龙，陈兵，等，2024. 电化学储能技术研究现状[J]. 洛阳理工学院学报（自然科学版），34（1）：1-6，91.

李泓，2021. 锂电池基础科学[M]. 北京：化学工业出版社.

李建奇，2015. 透射电子显微学[M]. 2版. 北京：高等教育出版社.

林中清，李文雄，张希文，2022. 电子显微学中的辩证法：扫描电镜的操作与分析[M]. 北京：人民邮电出版社.

刘俊祺，石旭海，李志鹏，等，2022. 微晶玻璃储能应用研究进展[J]. 现代技术陶瓷，43（2）：75-91.

柳得橹，权茂华，吴杏芳，2018. 电子显微分析实用方法[M]. 北京：中国质检出版社，中国标准出版社.

罗钧，付丽，2012. 光存储与显示技术[M]. 北京：清华大学出版社.

汤匀，岳芳，王莉晓，等，2024. 全球新型储能技术发展态势分析[J]. 全球能源互联网，7（2）：228-240.

韦媚媚，项定先，2023. 储能技术应用与发展趋势[J]. 工业安全与环保，49（S1）：4-12.

袁照威，杨易凡，2024. 压缩空气储能技术研究现状及发展趋势[J]. 南方能源建设，11（2）：146-153.

张正国，方晓明，凌子夜，等，2022. 储热材料及应用[M]. 北京：化学工业出版社.

周肇国，徐艳辉，2022. 锂离子电池中 Li^+ 扩散系数的测定方法[J]. 电池，52（2）：213-217.

ABBRUSCATO V，1971. Optical and electrical properties of $SrAl_2O_4:Eu^{2+}$[J]. Electrochem soc，118（8）：930-934.

AITASALO T，DEREŃ P，HÖLSÄ J，et al，2003. Persistent luminescence phenomena in materials doped with rare earth ions[J]. Journal of solid state chemistry，171（1-2）：114-122.

AITASALO T，HÖLSÄ J，JUNGNER H，et al，2001. Mechanisms of persistent luminescence in Eu^{2+}, RE^{3+} doped alkaline earth aluminates[J]. Journal of luminescence，94：59-63.

BAI X，YANG Z W，ZHAN Y H，et al，2020. Novel strategy for designing photochromic ceramic：Reversible upconversion luminescence modification and optical information storage application in the $PbWO_4:Yb^{3+}$, Er^{3+} photochromic ceramic[J]. ACS applied materials & interfaces，12（19）：21936-21943.

BATOOL S R，SUSHKEVICH V L，VAN BOKHOVEN J A，2024. Factors affecting the generation and catalytic activity of extra-framework aluminum Lewis acid sites in aluminum-exchanged zeolites[J]. ACS catalysis，14（2）：678-690.

CAI Z J，OUYANG B，HAU H M，et al，2024. In situ formed partially disordered phases as earth-abundant Mn-rich cathode materials[J]. Nature energy，9：27-36.

CHEKUSHKIN P M，MERENKOV I S，SMIRNOV V S，et al，2021. The physical origin of the activation barrier in Li-ion intercalation processes：The overestimated role of desolvation[J]. Electrochimica acta，372：137843.

CHEN J，QUATTROCCHI E，CIUCCI F，et al，2023. Charging processes in lithium-oxygen batteries unraveled through the lens of the distribution of relaxation times[J]. Chem，9（8）：2267-2281.

CHIEN Y C，LIU H D，MENON A S，et al，2023. Rapid determination of solid-state diffusion coefficients in Li-based batteries via intermittent current interruption method[J]. Nature communications，14（1）：2289.

CLABAU F，ROCQUEFELTE X，JOBIC S，et al，2005. Mechanism of phosphorescence appropriate for the long-lasting phosphors Eu^{2+}-doped $SrAl_2O_4$ with codopants Dy^{3+} and B^{3+}[J]. Chemistry of materials，17（15）：3904-3912.

DORENBOS P，2003. Energy of the first $4f7 \rightarrow 4f65d$ transition of Eu^{2+} in inorganic compounds[J]. Journal of luminescence，104：239-260.

DORENBOS P，2005. Thermal quenching of Eu^{2+} 5d-4f luminescence in inorganic compounds[J]. Journal of physics-condensed matter，17（50）：8103-8111.

FAN W，YAN B，WANG Z B，et al，2016. Three-dimensional all-dielectric metamaterial solid immersion lens for subwavelength imaging at visible frequencies[J]. Science advances，2（8）：e1600901.

FOPAH LELE A，N'TSOUKPOE K E，OSTERLAND T，et al，2015. Thermal conductivity measurement of thermochemical storage materials[J]. Applied thermal engineering，89：916-926.

FUJI H，TOMINAGA J，MEN L，et al，2000. A near-field recording and readout technology using a metallic probe in an optical disk[J]. Japanese journal of applied physics，39（2S）：980.

GOLDSTEIN J I，NEWBURY D E，MICHAEL J R，et al，2018. Scanning electron microscopy and X-ray microanalysis[M]. New York：Springer.

GONG Z L，YANG Y，2018. The application of synchrotron X-ray techniques to the study of rechargeable batteries[J]. Journal of energy chemistry，27（6）：1566-1583.

GU M，PARENT L R，MEHDI B L，et al，2013. Demonstration of an electrochemical liquid cell for operando transmission electron microscopy observation of the lithiation/delithiation behavior of Si nanowire battery anodes[J]. Nano letters，13（12）：6106-6112.

HART J L，LANG A C，CUMMINGS R B，et al，2019. Direct detection EELS at high energy：Elemental mapping and EXELFS[J]. Microscopy and microanalysis，25（S2）：584-585.

HART J L，LANG A C，LEFF A C，et al，2017. Direct detection electron energy-loss spectroscopy：A method to push the limits of resolution and sensitivity[J]. Scientific reports，7（1）：8243.

HU Z，HUANG X J，YANG Z W，et al，2021. Reversible 3D optical data storage and information encryption in photo-modulated transparent glass medium[J]. Light，science & applications，10（1）：140.

HUANG J Y，ZHONG L，WANG C M，et al，2010. In situ observation of the electrochemical lithiation of a single SnO_2 nanowire electrode[J]. Science，330（6010）：1515-1520.

JI H W，URBAN A，KITCHAEV D A，et al，2019. Hidden structural and chemical order controls lithium transport in cation-disordered oxides for rechargeable batteries[J]. Nature communications，10（1）：592.

JUTAMULIA S，STORTI G M，LINDMAYER J，et al，1990. Use of electron trapping materials in optical signal processing. 1：Parallel Boolean logic[J]. Applied optics，29（32）：4806-4811.

KANG S N，GENG F S，LI Z L，et al，2024. Progressive self-leveling deposition improves the cyclability of anode-less sodium metal batteries revealed by in situ EPR imaging[J]. ACS energy letters，9（4）：1633-1638.

LIANG Z，ZHANG Y，XU H F，et al，2023. Homogenizing out-of-plane cation composition in perovskite solar cells[J]. Nature，624（7992）：557-563.

LIN F，LIU Y J，YU X Q，et al，2017. Synchrotron X-ray analytical techniques for studying materials electrochemistry in rechargeable batteries[J]. Chemical reviews，117（21）：13123-13186.

LIN S S, LIN H, MA C G, et al, 2020. High-security-level multi-dimensional optical storage medium: Nanostructured glass embedded with $LiGa_5O_8:Mn^{2+}$ with photostimulated luminescence[J]. Light: Science & applications, 9 (1): 22.

LIN Y, ZHOU M, TAI X L, et al, 2021. Analytical transmission electron microscopy for emerging advanced materials[J]. Matter, 4 (7): 2309-2339.

LIU H, JING J W, LIU J X, et al, 2024. Sugar alcohol-based phase change materials for thermal energy storage: Optimization design and applications[J]. Renewable and sustainable energy reviews, 199: 114528.

LIU M Q, WU F, GONG Y T, et al, 2023. Interfacial-catalysis-enabled layered and inorganic-rich SEI on hard carbon anodes in ester electrolytes for sodium-ion batteries[J]. Advanced materials, 35 (29): e2300002.

LIU M, SAMAN W, BRUNO F, 2012. Review on storage materials and thermal performance enhancement techniques for high temperature phase change thermal storage systems[J]. Renewable and sustainable energy reviews, 16 (4): 2118-2132.

LIU Z C, YU X, ZHAO L, et al, 2022. Stress memory for the visualization detection of complicated mechanical structures via trap structure manipulation[J]. Journal of materials chemistry C, 10 (32): 11697-11702.

LU Y, ZHAO C Z, HUANG J Q, et al, 2022. The timescale identification decoupling complicated kinetic processes in lithium batteries[J]. Joule, 6 (6): 1172-1198.

LU Y, ZHAO C Z, ZHANG R, et al, 2021. The carrier transition from Li atoms to Li vacancies in solid-state lithium alloy anodes[J]. Science advances, 7 (38): eabi5520.

MATSUZAWA T, AOKI Y, TAKEUCHI N, et al, 1996. A new long phosphorescent phosphor with high brightness, $SrAl_2O_4:Eu^{2+},Dy^{3+}$[J]. Journal of the electrochemical society, 143 (8): 2670-2673.

NAKAI K Y, OHMAKI M, TAKESHITA N, et al, 2010. Bit-error-rate evaluation of super-resolution near-field structure read-only memory discs with semiconductive material InSb[J]. Japanese journal of applied physics, 49 (8S2): 08KE01.

NANTO H, IKEDA M, KADOTA M, et al, 1996. Photostimulated luminescence in CaS:Eu,Sm phosphor ceramics induced by excitation with ionizing radiation[J]. Nuclear instruments and methods in physics research section B: Beam interactions with materials and atoms, 116 (1-4): 262-264.

NOVÁK P, JOHO F, LANZ M, et al, 2001. The complex electrochemistry of graphite electrodes in lithium-ion batteries[J]. Journal of power sources, 97: 39-46.

PENG L L, WEI Z Y, WAN C Z, et al, 2020. A fundamental look at electrocatalytic sulfur reduction reaction[J]. Nature catalysis, 3: 762-770.

PETIT R R, MICHELS S E, FENG A, et al, 2019. Adding memory to pressure-sensitive phosphors[J]. Light: Science & applications, 8: 124.

PU X J, ZHAO D, FU C L, et al, 2021. Understanding and calibration of charge storage mechanism in cyclic voltammetry curves[J]. Angewandte chemie (international ed in English), 60 (39): 21310-21318.

RODRIGUES L C V, BRITO H F, HÖLSÄ J, et al, 2012. Discovery of the persistent luminescence mechanism of $CdSiO_3:Tb^{3+}$[J]. Journal of physical chemistry C, 116 (20): 11232-11240.

SANDERS K J, CIEZKI A A, BERNO A, et al, 2023. Quantitative operando ^7Li NMR investigations of silicon anode evolution during fast charging and extended cycling[J]. Journal of the American chemical society, 145 (39): 21502-21513.

SEIF-EDDINE M，COBB S J，DANG Y F，et al，2024. Operando film-electrochemical EPR spectroscopy tracks radical intermediates in surface-immobilized catalysts[J]. Nature chemistry，16（6）：1015-1023.

SHAH K，DAI R Y，MATEEN M，et al，2022. Cobalt single atom incorporated in ruthenium oxide sphere：A robust bifunctional electrocatalyst for HER and OER[J]. Angewandte chemie（international ed in English），61（4）：e202114951.

SUN Z H，LIU Q H，YAO T，et al，2015. X-ray absorption fine structure spectroscopy in nanomaterials[J]. Science China materials，58（4）：313-341.

TAKAHASHI K，MIYAHARA J，SHIBAHARA Y，1985. Photostimulated luminescence（PSL）and color centers in BaFX:Eu^{2+}（X = Cl，Br，I）phosphors[J]. Journal of the electrochemical society，132（6）：1492-1494.

TANG H T，LIU S B，FANG Z H，et al，2022. High-resolution X-ray time-lapse imaging from fluoride nanocrystals embedded in glass matrix[J]. Advanced optical materials，10（12）：2102836.

TANG H T，LIU Z C，ZHANG H，et al，2023. 4D optical information storage from LiGa$_5$O$_8$:Cr^{3+} nanocrystal in glass[J]. Advanced optical materials，11（15）：2300445.

TERRIS B D，MAMIN H J，RUGAR D，et al，1994. Near-field optical data storage using a solid immersion lens[J]. Applied physics letters，65（4）：388-390.

TOMINAGA J，NAKANO T，ATODA N，1998. An approach for recording and read-out beyond the diffraction limit with an Sb thin film[J]. Applied physics letters，73（15）：2078-2080.

TORRUELLA P，ARENAL R，DE LA PEÑA F，et al，2016. 3D Visualization of the iron oxidation state in FeO/Fe$_3$O$_4$ core-shell nanocubes from electron energy loss tomography[J]. Nano letters，16（8）：5068-5073.

UM J H，YU S H，2021. Unraveling the mechanisms of lithium metal plating/stripping via in situ/operando analytical techniques[J]. Advanced energy materials，11（27）：2003004.

WANG Z F，TANG Y F，ZHANG L Q，et al，2020. In situ TEM observations of discharging/charging of solid-state lithium-sulfur batteries at high temperatures[J]. Small，16（28）：e2001899.

XIANG Y X，LI X，CHENG Y Q，et al，2020. Advanced characterization techniques for solid state lithium battery research[J]. Materials today，36：139-157.

XU C N，WATANABE T，AKIYAMA M，et al，1999. Direct view of stress distribution in solid by mechanoluminescence[J]. Applied physics letters，74（17）：2414-2416.

YAN J T，ZHU D D，YE H J，et al，2022. Atomic-scale cryo-TEM studies of the thermal runaway mechanism of Li$_{1.3}$Al$_{0.3}$Ti$_{1.7}$P$_3$O$_{12}$ solid electrolyte[J]. ACS energy letters，7（11）：3855-3863.

YANG C L，WANG L N，YIN P，et al，2021. Sulfur-anchoring synthesis of platinum intermetallic nanoparticle catalysts for fuel cells[J]. Science，374（6566）：459-464.

YIN Z W，ZHAO W G，LI J Y，et al，2022. Advanced electron energy loss spectroscopy for battery studies[J]. Advanced functional materials，32（1）：2107190.

ZHANG L Q，YANG T T，DU C C，et al，2020. Lithium whisker growth and stress generation in an in situ atomic force microscope-environmental transmission electron microscope set-up[J]. Nature nanotechnology，15（2）：94-98.

ZHAO H P，CUN Y K，BAI X，et al，2022. Entirely reversible photochromic glass with high coloration and luminescence contrast for 3D optical storage[J]. ACS energy letters，7（6）：2060-2069.

ZHAO M，WEN J，HU Q，et al，2024. A 3D nanoscale optical disk memory with petabit capacity[J]. Nature，626（8000）：772-778.

ZHOU Y N，MA J，HU E Y，et al，2014. Tuning charge-discharge induced unit cell breathing in layer-structured cathode materials for lithium-ion batteries[J]. Nature communications，5：5381.

ZHU J P，ZHAO J，XIANG Y X，et al，2020. Chemomechanical failure mechanism study in NASICON-type $Li_{1.3}Al_{0.3}Ti_{1.7}(PO_4)_3$ solid-state lithium batteries[J]. Chemistry of materials，32（12）：4998-5008.

ZHUANG Y X，TU D，CHEN C J，et al，2020. Force-induced charge carrier storage: A new route for stress recording[J]. Light：science & applications，9：182.